Rekrutierung in einer zukunftsorientierten Arbeitswelt

Michaela Hartmann
(Hrsg.)

Rekrutierung in einer zukunftsorientierten Arbeitswelt

HR-Aufgaben optimal vernetzen

Springer Gabler

Herausgeber
Dr. Michaela Hartmann
Hamburg
Deutschland

ISBN 978-3-658-05083-2 ISBN 978-3-658-05084-9 (eBook)
DOI 10.1007/978-3-658-05084-9

Die Deutsche Nationalbibliothek verzeichnet diese Publikation in der Deutschen Nationalbibliografie; detaillierte bibliografische Daten sind im Internet über http://dnb.d-nb.de abrufbar.

Springer Gabler

Lektorat: Eva-Maria Fürst

Gedruckt auf säurefreiem und chlorfrei gebleichtem Papier

Springer Gabler ist eine Marke von Springer DE. Springer DE ist Teil der Fachverlagsgruppe Springer Science+Business Media
www.springer-gabler.de

Vorwort

Die Fähigkeit eines Unternehmens zu Schnelligkeit, Beweglichkeit und gleichzeitiger Leistungsqualität ist Schlüssel für Zukunftsfähigkeit und hängt wesentlich von den Mitarbeitern ab. Umbrüche in der Arbeitswelt sind zwar bereits seit längerem Gegenstand fachlicher Diskussionen. Ein Blick auf die Rekrutierungspraktiken im Arbeitsalltag von Unternehmen erweckt leider noch immer den Eindruck, dass Abwehrhaltung, mangelnde Courage, Problemverlagerung (War for Talent) oder Rechtfertigungen (keine Zeit, kein Budget, mangelnde Akzeptanz) einem tatsächlichen Anpacken noch im Wege stehen. Auf der anderen Seite gibt es auch die betrieblichen Vorbilder, die im Recruiting schneller, beweglicher und besser sind, unabhängig von der Unternehmensgröße.

Das vorliegende Buch zeigt Erfahrungen von Persönlichkeiten, die sich kritisch – auch selbstkritisch – mit der zukünftigen Arbeitswelt auseinandersetzen und zukunftsorientierte Mitarbeiterrekrutierung anpacken. Die Autorinnen und Autoren im Buch beziehen Stellung und lenken die Aufmerksamkeit auf ausgewählte wichtige und leider allzu oft noch vernachlässigte Rekrutierungsthemen. Sie spiegeln die vielfältigen Perspektiven der Mitarbeiterrekrutierung aus ihrem spezifischen Blickwinkel wider. Es sind Unternehmensgründer, Manager, Personaler, Berater und auch Wissenschaftler – die trotz hoher beruflicher Auslastung durch konzeptionelles Denken und Schreiben an diesem Buch mitgewirkt und die Bereitschaft gezeigt haben, ihr Wissen zu teilen. Ihnen gilt mein besonderer Dank.

Den Lesern wünsche ich interessante Erkenntnisse bei der Lektüre, Animation zum Nachdenken und wertvolle Anregungen für die Entwicklung eigener Lösungsansätze.

Michaela Hartmann
Herausgeberin

Inhaltsverzeichnis

Mitarbeiterverzeichnis

Karin Döring In Katzem 71, 41812 Erkelenz

Andrea Grote Addways Werbeagentur, Edisonstraße 15a, 32791 Lage, Deutschland

Holger Hakensohn Human Capital Group, Kreuzherrenstraße 59, 41751 Viersen, Deutschland

Michaela Hartmann Rissener Landstraße 129, 22587 Hamburg, Deutschland

Ralph Hartmann AUREA Nord GmbH, Rödingsmarkt 39, 20459 Hamburg, Deutschland

Andreas Heinecke Dialogue Social Enterprise GmbH, Alter Wandrahm 5, 20457 Hamburg, Deutschland

Samir Jajjawi Aurum Interim GmbH, Hafenstraße 1, 40213 Düsseldorf, Deutschland

Stefan Lake Thieboldsgasse 15, 50676 Köln, Deutschland

Kerstin Lehmann c/o L'Oréal Professionelle Produkte, Georg-Glock-Straße 18, 40474 Düsseldorf, Deutschland

Violetta Moch Am Balgenstück 23 c, 33611 Bielefeld, Deutschland

Susan Müller Schweizerisches Institut für Klein- und Mittelunternehmen, Universität St. Gallen, Dufourstrasse 40a, 9000 St.Gallen, Schweiz

Hasso G. Nauck Mühlenweg 35a, 28355 Bremen, Deutschland

Christian Otto Institut für Performance Management, Leuphana Universität Lüneburg, Wilschenbrucher Weg 84, 21335 Lüneburg, Deutschland

Sabine Remdisch Institut für Performance Management, Leuphana Universität Lüneburg, Wilschenbrucher Weg 84, 21335 Lüneburg, Deutschland

Stefan Scheurer Human Capital Group, Kreuzherrenstraße 59, 41751 Viersen, Deutschland

Oliver Schindler Sweet Tec GmbH, Lindhorst 4, 19258 Boizenburg, Deutschland

Emmanuel Siregar Alte Höh 52, 42579 Heiligenhaus, Deutschland

Marcel Wüst Human Capital Group, Kreuzherrenstraße 59, 41751 Viersen, Deutschland

Autorenverzeichnis

Karin Döring wurde 1967 in Velbert geboren und war über 26 Jahre im Henkel-Konzern in verschiedenen Human Resources Abteilungen tätig. In den letzten sechzehn Jahren war sie für die Steuerung der kaufmännischen Ausbildung verantwortlich. Sie hat mehrere hundert Auszubildende eingestellt, durch die Ausbildung geführt und auf das Berufsleben vorbereitet. Zudem implementierte sie erfolgreich ein innovatives duales Studienkonzept für die Bachelor of Arts/Business Administration. Seit Januar 2014 ist sie freiberuflich als Ausbildungs-Berater, -Trainer, -Coach tätig. Ihr Leistungsangebot richtet sich an Unternehmen aller Größen und Branchen. Mit ihrer ganzheitlichen Prozesserfahrung kann sie sowohl ausbildungserfahrene Organisationen bei Optimierungs- und Veränderungswünschen unterstützen als auch solche, die erstmals in das Ausbildungsgeschäft einsteigen möchten. Durch ihre jahrzehntelang aufgebauten Netzwerke hat sie wichtige Kontakte, um z. B. den Aufbau von dualen Studienmodellen zu koordinieren oder Trainingsprogramme für Auszubildende und Ausbilder zu gestalten und umzusetzen.

Dr. Andrea Grote hat 1999 ihr Studium der Betriebswirtschaftslehre an der Universität Duisburg-Essen abgeschlossen und für die Marke L'Oréal Professionnel Deutschland in den Bereichen Marketing, Vertrieb und Personal gearbeitet. Als wissenschaftliche Mitarbeiterin der Universität Duisburg-Essen promovierte sie im Anschluss am Lehrstuhl für Allgemeine Betriebswirtschaftslehre, insbesondere Absatzwirtschaft und Handel. 2004 wechselte sie in die Geschäftsführung der Addways Werbeagentur in Lage/Lippe, die sich neben der Entwicklung und Umsetzung der Kommunikationsstrategie von Unternehmen auch auf die Betreuung von KMU spezialisiert hat.

Holger Hakensohn ist als Managing Partner für die Human Capital Group tätig, einer internationalen Beratungsgesellschaft, die sich auf Dienstleistungen und Produkte zur Optimierung des Humankapitals in Unternehmen spezialisiert hat. Neben der gewöhnlichen Beratungstätigkeit ist er auch noch ambitionierter Radsportler, der viele Erkenntnisse aus dem Profisport für die Unternehmensführung extrahiert und anwendbar gemacht hat.

Dr. Michaela Hartmann hat 1992 ihr betriebswirtschaftliches Studium an der Philipps-Universität Marburg beendet und promovierte im Anschluss am Lehrstuhl für Allgemeine Betriebswirtschaftslehre, insbesondere Absatzwirtschaft und Handel, an der Universität Duisburg. Seit 2006 ist sie für die Leuphana Professional School tätig, seit

2010 als Lehrbeauftragte im MBA Studiengang Performance Management. Michaela Hartmann ist seit über 20 Jahren als selbstständige Trainerin in der Aus- und Weiterbildung verschiedener Unternehmen tätig. Als Mitgründerin und Gesellschafterin der AUREA Nord GmbH, Hamburg, beschäftigt sie sich seit 2011 vor allem mit Personaldienstleistungen. Ihre Arbeitsschwerpunkte sind Mitarbeiterrekrutierung, Personalentwicklung und Ausbildungscoaching.

Dr. Ralph Hartmann war nach dem Studium der Betriebswirtschaftslehre und der Promotion zum Dr. rer. oec. an der Philipps-Universität Marburg in unterschiedlichen leitenden und geschäftsführenden Funktionen tätig. Ralph Hartmann war geschäftsführender Partner der Droege & Comp. AG und als Managing Director bei ALIX Partners und der Kienbaum Management GmbH tätig. Daneben verantwortete er als CEO/Geschäftsführer „Sport“ bei der Karstadt Warenhaus GmbH die konzernweiten Sportaktivitäten. Seit 2011 ist er geschäftsführender Gesellschafter der AUREA Nord GmbH, einem auf die Bereiche Personalvermittlung, Arbeitnehmerüberlassung und Interim Management spezialisierten Personaldienstleister. Ralph Hartmann ist daneben Mitglied des Aufsichtsrates der ConSource AG und unterhält diverse Beteiligungen an ′personalnahen′ Online-Plattformen.

Prof. Dr. Andreas Heinecke hat zahlreiche soziale Unternehmen begründet und betreibt seit mehr als 20 Jahren die Ausstellung „Dialog im Dunkeln“. Hierdurch entstanden weltweit Arbeitsplätze für blinde Menschen und ein wesentlicher Beitrag konnte geleistet werden, um eine rein auf Defizit ausgerichtete Wahrnehmung behinderter Menschen zu überwinden. Er ist der erste Ashoka-Fellow in Deutschland und Westeuropa und hat zahlreiche Auszeichnungen erhalten. Er lehrt Social Business als Honorarprofessor an der EBS Business School und stellt das Potenzial älterer Menschen für das Gemeinwohl in den Mittelpunkt seiner Arbeit.

Samir Jajjawi wurde 1965 in Aachen geboren und absolvierte sein Studium zum Diplom-Kaufmann an der Ruhruniversität Bochum, der Sorbonne in Paris und der Universität zu Köln. Seit 2007 bietet er innovative Personaldienstleistungen an, u. a. als Co-Gründer und Managing Partner der Aurum Interim GmbH. Insgesamt beschäftigt Samir Jajjawi in verschiedenen Dienstleistungsgesellschaften über 500 Mitarbeiter. Als Management-Berater begleitete er von 1991 bis 2000 bei Droege & Comp. zahlreiche DAX- und MDAX-Unternehmen in Strategie- und Organisationsfragen. Im Anschluss daran war er bis 2006 als CEO eines internationalen Unternehmens der Gebrauchsgüterindustrie tätig. In der Folge fungierte er sowohl in Deutschland als auch in Liechtenstein als Geschäftsführer und Mitglied des Verwaltungsrates in mittelständischen Unternehmen und Private Equity Gesellschaften, darunter die Deutsche Investors Capital GmbH. Schließlich betätigte sich Samir Jajjawi im Kundenbeirat der Deutschen Bank Bielefeld und war Senator des Europäischen Wirtschaftsrates. Er gründete zudem die Initiativ „aequalitas – social innovators“, die sich mit der Lösung gesellschaftlicher Probleme befasst.

Stefan Lake ist seit Februar 2011 Country Manager Deutschland von Universum Communications, der weltweit tätigen Employer-Branding-Beratungsgesellschaft. Er verfügt über besondere Expertise in der Entwicklung authentischer und nachhaltiger Arbeitgeberpositionierungen sowie in der quantitativen und qualitativen Marktforschung, der Markenberatung, Markenentwicklung und Kommunikationsberatung. Frühere Positionen: Employer Branding Consultant (2007–2011), Universum Communications und Account Manager D/A/CH, Bentley Systems Europe B.V. (2005–2007).

Kerstin Lehmann studierte Betriebswirtschaftslehre an der Universität zu Köln und absolvierte anschließend eine Friseur-Ausbildung in Hamburg und Cloppenburg. Ihre Karriere startete sie 1987 bei L'Oréal in der Division der Luxus-Produkte, in 1989 wechselte sie zur Division der Professionellen Produkte. Zuerst war sie im Marketing verantwortlich für den Launch und die Förderung von friseurexklusiven Produkten. Danach übernahm sie die Leitung des Kommunikationsbereichs der Division und zeichnete für alle friseurexklusiven Events sowie die Entwicklung und Förderung der Friseur-Sparte von L'Oréal bzw. der Branche verantwortlich. Dazu zählt u. a. die Konzeption von Maßnahmen zur Mitarbeitergewinnung wie *My Beauty Career*.

Violetta Moch hat erste Marketingerfahrungen als Mediengestalterin in einem Zeitungsverlag in Bielefeld gesammelt. Mit dem Wechsel in die Addways Werbeagentur vertiefte sie ihre Kenntnisse im Bereich Marketing und fokussierte sich auf die Betreuung von KMU. Berufsbegleitend bildete sie sich erfolgreich zur Fachkauffrau für Marketing mit Abschluss IHK weiter und unterstützte bis Juni 2014 die Agentur unter anderem im strategisch-konzeptionellen Bereich mit Schwerpunkt Markenführung.

Dr. Susan Müller arbeitet als Wissenschaftlerin am World Vision Center for Social Innovation der EBS Business School. Sie ist dort Projektleiterin des vom Bundesministerium für Bildung und Forschung (BMBF) geförderten Projekts „Soziale Innovationen in Deutschland". In ihrem Habilitationsprojekt an der Universität St. Gallen beschäftigt sie sich mit den Themen Soziales Unternehmertum und Gründungsausbildung. Susan Müller studierte an der Berufsakademie Karlsruhe im Bereich Wirtschaftsinformatik. Anschließend absolvierte sie ein MBA-Studium an der University of Pittsburgh. Von 2001 bis 2007 arbeitete sie als Unternehmensberaterin bei der rosenbaum nagy unternehmensberatung in Köln mit den Schwerpunkten Marketing und Organisation. Im Jahr 2009 promovierte sie an der Universität St. Gallen zum Thema Gründungsausbildung.

Hasso G. Nauck war bis 2013 und knapp 25 Jahre lang Geschäftsführer und Inhaber der Bremer Hachez Chocolade GmbH & Co. KG. und der Feodora Chocolade GmbH & Co. KG., beide in Bremen. Nach einer kaufmännischen Lehre studierte er Betriebswirtschaftslehre in Münster und München. Anschließend war er in den USA als Account Manager in großen internationalen Werbeagenturen tätig, bevor er bei Kraft Jacobs Suchard als Marketing Direktor Milka Schokolade und als Geschäftsführer der Zuckerraffinerie Tangemünde Fr. Meyers Sohn GmbH (verantwortlich für die Bremer Hachez Chocolade GmbH & Co. KG. und die Feodora Chocolade GmbH & Co. KG) fungierte. Als Mehrheitseigentümer und Managing Director der Bremer Hachez Chocolade GmbH & Co. KG und der Feodora Chocolade GmbH & Co. KG hat er sich stets in der Rolle des Außenministers seiner Firma verstanden, was primär die Linienfunktionen Marketing und Öffentlichkeitsarbeit sowie nationaler und internationaler Vertrieb beinhaltete. Strategische

Herausforderungen, deren konzeptionelle Umsetzung sowie die Koordinierung der angrenzenden Funktionsfelder bilden und bildeten die Schwerpunkte seiner Tätigkeit. Sein Wissen bringt er zudem in den Beiräten verschiedener mittelständischer Unternehmen ein.

Christian Otto ist wissenschaftlicher Mitarbeiter am Institut für Performance Management der Leuphana Universität Lüneburg. Als Bildungswissenschaftler (M.A.) war er bis Ende 2012 am Standort Lüneburg im niedersächsischen Modellprojekt „Offene Hochschule" tätig. Seit 2013 koordiniert er am Institut eine Arbeitsgruppe des Leuphana Innovations-Inkubators, in der gemeinsam mit regionalen Mittelstandsunternehmen zu Personalthemen geforscht wird. Zudem lehrt er am Fachbereich Wirtschaftspsychologie der Universität. Seine Forschungsschwerpunkte sind Weiterbildungsmotivation und Arbeitgeberattraktivität.

Prof. Dr. Sabine Remdisch ist Professorin für Personal- und Organisationspsychologie und Leiterin des Instituts für Performance Management an der Leuphana Universität Lüneburg. Als Vizepräsidentin der Universität baute sie bis 2010 die Leuphana Professional School auf und rief Forschungsprojekte zum Lebenslangen Lernen ins Leben. Speziell für Führungskräfte initiierte sie den berufsbegleitenden MBA-Studiengang Performance Management. Das Ziel, die Human Performance in Unternehmen zu steuern, treibt sie an. Sie lehrt Personalentwicklung, Coaching und Führung. Zwei Jahre war sie als Gastforscherin an der Universität Amsterdam tätig. In mehreren großen Unternehmen arbeitet sie als Coach, Managementtrainerin und Begleitforscherin.

Stefan Scheurer ist als Partner bei der Human Capital Group tätig. Sein Sporthintergrund liegt im Judo, wo er lange in der Bundesliga und international erfolgreich kämpfte und später auch als Trainer tätig war. Seine inhaltlichen Schwerpunkte liegen in den Bereichen Neurodidaktik, Personal Change und Personalentwicklung. Als Sozialwissenschaftler setzt er sich kritisch mit den aktuellen Entwicklungen in der Arbeitswelt auseinander und arbeitet im Umfeld von St. Gallen an neuen Management- und Organisationsmodellen. Bislang ist daraus das KPI-St. Gallen-Modell für Kompetenz, Performance und Integration entstanden.

Oliver Schindler ist erfolgreicher Unternehmer in der Süßwarenindustrie. Er wurde 1965 - gewissermaßen bereits mit einem Bonbon im Mund - geboren und stieg nach einem erfolgreich absolvierten Studium der Betriebswirtschaftslehre an der Ludwig-Maximilians-Universität München 1993 in den väterlichen Betrieb ein. Im Jahr 2002 wagte er den Schritt in die Selbständigkeit und gründete in Boizenburg an der Elbe sein erstes eigenes Unternehmen in der Süßwarenindustrie. Wenige Jahre später folgte dann das zweite Unternehmen, die Sweet Tec GmbH. Auch heute prägt Oliver Schindler mit seinen Firmen das Boizenburger Ortsgeschehen und ist mittlerweile der zweitgrößte Arbeitgeber im Ort.

Dr. Emmanuel Siregar ist seit 2011 Geschäftsführer Personal und Organisation sowie Arbeitsdirektor der Sanofi-Aventis Deutschland GmbH. Zugleich leitet er das Personalwesen des Länderclusters Deutschland-Österreich-Schweiz bei Sanofi. 1982 begann Emmanuel Siregar ein Studium der Humanmedizin und Katholischen Theologie an der Westfälischen-Wilhelms-Universität Münster. Von 1984 an verbrachte er insgesamt zehn Jahre in Rom, wo er an der Päpstlichen Universität Gregoriana 1994 zum Doktor der Theologie promoviert wurde. Nach einer Station als Unternehmensberater und Trainer arbeitete er von 1997 an beim Augenoptik-Unternehmen Fielmann, wo er 2004 zum Personalvorstand aufstieg. Von 2007 bis 2011 leitete Emmanuel Siregar als Mitglied der Geschäftsführung bei der Karstadt Warenhaus GmbH den Personalbereich und war in dieser Funktion auch Arbeitsdirektor.

Marcel Wüst konnte als Sprinter über 100 Siege herausfahren und gewann 14 Etappen bei den großen Rundfahrten Tour de France, Giro d'Italia und Vuelta a España. Er war von 1989 bis zu seinem Unfall am 11. August 2000 als Radprofi aktiv. Danach betreute er bis Mai 2003 Jan Ullrichs damaliges Team COAST im Bereich Medien und Kommunikation. Heute ist Marcel Wüst als Moderator, Referent sowie Organisator von exklusiven Radsport-Camps in seiner „Casa Ciclista" aktiv. Parallel dazu hat er sich als anerkannter Medien-Radsportexperte, international tätiger Tester von High-End-Rennmaschinen sowie als Autor des Buches „Sprinterjahre" einen Namen gemacht.

Mitarbeiterrekrutierung – vernetzt denken 1

Michaela Hartmann

Inhaltsverzeichnis

Zusammenfassung

Die Arbeitswelt ist komplex, Mitarbeiterrekrutierung hat viele Facetten, eine stärkere Sicht aus Perspektive des Mitarbeiters ist geboten. Wichtige Fragestellungen sind: Welche Gestaltungsmöglichkeiten eröffnen sich Unternehmen, um einen besseren Zugang auf den Arbeitsmarkt zu haben, mit potentiellen Mitarbeitern in Beziehung zu treten oder unerschlossene Talentquellen zu finden? Sind die Möglichkeiten bei der Gestaltung von Jobangeboten, der Flexibilisierung von Arbeitsformen oder Ansprache von Zielgruppen ausgeschöpft? Je komplexer das ökonomische und technologische Umfeld, desto wichtiger wird der Mitarbeiter für den Erfolg von Unternehmen und desto anspruchsvoller und umfassender gestaltet sich auch die Rekrutierungsaufgabe. Im Sinne eines hohen Wertbeitrages ist Rekrutierung dabei mit allen Aufgaben zu verknüpfen, die Chancen für eine zukunftsfähige Struktur von Mitarbeitern und Fähigkeiten bieten.

M. Hartmann (✉)
Rissener Landstraße 129, 22587 Hamburg, Deutschland
E-Mail: m.hartmann@aurea-gmbh.de

M. Hartmann (Hrsg.), *Rekrutierung in einer zukunftsorientierten Arbeitswelt*,
DOI 10.1007/978-3-658-05084-9_1

1.1 Ausgangsbasis

Managementaufgaben, die im Rahmen der Ressource Mitarbeiter[1] wahrzunehmen sind, fallen in den Bereich Personalmanagement. Dabei geht es nicht nur um Fragen der Planung und Realisation, Organisation, Steuerung oder Führung. Vielmehr ist eine explizite Gestaltungsfunktion angeraten, bei der Mitarbeiter als Mitunternehmer gewonnen und in die Entwicklung von Unternehmenszielen und –philosophie involviert werden.

Vielen Unternehmen fehlen künftig qualifizierte Mitarbeiter. Umso wichtiger wird es, Talente innerhalb und außerhalb des Unternehmens frühzeitig zu identifizieren, zu entwickeln und langfristig zu binden. Eine Metastudie über 20 Jahre von Gmür/Schwerdt belegt, dass Rekrutierungsaufwand und Unternehmenserfolg deutlich positiv korrelieren [14]. Mitarbeiterrekrutierung zählt folglich zu den Kernaufgaben im Personalmanagement.

Es gibt eine Vielzahl an Literatur zur Strukturierung von Personalmanagementaufgaben oder zur Abgrenzung von Mitarbeiterrekrutierung. So werden unter Personal- oder Mitarbeiterrekrutierung beispielsweise jene Maßnahmen der Einstellungen (neu oder intern) subsumiert, die auf eine Anpassung von Personalbestand und aktuellem Personalbedarf durch Personalsuche und Personalauswahl abzielen [36, S. 83, 528].

Diese einfache Sichtweise reicht nicht mehr aus, um den spannenden Aufgaben im HR und vor allem auch den wirklichen Anforderungen an die Zunft Personaler gerecht zu werden. Im Recruiting geht es heute darum, gehört zu werden, im ersten und oft entscheidenden Kontakt zu beeindrucken, die begleitende Kommunikation wertschätzend, verbindlich und ehrlich zu gestalten, Bewerber zum Ja zu überzeugen, die Einstellung im Sinne einer stolperfreien Integration und einer hohen Mitarbeiterbindung mit mitarbeiterspezifischen Onboardingmaßnahmen, insbesondere auch Entwicklungsmaßnahmen, zu begleiten. Vor allem kann es nicht erklärtes Ziel sein, eine starre HR-Aufgabensystematik zu realisieren. Vielmehr sind verfügbare Kräfte zu bündeln, um Mehrwert zu schaffen.

Fazit

Rekrutierung ist keine abgegrenzte Aufgabe, sondern ein Verbund verschiedenster Aufgaben, die es wirkungsvoll, kreativ und zielgruppenorientiert zu kombinieren gilt. Erfolg entsteht letztlich durch die Gesamtheitlichkeit und nicht durch Fokussierung.

1.1.1 Unternehmenserfolg: nicht ohne Mitarbeiter

Die Bedeutung des Humankapitals als kritischer Erfolgsfaktor ist nicht neu, aber in den letzten Jahren zunehmend spürbar geworden. Wandlungsprozesse beeinflussen und zwingen Unternehmen, sich immer wieder anzupassen und zu verändern, um mittel- und langfristig ihre Existenz zu sichern. Hierbei spielen Veränderungen im Leistungsangebot eine

[1] Die Verwendung der männlichen Form wird aus Gründen der besseren Lesbarkeit verwendet und soll explizit als geschlechtsunspezifisch verstanden werden.

ebensolche Rolle wie notwendige Veränderungen im Bereich der Organisation, Technik und auch des Personals. Diese Erkenntnis spiegeln bereits bekannte Ansätze in der betriebswirtschaftlichen Literatur wider, die den Erfolg eines Unternehmens erklären und daraus Hinweise für dessen Erhalt und weitere Steigerung ableiten:

Im *marktorientierten* Ansatz wird das Unternehmen aus der Perspektive des Absatzmarktes betrachtet und unternehmerischer Erfolg durch die Branchenattraktivität sowie die relative Position in der Branche erklärt [28]. Der *ressourcenbasierte* Ansatz führt Erfolgsunterschiede zwischen Unternehmen auf unterschiedliche Ressourcenausstattungen zurück [45, S. 11]. Besonders wichtig sind jene Ressourcen, mit denen Kernkompetenzen aufgebaut und ein nachhaltiger Wettbewerbsvorteil generiert werden kann. Solche Ressourcen zeichnen sich dadurch aus, dass sie wertvoll (Chancen erkennen, nutzen und Risiken abwenden), selten (begrenzte Verfügbarkeit), nur schwer oder nicht imitierbar, begrenzt oder nicht substituierbar sind [1, S. 105 ff.]. Es geht beispielsweise um Wissen, Kultur oder Reputation/Außenwirkung des Unternehmens. Als eine Ausprägung des ressourcenorientierten Ansatzes hat in jüngerer Zeit der *wissensorientierte* Ansatz zunehmend an Aufmerksamkeit erfahren, wonach Wissen die entscheidende Quelle für Wettbewerbsvorteile ist.

Die Verbindung von markt- und ressourcenorientiertem Ansatz bedeutet: Es sind vor allem jene Ressourcen zu identifizieren, die die Marktbedingungen berücksichtigen und zur Erstellung marktfähiger Leistungen eingesetzt werden können/müssen.

Nun reicht die einmal erreichte Verfügbarkeit wettbewerbsrelevanter Ressourcen nicht aus, da sie keine unbefristete Haltbarkeit haben. Wichtig ist deshalb ihre Sicherung und kontinuierliche Weiterentwicklung. Das resultiert nicht zuletzt auch daraus, dass Unternehmen in der Regel nicht einseitig ausgerichtet sind, sondern sich meist (und hoffentlich) in verschiedene Richtungen bewegen: in etablierten und neuen Märkten, mit alten sowie neuen Leistungen, auf der Suche nach Kostensenkungspotentialen wie auch innovativen Geschäftsideen. Es wird folglich die Fähigkeit abverlangt, die aktuellen Geschäftspotentiale optimal auszuschöpfen, sich als Unternehmen und Mitarbeiter immer wieder anzupassen (Veränderungsfähigkeit) und gleichzeitig Zukunftspotentiale zu erkennen und zu nutzen. Denn gerade jene Unternehmen erhalten ihre Stabilität am Markt, die sich fortwährend weiterentwickeln. Gleichzeitig ist darauf zu achten, dass die Veränderungsfähigkeit nicht überstrapaziert wird, Veränderungen nicht nach dem Hauruck-Prinzip sondern beherrscht verlaufen und stets ein Rahmen abgesteckt bleibt, der Vertrauen schafft und damit kreative Mitarbeiter zulässt.

Interessant sind auch die Überlegungen von *Hamel/Prahalad*: Sie prägen vor allem den Begriff der Kernkompetenzen und setzen sich insbesondere mit der Rolle des Managements und dessen Fähigkeiten zur Neugestaltung der Marktbedingungen in einer ressourcenorientierten Weiterentwicklung auseinander [16]. Wie schon *Schumpeter* [38] sehen sie Wettbewerb als evolutionären Prozess, in dem innovative und risikobereite Unternehmen bestehende Märkte produktiv zerstören, um Neues zu gestalten. Dabei gelten Wissen, Fähigkeiten und Erfahrungen als die Kernkompetenzen. Ihre einzigartige Bündelung ermöglicht erst die Entwicklung erfolgsträchtiger Leistungen.

Wirft man einen Blick auf jüngere Innovationen, so zeigt sich Folgendes: Firmengründungen finden in Garagen statt, Innovationen in Kleinst-Werkstätten oder Nebenzimmern, experimentelle und unkonventionelle Start-ups (auch jenseits von Internet-Hype) fangen angstfrei und klein an. Neben Wissen, Fähigkeit und Erfahrung bedarf es insofern auch Bereitschaft, Auslöser für Umbrüche oder Veränderungen aus der Routine zu sein. Hinzu kommt, dass disruptive Veränderungen nicht nur geplant, sondern ebenso unbeabsichtigt, überraschend und unbequem eintreten können („upending experience", [35]).

Fazit

Nicht nur Kunden, sondern auch die Mitarbeiter rücken mehr und mehr in das Zentrum der Aufmerksamkeit: Mitarbeiter tragen zur Erreichung der Unternehmensziele bei, die in der Regel nicht logisch berechen- und ableitbar sind. Erst die Fähigkeiten und Bereitschaften, sich in unterschiedlichen Markt- und Denksphären zurechtzufinden, Neues hervorzubringen und Änderungen mitzugehen, sichern Erfolge auch in Zukunft. Es gehört zu den Kernaufgaben von HR und Fachbereichen, die Geschäftsentwicklung in Alternativen zu planen und die jeweils nötige Personalstruktur abzuleiten. Nur so können erfolgskritische Mitarbeiter frühzeitig gefunden, die relevanten Kräfte der einzelnen Mitarbeiter gesichert und im Sinne synergetischer Effekte gebündelt und vervielfältigt werden.

1.1.2 Marktperspektive: Rekrutierung neu denken

Nicht nur aus Unternehmensperspektive ergibt sich die gestiegene Bedeutung der Mitarbeiter. Auch auf Seiten der Mitarbeiter bzw. des Arbeitsmarktes vollzieht sich ein Wandel. Analog zu vielen Absatzmärkten hat auf dem Arbeitsmarkt ein Übergang vom Verkäufer- zum Käufermarkt statt gefunden, was die Relevanz der Bewerber-/Mitarbeiterorientierung erhöht hat. Im Einzelnen ist erstens auf Verschiebungen im Hinblick auf 1) die quantitative und 2) qualitative Verfügbarkeit von Mitarbeitern am Arbeitsmarkt sowie 3) auf einen spürbaren Werte- und Kulturwandel hinzuweisen [34].

1. Quantitatives Mitarbeiterpotential

Unter der Annahme gleichbleibender Erwerbsbeteiligung und Zuwanderung in Deutschland wird für die nächsten 15 Jahre ein Rückgang des Erwerbspersonenpotentials um über 6 Mio. Menschen prognostiziert [6]. Dies wird insbesondere auf den demographischen Wandel hin zu einer alternden und schrumpfenden Bevölkerung zurückgeführt: Während die Geburtenrate rückläufig ist – die Zahl jüngerer Menschen unter 20 Jahren wird bis 2030 um etwa 2,5 Mio. zurückgehen, die Zahl der Menschen über 65 Jahre wird um ca. 5 Mio. zunehmen [46] -, steigt die Lebenserwartung der Menschen. Die Altersgruppe von Menschen über 65 Jahren wird nach Schätzungen des Statistischen Bundesamtes in 20 Jahren einen Anteil von rund 30 % einnehmen. Mitarbeiter scheiden altersbedingt aus dem

Berufsleben aus, die Verfügbarkeit potentieller nachrückender Arbeitnehmer ist rückläufig [46]. Aber: Viele Senioren sind heute aus dem klassischen Rollenbild herausgewachsen. Ältere Menschen sind heute gebildet, neugierig, gesünder und aktiver. In der Studie ‚Lebensstile 2020' werden drei Lebensstiltypen der Alten beschrieben: Silverpreneure, Super-Grannys, Greyhopper [49], die eine Verjüngung des Sozialverhaltens dokumentieren. Hinzu kommt der Verjüngungseffekt der Lebenserwartung: Ein 40Jähriger hatte in 1970 noch 24 Lebensjahre vor sich, heute sind es noch 42 Jahre (Downaging).

2. Qualitatives Mitarbeiterpotential

In qualitativer Hinsicht wird – bei wachsender Nachfrage nach akademisch qualifizierten Mitarbeitern [12] – insbesondere auf den Mangel an qualifizierten Fach- und Führungskräften hingewiesen.

Fachkräftemangel Mehr als 1 Mio. Stellen für Fachkräfte konnten Ende 2013 nicht besetzt werden [26]. Der Fachkräftemangel ist nicht flächendeckend – die Engpässe sind in bestimmten Regionen und Berufsgruppen stärker ausgeprägt –, die Anzahl der betroffenen Berufsgruppen hat in jüngerer Zeit jedoch zugenommen. Die Vakanzzeiten in Engpassberufen sind in 2013 weiter angestiegen (z. B. 141 Tage für Maschinen- und Fahrzeugtechnik) [4, S. 6]. Nach einer Studie zu den Recruitingtrends im Mittelstand führt der Mangel an qualifizierten Bewerbern/Mitarbeitern dazu, dass jede zweite Stelle in 2013 unbesetzt bleibt [47, S. 4].

Schon mit Blick auf die Grundqualifikationen zeigt sich, dass viele Jugendliche, aber auch Erwachsene das Bildungssystem unzureichend verlassen. So sind bereits die Ergebnisse zum grundsätzlichen Bildungsstand von Erwachsenen in Deutschland alarmierend [21]:

- Die Kompetenz, Texte zu lesen und zu verstehen, ist äußerst schwach ausgeprägt (unter OECD-Durchschnitt).
- Knapp jeder fünfte Erwachsene in Deutschland (18,5 %) rechnet auf Grundschulniveau oder schlechter.
- 13 % der Erwachsenen im berufsfähigen Alter haben keine Erfahrung mit Computern, nur ein Drittel der Erwachsenen kann problemlos über Webseiten navigieren oder schwierigere, mehrstufige Aufgaben (wie z. B. Portale auswählen und als Lesezeichen speichern) online lösen.

Hinzu kommt, dass es immer noch viele Jugendliche ohne oder mit niedrigem Berufsabschluss gibt. Nach einer Untersuchung des Bundesministeriums für Arbeit und Soziales nehmen aber gerade diese Erwerbstätige an Bildungsmaßnahmen noch auffallend seltener teil als jene mit qualifizierterem Abschluss (wie Meister, Fachschule, Fach- oder Hochschule) [7]. Problematisch ist: Geringqualifizierte Menschen werden beschleunigte und wissensintensivere Unternehmensprozesse immer weniger durchdringen können.

Diese Situation wird weiter erschwert, da wechselnde Arbeitsbedingungen und Veränderungen in der Arbeitswelt immer wieder dazu führen, dass eine abgeschlossene Berufsausbildung oft nicht mehr genügt. Viele Erwerbstätige müssen auch damit rechnen, ihren ursprünglich erlernten Beruf in einer Zeit raschen technologischen Wandels nicht ein Leben lang ausüben zu können. Arbeitslosigkeit ist danach kein Arbeitsplatz-, sondern ein Bildungsproblem.

Management-Krise Die Forderung nach Ethik und Verantwortung im Führungsbereich wird zunehmend diskutiert, *Sattelberger* spricht von „fehlgeleiteter Ausbildung“ [10], *Mintzberg* von den MBAs als Kombination von „analytischer Brillanz mit sozialer Inkompetenz“ [24]. Nach *Herles* werden die meisten Hochschulen ihrer gesellschaftlichen Verantwortung nicht gerecht: In den Business Schools wird ein Führungsnachwuchs entwickelt, den die Gesellschaft „nicht mehr gebrauchen kann“ [18]. Die Forderung nach einer Reform der Managerausbildung wird laut, in der nicht Gewinnmaximierer oder „gierige Absolventen ohne moralischen Kompass“ [17] aus den Hochschulen in die Unternehmen treten, sondern Nachwuchs mit Wertebewusstsein und Verantwortung für die Umwelt entwickelt werden.

Bedenkt man, dass Unternehmen ihre Erlöse nicht nur durch Stärkung bestehender Produkte und Marken, sondern zu einem Großteil durch neue Produkte erzielen, sind Führungskräfte gefordert, die neben Engagement vor allem auch Innovations- und Wandlungsfähigkeit, Kreativität und kontinuierliche Qualifizierung mitbringen und fördern. Führungskräfte haben hier eine Vorbildfunktion: CEOs als oberste Visionäre und Experimentierer.

Auch die Themen Diversity und Wertewandel verändern die Ansprüche an die Führungskräfte. Mitarbeiter zeichnen sich durch einen Emanzipationsprozess, veränderte Erwartungen, Präferenzen [36, S. 21] und Einstellungen aus, sie sind besser ausgebildet, selbstbewusster und/oder anspruchsvoller. Zugehörigkeit, Loyalität und Bindung wird nicht per Unterschrift auf dem Arbeitsvertrag sichergestellt. Fluktuation oder gar Arbeitsgerichtsfälle sind oft ein Indiz für schlechte Führung: nicht selten verlassen Mitarbeiter ihren Vorgesetzten, nicht ihren Job.

Unterschiedliche Generationen, Nationalitäten und damit Kulturen treffen im Unternehmen zusammen. Führungskräfte müssen heute mehr Sensibilität aufbringen, den intergenerativen Austausch fördern, sich auf Augenhöhe bewegen, sich der Kulturdebatte stellen, Verantwortung für ihr Umfeld übernehmen [31] – und dabei den unternehmerischen Erfolg nicht aus den Augen verlieren.

3. Kultur- und Wertewandel

Die Auseinandersetzungen mit Wertvorstellungen oder Arbeits- und Berufsauffassungen zeigen verschiedene Ergebnisse. Loyalität, Zugehörigkeit und Engagement stellen sich nicht automatisch ein. Mitarbeiter wollen sich weiterentwickeln und Wertschätzung erfahren. Ein Unternehmen erwartet, dass die Mitarbeiter Herausforderungen oder gar

Krisen gemeinsam angehen und im besten Fall mit Freude im Unternehmen mitwirken und Leistung erbringen. Im Gegenzug haben auch die Mitarbeiter Ansprüche, die sich in der Vergangenheit weiterentwickelt bzw. verändert haben. Neben finanziellen Anreizen spielen heute andere Aspekte nicht selten eine größere Rolle, deren jeweilige Bedeutung mitarbeiterspezifisch bzw. in Abhängigkeit der Lebensphase eines Mitarbeiters unterschiedlich gewichtet sein kann. Beispielhaft seien eine klare Kommunikation von Zielen, Anerkennung und Wertschätzung, richtige Verteilung von Aufgaben, Teamatmosphäre, in der die Leistungserbringung Spaß macht, Unterstützung bei Kinder- oder Elternbetreuung oder die Karriereplanung genannt.

Normalbiographien waren in der Vergangenheit geprägt von drei Phasen: Jugend als Ausbildungs- und Ausprobierphase, Berufs- und Familienleben sowie anschließender Ruhestand. Ausdruck unseres heutigen Zeitgeistes sind jedoch Individualisierung und Diskontinuitäten. Es gibt nicht den ‚richtigen' Weg, sondern viele Alternativen. Bildung findet nicht nur in der Jugend statt, berufliche und private Neuorientierungen sind Alltag. Während die einen Sicherheit suchen, gehören die Verbesserung des Ichs, Wechsel, Neues lernen und ausprobieren zum Selbstverständnis vieler anderer. Die vielzähligen Diskussionen um die Generation Y oder Z oder auch die heutigen beruflichen Werdegänge, in denen es normal ist, ein renommiertes Unternehmen bzw. eine nachgefragte ‚Brand' für einen bestimmten Zeitraum als gute Referenz im CV zu haben, bestätigen u. a. diese Entwicklung.

Auch Internet und Co. haben einen starken Einfluss auf Privatleben und Arbeitswelt. Nicht nur die jüngeren Generationen zeichnen sich durch eine hohe Digitalisierung in allen Lebensbereichen sowie eine zunehmende Konnektivität aus: Menschen schauen Fernsehen und sind dabei gleichzeitig mit einem Second Screen in Form von Smartphone oder Tablet für eine ihrer Communities online, sie beteiligen sich in bisher nicht bekanntem Ausmaß an der Erstellung und Verbreitung von Informationen, die digitale Kultur prägt auch den sozialen Raum. Auch die Arbeitsabläufe und -strukturen haben sich dadurch verändert. Begegnungen zwischen Unternehmen und Mitarbeitern werden digitaler, Präsenz an einem Ort ist nicht (immer) nötig, Arbeitszeiten und –orte werden flexibler. Ergebnis: Die zeitlichen und örtlichen Grenzen zwischen Arbeits- und Privatleben greifen ineinander über. Damit verlagert sich die viel diskutierte Work-Life-Balance. Es geht nicht um ein Ausbalancieren der Grenze von Berufs- und Privatleben. Vielmehr sind Arbeitszeit und Arbeitsort mit den persönlichen Ansprüchen und dem Privatleben in Einklang zu bringen. In der Folge bekommen nicht nur Überlegungen zur Flexibilität einen bedeutenden Anschub. Vor allem werden dadurch auch private, gesundheitliche und soziale Belange mehr in die Unternehmen getragen und verlangen Akzeptanz und Berücksichtigung.

Fazit

Die aktuellen Veränderungen am Arbeitsmarkt zwingen Unternehmen aller Leistungsbereiche und Branchen, ihre Positionierung als Arbeitgeber und vor allem auch ihre Bemühungen um Mitarbeiter zu reflektieren. Tradierte Rekrutierungsmuster im Sinne des Post-and-Pray-Prinzips, bei dem auf die (ideale) Bewerbung als Reaktion auf eine gepostete Stelle gewartet wird, haben ausgedient. Vor allem aber wird deutlich, dass die planerische Kompetenz im Recruiting gesteigert werden muss, um frühzeitig die richtigen Mitarbeiterressourcen im Unternehmen verfügbar zu haben.

1.1.3 Grundlegende unternehmerische Rekrutierungsziele

Mitarbeiterrekrutierung ist eine klassische Querschnittsaufgabe für verschiedene Politikfelder, Ebenen und Zuständigkeiten im Unternehmen, die Bandbreite von Rekrutierungsaufgaben und -zielen aufgrund von Wechselbeziehungen vielfältig. Rekrutierung ist keine isolierte, einzelfallbezogene Veränderungsaufgabe, die nur auf die Besetzung einer Stelle abzielt, sondern umfasst ein breites Zielbündel. Die im Folgenden vorgenommene Zielauswahl soll keine Priorisierung darstellen, sondern die Heterogenität im Zielsystem verdeutlichen.

Profilierung und Werteorientierung Um relative Wettbewerbsvorteile halten und entwickeln zu können, im Wahrnehmungsfeld relevanter Zielgruppen eine höhere Anziehung zu erreichen, ist Profilierung nötig. Mit jeder Rekrutierungsentscheidung werden gleichzeitig menschliche Interessen berührt, indem Verhaltens- oder Kommunikationsmuster beeinflusst, gewohnte Machtgefüge im betrieblichen Umfeld verschoben oder auch gewohnte Abläufe verändert werden. Werte aus den Bereichen Ethik und Humanität bzw. soziale Verantwortung sind folglich in das Zielsystem zu integrieren [36, S. 173 ff.].

Ökonomische Ziele Mitarbeiterrekrutierung unterliegt wie jede andere unternehmerische Funktion wirtschaftlichen Prinzipien. Kurzfristig anvisierte Ziele wie geringe Fehlzeiten, Krankheitsquoten, Vermeidung von Overstaffing, Abbau von Leerzeiten sind hier beispielhaft zu nennen. Neben Wirtschaftlichkeit ist eine hohe Leistungsfähigkeit sowie Erhalt und Verbesserung der Leistungsqualität im Unternehmen anzustreben. Personelle Engpässe oder Fehlbesetzungen sind frühzeitig zu verhindern. Hier ist eine Art Grundsicherung wahrzunehmen, indem Mitarbeiter zur richtigen Zeit, am richtigen Ort, in ausreichender Zahl und mit den erforderlichen Qualifikationen (z. B. aufgaben- und kundenorientiert) im Unternehmen beschäftigt sind. Es geht um die Besetzung von Vakanzen, die Sicherstellung der notwendigen Kompetenzen und der geforderten Flexibilität. Die Erfüllung dieser Grundaufgabe hängt in erster Linie davon ab, welche Leistungen ein Unternehmen heute erbringt, welche Kompetenzen im Unternehmen (bereits oder noch) verfügbar und für welchen Zeitraum die Kompetenzen erforderlich sind (dauerhaft oder befristet).

Unter der Annahme begrenzter Ressourcen und nicht zuletzt auch im Hinblick auf den Legitimationsdruck des Human Resources Bereiches ist eine optimale Allokation der verfügbaren zeitlichen und finanziellen Ressourcen anzustreben und gleichzeitig eine wertschöpfende Personalarbeit zu leisten. Insofern stehen erstens vor allem jene Mitarbeiterzielgruppen im Fokus, die besonders knapp am Arbeitsmarkt sind und/oder die eine relativ hohe Bedeutung für den Unternehmenserfolg haben. Zweitens ist auch die Optimierung von Rekrutierungsprozessen anzustreben, bei der nicht nur der Aufbau von Recruitingvorteilen durch neue Wege und Präferenzbildung oder die Eliminierung nicht wertschöpfender Prozessschritte in Erwägung zu ziehen sind. Auch die Schnelligkeit im Recruiting (Time to Hire) ist erfolgskritisch. „It's not like I need their job. If it takes them a week to respond to a resume like mine for a job of this importance, they're not the kind of company I want to work for. I move fast, and I can already see that my style wouldn't fit their culture" [40]. Nicht zuletzt ist vor dem Hintergrund der immer komplexer werdenden Recruitingaufgaben und der begrenzten HR-Ressourcen auch die Auslagerung von Teilaufgaben an spezialisierte Dienstleister zu überlegen, um so Recruitingwissen von außen zu nutzen und Kapazitäten für eine höhere Prozessqualität in anderen Aufgabenbereichen freizusetzen.

Zukunftsorientierung Analog zum Ziel der nachhaltigen Unternehmenssicherung darf es bei Rekrutierungsüberlegungen nicht nur um Bestandssicherung oder Chancennutzung in etablierten Märkten gehen. Es gilt daher nicht nur, Wissen, Fähigkeiten und Erfahrungen aufzubauen, um routinierte und planbare Unternehmensprozesse aufrechtzuerhalten. Vielmehr sind darüber hinausgehend günstige Rahmenbedingungen für die Gewinnung und den Erhalt zukünftig erfolgskritischer Mitarbeiter bzw. Kompetenzen sowie Freiräume für die Weiterentwicklung von Fähigkeiten und neuen Geschäftsideen zu schaffen und damit die Innovationskraft zu stärken.

> ▶ Zukunftsorientierte Unternehmen brauchen Ressourcen und damit auch Mitarbeiter, die Innovation, Entwicklung, Wettbewerbsvorteile bringen, eine fortschritts- und widerstandsfähige Organisation sowie die Umwandlung hin zu einer entsprechenden Unternehmenskultur mit vorantreiben.

In diesem Sinne sind im Rahmen der zukunftsorientierten Mitarbeiterrekrutierung zwei Aspekte wesentlich:

- ***Gesamtsicht***: Es geht nicht nur um Gewinnung und Bindung einzelner Mitarbeiter. Vielmehr ist eine Gesamtsicht von Kompetenzen und Entwicklungspotentialen – quasi im Sinne einer Vogelperspektive – im Unternehmen nötig, um bevorstehende Ungleichgewichte frühzeitig erkennen und erforderliche Verschiebungen anstoßen zu können. Voraussetzung ist beispielsweise eine mitarbeitersegmentbezogene Betrachtung (von einfachen Arbeitern bis hin zu Hochkreativen): Wann werden welche Mitarbeitersegmente gebraucht? Wie hoch ist die Verbleibdauer? In welchen Segmenten besteht absehbar Überschuss bzw. Mangel?
- ***Aktive Mitgestaltung***: Mitarbeiterrekrutierung hat antizipativen Charakter, indem die Veränderungsfähigkeit eines Unternehmens nicht nur begleitet, sondern auch gefördert wird. Es geht darum, Mitarbeiterpotentiale am Markt oder im Unternehmen aufzudecken und zu einem Portfolio zu entwickeln, das einen strategischen Wettbewerbsvorsprung,

den Anstoß von Innovationen und Weiterentwicklungen ermöglicht. Das bedeutet im Umkehrschluss, dass sich die HR-Entscheider nicht nur mit akuten oder aktuell relevanten Themen beschäftigen. Vielmehr kann man sich doch gerade über die Human Resources aktiv in die Unternehmenssteuerung einbringen, indem erstens der Weg des Unternehmens in eine nicht immer berechenbare Zukunft unterstützt und/oder zweitens neue Impulse für Veränderungen durch Aufdeckung von Kompetenzen initiiert werden. Der Rekrutierung kommt in diesem Sinne die Aufgabe zu, Fähigkeiten zu erneuern, Kreativität aufzubauen und damit die Evolution des Wissens im Unternehmen – quasi als Designer – aktiv zu steuern.

1.2 Rekrutierung: breiter aufstellen

Zahlreiche Untersuchungen beschäftigen sich mit der Frage, wie die Entscheider von großen und mittelständischen Unternehmen oder Konzernen die Trends in der Rekrutierung einschätzen. So auch die Studie ‚Recruiting 2020' [2], die u. a. folgende Ergebnisse hervorbringt:

- Die Soft Skills der Führungskraft werden wichtiger. Kriterien wie Offenheit, Sensibilität, Anpassungsfähigkeit, Überzeugungskraft oder Menschenkenntnis gewinnen zu Lasten internationaler Berufserfahrung, fachlicher Eignung oder Ausbildungshintergrund an Bedeutung.
- Die Zunahme von Diskontinuitäten und Sondersituationen fördern den Einsatz von Interim-Management.
- Diversity wird auch in deutschen Unternehmen an Bedeutung gewinnen.
- Die Werte von Unternehmen sowie deren Kommunikation werden wichtiger (Employer Branding).
- Der demographische Wandel fordert ein Umdenken im Anspruchsprofil der Unternehmen. Themen wie Vereinbarkeit Familie-Beruf, Eintrittsalter, Aufstiegschancen sind zu überdenken.
- Die Bedeutung kompetenter Personaldienstleister an der Schnittstelle zwischen Unternehmen und Kunde nimmt zu.

Rekrutierung ist ‚bunt' und vielfältig, weit entfernt von jeglicher Langeweile. So kann es nicht zu den wichtigen Aufgaben zählen, Automatisierungsprozesse oder Vereinfachungsstrategien zur Bewältigung von Bewerbermengen zu entwickeln oder Bewerbermanagementsysteme zur besseren ‚Verwaltung' von Bewerbern oder zur Ermöglichung einer elektronischen Statusabfrage der Bewerbung (analog zur Sendungsverfolgung von Paketen) einzusetzen. Die heutige Recruiter-Generation braucht eine starke Orientierung über den Tellerrand – zeitlich und inhaltlich. Bedenkt man beispielsweise, dass Unternehmen nicht selten Onboardingphasen von 2 Jahren – bestehend aus intensiven Trainings, Coachings und Feedbacks – aufweisen [23], wird die Notwendigkeit einer Verschmelzung mit anderen HR-Aufgaben wie z. B. Mitarbeiterentwicklung wie auch die Weite des zeitlichen Horizontes deutlich.

1.2.1 Antizipation statt Ausschlussprinzip

Mitarbeiter verbringen einen hohen Anteil ihrer Lebenszeit in einem oder mehreren Unternehmen. Für jeden Mitarbeiter kann insofern ein Berufslebenszyklus beschrieben werden, der mit dem Einstieg in das Berufsleben beginnt und mit der Pensionierung endet. Dieser Lebenszyklus wird von verschiedenen Aspekten beeinflusst: so vor allem Qualifikation des Mitarbeiters, Elternhaus, familiäre Entwicklung, Gesundheit, rechtliche Rahmenbedingungen und nicht zuletzt auch Unternehmen/Führungskraft, denen ein Mitarbeiter im Ablauf seines Arbeitslebens begegnet.

Aus Sicht des Mitarbeiters ist Arbeit ein integrativer Teil des Lebens mit hohem Zeitanteil. Nach Möglichkeit wird ein Arbeitnehmer jene Unternehmen als Station in seinem Berufsleben in Erwägung ziehen oder präferieren, die seinen vielzähligen Ansprüchen an das Berufsleben besser gerecht werden. Die Arbeitgeberattraktivität spielt hier eine große Rolle (siehe dazu auch die Beiträge von *Lake* und *Otto/Remdisch* in diesem Buch, die diesen Aspekt empirisch untersuchen).

Die Unternehmen wiederum stehen vor der Aufgabe, jene Mitarbeiter aufzuspüren, deren Berufslebenszyklen am besten zu der Entwicklung und zu den Zielen des Unternehmens passen. Diese Aufgabe beschränkt sich jedoch keineswegs darauf, den Status quo eines Mitarbeiters zu einem bestimmten Zeitpunkt zu prüfen. Hier ist ein viel breiteres Betrachtungsfeld nötig, denn durch Aus-/Weiterbildung, Unternehmenskultur, persönliche Netzwerke im Unternehmen, Karrieremöglichkeiten etc. können Unternehmen

- den Einstiegszeitpunkt,
- die Verweildauer eines Mitarbeiters im Unternehmen oder auch
- den inhaltlichen Verlauf des Berufslebenszyklus

beeinflussen. Es liegt also nahe, dass Rekrutierung neben einer vergangenheitsorientierten Bewertung und Selektion von Mitarbeitern zu einem bestimmten Zeitpunkt x auch den möglichen weiteren Verlauf des Berufslebenszyklus einbezieht. Denn mit dem Eintritt eines Mitarbeiters in das Unternehmen geht es doch erst richtig los. Der Mitarbeiter wird in ein Unternehmen ‚getaucht' und folgende Chancen bieten sich für Mitarbeiter und Unternehmen: der Mitarbeiter entwickelt im Berufsalltag Fähigkeiten, baut soziale Kontakte auf, wird aktiv und gezielt weiterentwickelt, fühlt sich zugehörig, seine Ansprüche an das Berufsleben werden berücksichtigt u. a. Das Ausmaß, in dem diese Chancen genutzt werden, ist nicht nur abhängig von Potential und Bereitschaft des Mitarbeiters. Vor allem auch die Fähigkeit des Unternehmens, den Berufslebenszyklus im Sinne der Unternehmenszukunft und unter Berücksichtigung der Mitarbeiteransprüche und -fähigkeiten voranzutreiben, ist hier gefragt. Schon bei der Selektion darf es folglich nicht darum gehen, im Sinne des *Survival oft the Fittest* nach *Darwin* nur die Tauglichsten zu berücksichtigen und damit möglichst früh nach dem Ausschlussprinzip die weniger Starken auszusortieren [39].

Können offene Stellen trotz Arbeitslosigkeit nicht besetzt werden, wird heute gern von *Mismatch* gesprochen. Doch worauf ist dieser Mismatch zurückzuführen? Ursachen liegen auf der einen Seite in Informations- und Suchdefiziten sowie auf der anderen Seite in einer nicht vorhandenen Übereinstimmung von Mitarbeiterangebot und -nachfrage in Bezug auf qualitätsorientierte, regionale oder branchenspezifische Kriterien begründet. Im Recruitingalltag ergibt sich der Mismatch nicht selten durch herkömmliche Prozesse: Entweder schränken enge Anforderungsprofile die Zahl der Bewerbungen von vornherein ein oder zahlreiche Bewerber werden frühzeitig aussortiert: sie fallen im Rahmen von CV-Analysen nach standardisierten, einfach handhabbaren Kriterien oder Checklisten sowie tradierten Auswahlverfahren – nicht selten lokal fernab vom eigentlichen zukünftigen Einsatzort – bereits durch den Rost, die Zeit für Bewerbungsgespräche und die Gewinnung von persönlichen Eindrücken wird reduziert.

In vielen Unternehmen sind leider noch immer erlernte Skills, Expertise, das Vorhandensein eines bestimmten Hochabschlusses oder einer bestimmten Abschlussnote ein Hinweis dafür, dass ein Bewerber ein herausragender zukünftiger Mitarbeiter sein wird. Das soll umgekehrt nicht bedeuten, dass solche Kriterien per se schlecht sind. Aber: Es sind erlernbare Kriterien und der Gedanke von Berufslebenszyklus oder schwer erlern- oder veränderbaren Eigenschaften bleiben dabei außen vor. Dabei sind es doch gerade folgende Kriterien, die mitarbeiterbezogen nötig sind, um sich als Unternehmen schneller verändern/anpassen oder schneller lernen zu können als die Wettbewerber und damit Wettbewerbsvorteile aufzubauen:

- *Lernfähigkeit*: Fragen stellen, Fehler machen, Bündel an Skills verändern, sich auf Zukünftiges vorbereiten, lebenslanges Lernen, zweite Chancen nutzen
- *Leaderfähigkeit*: unabhängig von Job und Titel andere zu etwas bewegen können, bei Bedarf auch diese Führungsfunktion an andere abgeben
- *Selbstvertrauen*: Individualität, Freimut und gleichzeitig die Bescheidenheit/Demut, andere, bessere Lösungen zu akzeptieren anstatt beharrlich den eigenen Point of View zu verteidigen
- *Verantwortung*: Bereitschaft und Fähigkeit, Probleme zu lösen und Dinge zu verbessern, Redlichkeit

Zugegebenermaßen sind vor allem diese Kriterien schwerer erfassbar und quantifizierbar. Deren Zugrundelegung bedarf einer hohen Kompetenz und vor allem persönlicher Auswahlverfahren, in denen es nicht nur um eine nachvollziehbare Erfassung und Wertschätzung des möglichen Leistungsbeitrages eines Mitarbeiters, sondern auch um dessen Integration und Entwicklungsmöglichkeiten im Unternehmen geht. Bereits bei der Bewerberauswahl gilt es, Handlungsbedarf zu erkennen, positive Entwicklungen anzuschieben und damit möglicherweise auch zukünftigen Austrittsentscheidungen frühzeitig entgegenzuwirken.

1.2.2 Heterogene Zielgruppen im Blick

Die Veränderungen in der Arbeitswelt und der Druck zu kontinuierlicher Verbesserung von Qualität und Performance fordern Unternehmen, bisherige Mitarbeiterpotentiale zu binden und neue Potentiale zu finden oder zu entwickeln. Während die räumliche Überwindung von Grenzen im Zusammenhang mit Migranten und qualifizierten Zuwanderern bereits vielfach diskutiert (allerdings noch begrenzt umgesetzt) wird, kann – analog zur Diversity im Unternehmensumfeld – eine ‚Zielgruppendiversifizierung' möglich und zielführend sein. Und damit wird nicht nur das Rekrutierungspotential erhöht oder stabilisiert. Auch mit Blick auf die komplexer gewordene Umwelt und Kundenstruktur liegt es nahe, Mitarbeitervielfalt als Mischung unterschiedlicher Perspektiven, Sichtweisen und Kulturen ganz bewusst auszubauen, um die höhere Problemlösungsfähigkeit und -qualität, bessere Reaktionsfähigkeit und Innovationsstärke heterogen zusammengesetzter Gruppen zu nutzen.

1. Die aktiv Suchenden

Diese Zielgruppe der Arbeitsuchenden oder Wechselwilligen steht im Vordergrund herkömmlicher Rekrutierungsbemühungen, sie steht meist unmittelbar zur Verfügung. Ihre Ansprache erfolgt mittlerweile über vielfältige Kanäle. Unternehmen präsentieren sich u. a. in Printmedien, öffentlichen Verkehrsmitteln, Webseiten, Jobbörsen, realen oder virtuellen Messen, TV/Radio/Kino, sozialen Netzwerken (Xing, Facebook etc.), Apps.

2. Die aktuellen Mitarbeiter

Neben externen potentiellen Mitarbeitern sind auch die aktuellen internen Mitarbeiter ein wichtiger Teil im Recruitingportfolio, was vermehrt durch die Entwicklung von Talent Pools [47] berücksichtigt wird. Die Sicherung vorhandenen Wissens, positive Ausstrahlungseffekte zufriedener Mitarbeiter auf die Gewinnung neuer Mitarbeiter [22], das bessere Wissen um den Mitarbeiter, die meist geringeren Aufwendungen und nicht zuletzt die Verminderung von ‚Kannibalisierungserfolgen' durch Wettbewerber am Arbeitsmarkt sind Vorzüge des internen Recruiting. Ein gezieltes Talentmanagement-Programm ist vor allem auch deshalb wichtig, weil es gerade die Leistungsträger mit wertvollen Kompetenzen sind, die es am Arbeitsmarkt leichter haben bzw. gerne abgeworben werden und daher besonders schwer zu binden sind.

3. Die Ehemaligen und Kontakte

Auch frühere Praktikanten, gute Bewerber und vor allem auch ehemalige Mitarbeiter sind in Talent Pools aufzunehmen. Vor allem das Potential ehemaliger Mitarbeiter liegt auf der Hand: Sie verfügen über Unternehmenswissen, sind Repräsentanten und Multiplikatoren. Es gibt heute kaum noch den Lifetime-Arbeitgeber, aber der Anspruch sollte darin bestehen, eine wichtige Station in der Biographie wichtiger Talente zu sein. Im Sinne des Boomerang Hires kann es sogar durchaus sinnvoll sein, Mitarbeiter so zu binden, dass sie das Unternehmen zwar im Laufe ihrer Vita verlassen (gewollte Fluktuation), aufgrund einer starken, vertragsfreien Verbundenheit aber (mit mehr Wissen) wieder zurückkehren. Das wird auch besser dem Anspruch jener Unternehmen gerecht, die Mitarbeiter suchen, die bereit sind für Veränderungen, neue Wege gehen, mobil sind, Entrepreneurgeist haben. Analog zur Grundidee des Customer Relationship Management ist so ein Talent Relationship Management (TRM) [43] zu entwickeln, indem Beziehungen aufgebaut, Kontakte gepflegt (so insbesondere persönlich, per Newsletter, Firmenveranstaltungen, Firmenzeitschriften, Talent Communities), aber auch Hinweise für die Weiterentwicklung des Wissens gewonnen werden können.

4. Die passiven Kandidaten

Zahlreiche Beschäftige sind latent auf der Suche, denken über einen Jobwechsel nach, können möglicherweise zu einem Wechsel motiviert werden. Aber sie unternehmen keine aktive Jobsuche oder reagieren auf gepostete Stellenangebote, sie wollen/müssen aktiv angesprochen werden. Diese Zielgruppe ist – vor allem auch unter dem Begriff *Active Sourcing* – seit einiger Zeit vermehrt in den Fokus gerückt. Im Gegensatz zum herkömmlichen Post-and-Pray übernimmt der Recruiter das Ruder durch proaktive und gezielte Kontaktaufnahme zu potentiellen Mitarbeitern [27].

Mangelnder Bewerbungseingang und vor allem die hohe Zahl der Wechselwilligen – nach einer Studie ist jeder dritte Arbeitnehmer wechselbereit [11] – haben das Active Sourcing gefördert. In dem Zuge sind auch die Recruitingkanäle vielfältiger geworden. Social-Recruiting Plattformen, Business Netzwerke, Fachforen oder Open Web Sourcing (z. B. www.TalentBin.de) haben die Möglichkeiten des Talent-Sourcing immens verändert [19]. Auch der Netzwerkgedanke erfährt ein Relaunch: Neben der Weiterempfehlung ausgeschriebener Jobs durch persönliche Netzwerke (Mitarbeiter empfehlen Mitarbeiter)[30] gibt es analog zum Crowdfunding die Idee des Crowdsourcing [41], bei dem über Job-Empfehlungsplattformen das kollektive Wissen einer großen Anzahl an unterschiedlichen Internetusern oder Community-Mitgliedern genutzt wird. Beispiele in Deutschland sind whistlernetwork.com oder crowdhunter.de.

5. Der Nachwuchs auf vorgelagerten Stufen

Wachstums- oder Veränderungsziele im Unternehmen implizieren Wissensveränderung und zukünftig zu besetzende Jobs, die ein vorausschauendes Recruiting nahe legen. Das Bewerberpotential auf dem Arbeitsmarkt ist Ergebnis frühkindlicher Bildung und Betreuung, die sich wiederum in der Gestaltung des Übergangsmanagement von Schule, Hochschule und Beruf fortsetzt. Ist der Arbeitsmarkt wenig ergiebig, liegt es nahe, diesen zu überspringen und Rekrutierungsbemühungen auf die vorgelagerten Stufen auszuweiten.

Ein Blick in die *Schulen* zeigt: Kooperative Lernkulturen und individualisiertes Lernen (siehe beispielsweise www.individualisierter-unterricht.com) stoßen leider noch immer auf zurückhaltende Akzeptanz. Selbst ausgebildete Lehrer jüngerer Generation beschäftigen sich nicht selten auch heute noch mit der Frage, welche Taktiken Schüler anwenden können, um besser ‚auswendig zu lernen'. Die vielfältige Individualität im Klassenraum bezüglich Persönlichkeit, Interessen und Lernen wird durch undifferenzierten Unterricht und standardisierte Aufgaben ‚gestreamlined'. Sollten nicht jene Eigenschaften auf den Lehrplan, die später im Unternehmen wünschenswert sind: Vielfalt und Kreativität, Erhalt/Förderung von Individualität, über den Tellerrand schauen, Verantwortung übernehmen, Unternehmergeist, neue Dinge ausprobieren, Denken in Alternativen? Bildungsreform fokussiert leider allzu oft das System Schule, geht aber an einer Unterrichtsreform oder an der Lehreraus- und –weiterbildung vorbei. Letztere wird erst in jüngerer Zeit – vornehmlich im Zusammenhang mit der hohen Burnout- und Erschöpfungsquote von Lehrern – thematisiert [15].

Ein zeitlicher Sprung an das Ende der Schulzeit: Viele Schulabgänger sind wenig über Ausbildungswege, Aufstiegsmöglichkeiten oder auch Perspektiven in der heutigen Berufs- und Arbeitswelt informiert bzw. starten diesen Informationsprozess erst zum Ende der Schulzeit.

Ausbildung: nur ca. 12 % der möglichen Berufsbilder werden genutzt

In Deutschland gibt es insgesamt 349 duale Ausbildungsberufe. 75 % aller neu abgeschlossenen Ausbildungsverträge werden in nur 44 verschiedenen Berufen abgeschlossen [7] – an der Spitze sind Berufe wie Kaufmann/-frau im Einzelhandel, Verkäufer/-in, Kraftfahrzeugmechatroniker/-in, Bürokaufmann/-kauffrau. Ein Vergleich mit 2010 [5] zeigt keine nennenswerten Veränderungen oder Verlagerungen hin zu den vermeintlich zukunftsträchtigen Berufen (Lebensmitteltechnik, Altenpfleger/-in und Pflegemanager/-in, Energie- und Gebäudetechnik oder IT-Sicherheitstechnik).

Eine stärkere unternehmensseitig getriebene Vernetzung von Schule und Unternehmen bzw. Berufswelt durch Ausbildungs- oder Karriereberatung, gezielte Praktika, gemeinsame Fallstudien/Projekte, Erfahrungsberichte von Auszubildenden als Botschafter, mehr Transparenz über zukunftsorientierte Berufe kann hier Abhilfe schaffen. Einzelne Unternehmen nutzen interaktive online-Games im Recruiting (www.recruitinggames.de), indem die Spielenden Einblicke in ein Berufsbild bzw. einen typischen Berufsalltag bekommen, ihre Eignung für bestimmte Aufgaben, Teambuilding oder Führung (Self Assessment) oder auch ihre Belastbarkeit in bestimmten Situationen ausprobieren können. Nicht zuletzt ist aber auch an Kooperationsmöglichkeiten im Zusammenhang mit einer praxisnahen und zukunftsorientierten Lehrerweiterbildung zu denken – beispielsweise im Rahmen eines Perspektivenwechsels durch Arbeitsplatztausch (Lehrer–Mitarbeiter im Unternehmen) –, indem lebenslanges Lernen auch hier umgesetzt wird.

Auch auf Ebene der *Hochschule* gibt es vielfältige Möglichkeiten, frühzeitig Kontakt (Zielgruppe Young Professionals, angehende Akademiker) aufzunehmen und damit Nachwuchs zu sichern und zu entwickeln. Neben herkömmlichen Maßnahmen wie Teilnahme an Hochschulmessen, Vorträge/Seminare an Universitäten (Mitarbeiter als Botschafter),

Stipendienprogramme, Trainee-Programme/Praktika gibt es kreative Ansätze, wie das so genannte Action Recruiting. Hier sei beispielhaft auf Teambuilding- und Networking-Events wie ‚Students on Snow' verwiesen (www.personalmarketingblog.de/action-recruiting-amberg), bei dem Vertreter der Wirtschaft und Studierende aller Fachbereiche außerhalb ihres Alltags in ungezwungener Atmosphäre zusammentreffen, informieren, Kontakte für eine anschließende Netzwerkpflege austauschen.

Einen großen Schritt weiter geht vor allem das Konzept der Corporate University. Hier bilden Unternehmen – quasi im Sinne eines Do-it-yourself-Ansatzes – ihren Führungsnachwuchs sowie auch andere Mitarbeiter in unternehmenseigenen Kultur- und Qualifizierungszentren selbst aus [33, S. 25 ff.]. Auch die dualen Studienkonzepte (Bachelor) sind ein möglicher Weg, Mitarbeiternachwuchs frühzeitig zu entwickeln und zu binden. Im Sinne der zukünftig erforderlichen heterogenen Mitarbeiterstruktur ist hier nicht nur an den klassischen Führungsnachwuchs, sondern beispielsweise auch an berufsbegleitende Akademisierungsbrücken für Facharbeiter zu denken. Hier sei vor allem auch auf den Beitrag von *Döring* im vorliegenden Buch verwiesen, die sich mit dualen Studienkonzepten auseinander setzt.

6. Die Späten

Ein Blick in die andere Richtung der Altersachse: Viele ältere Erwerbstätige entsprechen nicht mehr dem gewohnten Rollenbild, die Seniorengeneration trägt wertvolles Wissen. Wenn die Zielgruppe der Leistungsprogramme von Unternehmen in Anbetracht der Bevölkerungsentwicklung älter wird, ist nicht spiegelbildlich auch der ‚ältere' Erwerbstätige ein wichtiger Mitarbeiter, um das Wertesystem im Unternehmen zu bereichern und eine bessere Marktorientierung bei dieser Zielgruppe zu erreichen?

Jeder neunte sozialversicherungspflichtig Beschäftigte im Alter zwischen 45 und 55 Jahren – die heute personenstärkste Gruppe in Deutschland – verfügt über einen Hochschulabschluss [12]. Sind die heute ‚normalen' Erwerbszeiten langfristig tragbar? Welche Chancen der Potentialentfaltung bieten sich Unternehmen auf der den üblichen Erwerbszeiten nachgelagerten Stufe?

Wenn es Unternehmen nicht gelingt, frühzeitig für eine hohe Erwerbspartizipation dieser Altersgruppen bzw. die Integration deren Wissen in die Unternehmen zu sorgen, sind vor allem wissensbasierte Branchen gefährdet: Denn in dem Fall geht wertvolles Wissen verloren, das weder ‚unbegrenzt' noch schnell nachwächst. Hier sei auf den Beitrag von *Heinecke/Müller* in diesem Buch verwiesen, die sich näher mit diesem wichtigen Potential der heutigen und zukünftigen Senioren auseinander setzen.

7. Die Seiteneinsteiger

Nicht nur flachere Hierarchien in den Unternehmen und ausgehöhltere funktionale Grenzen von Jobs legen es nahe, Quereinsteiger als Zielgruppe in der Rekrutierung stärker zu berücksichtigen. Vor allem auch das Ziel, Unternehmen kulturell reicher zu machen und breiter aufzustellen, legen eine veränderte Auswahlphilosophie zur Findung bislang ausgegrenzter Talente nahe. Gerade den Seiteneinsteigern, die sich nicht durch herkömmliche Vorzeigelebensläufe, sondern durch diskontinuierliche Erwerbsbiographien, andere berufliche Wurzeln und damit auch andere Perspektiven auszeichnen, wird eine stärkere Veränderungsfähigkeit und Kreativität zugetraut [18, S. 144 ff.]. Im Hinblick auf die Forderung nach Flexibilität, Wandel oder lebenslangem Lernen sind Beständigkeit und Beharrungswillen in einem einmal erlernten und ausgeübten Beruf möglicherweise sogar hinderlich oder gefährden den Erhalt der lebenslangen Beschäftigungsfähigkeit (Employability).

Es gibt Berufe mit hoher Flexibilität, d h. eine Ausbildung kann auch für andere Berufsfelder zur Verfügung stehen. Aber auch ein zweiter (oder dritter) oder auch später gestarteter Bildungsweg ist durchaus denkbar. Das zeigen auch die aktuellen Ergebnisse zur Altersstruktur von Auszubildenden: Das Alter hat sich seit dem Jahr 2000 verschoben. Während die Zahl der Auszubildenden im Alter zwischen 15 und 19 Jahren zurückgeht, ist die Zahl jener im Alter zwischen 30 und 35 Jahren um 40% angestiegen, die Zahl der Auszubildenden im Alter von 25 bis 30 Jahren hat sich sogar verdoppelt [3].

8. Die zeitlich Gebundenen

Eine weitere bislang unbeachtete Zielgruppe sind die zeitlich Gebundenen. Erste Unternehmen öffnen ihre Ausbildung für diese Zielgruppe und bieten eine Teilzeitausbildung an, bei der die Ausbildung mit reduzierter wöchentlicher oder täglicher Arbeitszeit umgesetzt und die Gesamtausbildungszeit um ein Jahr verlängert werden kann [3]. So erhalten auch Bewerber mit Kind oder pflegebedürftigen Angehörigen die Chance zu einer Berufsausbildung. Hier sind Wege zu finden, diesen zeitlichen Flexibilisierungsbedarf zu decken und damit dieses Mitarbeitersegment im Recruiting zu nutzen.

Fazit

Für die Recruiter bieten sich vielzählige Ideen, herkömmliche Grenzen ganz bewusst zu überschreiten, um neue Bewerberzielgruppen und Talente aufzuspüren. Es gibt viele innovative Wege, die in der Praxis bereits zur Anwendung kommen. Hier ist Kompetenz, Mut und Differenzierung gefragt. Mit Blick auf die hohe Heterogenität der Bewerber bedarf es zudem Augenhöhe: Sich in Zielgruppen hineindenken ist Voraussetzung, um die richtige Botschaft und den richtigen Ton zu finden, denn es geht nicht darum, möglichst viele, sondern die richtigen Kandidaten zu finden. Unter Berücksichtigung der weiter oben aufgezeigten Recruitingziele kann es nicht um ein just-do-it um jeden Preis gehen. Vielmehr ist – unabhängig von Unternehmensgröße, Budget und Kanal – ein harmonischer Auftritt anzustreben, der der Diversität der Interessierten und Bewerber einerseits sowie den Unternehmenswerten und der Unternehmensidentität gleichermaßen gerecht wird.

1.2.3 Aufgabenbündelung erhöht Rekrutierungschancen

„2023 werden Unternehmen selbst Bewerber sein.“ [34] Mehr Transparenz über Unternehmen, höhere Ansprüche der Mitarbeiter und Engpässe am Arbeitsmarkt haben und werden die Beziehung Arbeitgeber-Mitarbeiter weiter verändern. Unternehmen stehen vor der Aufgabe, die Arbeitswelt stärker mitarbeiterorientiert zu gestalten, um Mitarbeiter ohne Druck zu gewinnen, zu integrieren und zu binden. Vor dem Hintergrund veränderter Anspruchsprofile auf beiden Seiten geht es im Recruiting nicht nur darum, Transparenz über offene Stellen zu schaffen oder die Auswahlverfahren [37] zu verbessern.

Aus Mitarbeiterperspektive hat sich der Stellenwert der Arbeit geändert. Natürlich dient Arbeit nach wie vor der Einkommenserzielung, aber es sind weitere Ansprüche hinzugetreten, die – je nach Bewerbertyp – unterschiedlich gewichtet sind (vgl. Abschn. 1.1.2) und die Eintritts- oder Verbleibentscheidung wie auch die Leistungs- und Integrationsbereitschaft beeinflussen. Unternehmen stehen u. a. vor folgenden Fragen: Wie werden wir von Mitarbeitern und Bewerbern wahrgenommen? Wo liegen unsere Stärken und Schwächen als (potentieller) Arbeitgeber? Welche Eigenschaften sind bewerbungsrelevant für erfolgskritische Zielgruppen?

Dies führt zum Konstrukt des *Arbeitgeberimage*: Mitarbeiterrekrutierung ist untrennbar verbunden mit der Fähigkeit, für aktuelle und zukünftige Mitarbeiter interessant zu sein und zu bleiben, also – analog zum USP im Marketing – eine ‚Unique Employing Proposition‘ aufzubauen und zu sichern. Hier spielt die Arbeitgebermarke oder die *Employer Brand*, also das Vorstellungsbild in den Köpfen der Bewerberzielgruppen und Mitarbeiter von einem Unternehmen als Arbeitgeber, eine große Rolle. Sie kann Orientierung geben und einen Arbeitgeber aus der Anonymität des Arbeitsmarktes lösen und sichtbar machen. Aus Unternehmenssicht ist eine Positionierung wünschenswert, die von anderen Arbeitgebern abhebt, den Wunsch- oder Idealvorstellungen der Bewerber und Mitarbeiter möglichst nahe kommt. Ziel ist folglich der Aufbau eines Added Value, der zu Präferenzen führt und sich in Bewerbungs- und Bindungsbereitschaft bei Kandidaten und Mitarbeitern niederschlägt.

In Zeiten von Vielfalt und Wandel bedeutet wahrgenommen zu werden Folgendes: auffallen, Sympathie gewinnen, anders/kreativ sein, Sinn stiften, für Stabilität und Fortschritt gleichermaßen stehen, emotionale Geschichten mit konkreten Botschaften/Inhalten verbinden. Employer Branding ist daher auch untrennbar mit *interner und externer Kommunikation* verbunden. Auch wenn die Stellenanzeige nicht selten scheinbar unberührt von den Entwicklungen im Recruiting geblieben ist, entwickelt sich bereits vielerorts ein neuer Stil in der Kommunikation. Bewerber und Mitarbeiter informieren sich heute über Plattformen wie Facebook, YouTube, Xing oder Jobbörsen über ihre (möglichen) Arbeitgeber, suchen nach authentischen Informationen und überprüfbaren Aussagen [25]. Auf der anderen Seite setzen sich in Unternehmen Postings und Anzeigentexte über Social Media, Unternehmens- und Karrierewebsites, Arbeitgebersiegel und Bewertungsportale, Communities, Unternehmensvideos, Blogs mehr und mehr durch (vgl. hier beispielhaft auch den Beitrag von *Schindler* im vorliegenden Buch). Hier sind kommunikative Kompetenzen gefordert. Technik trägt dazu bei, Dinge anders oder besser zu machen. Sie entscheidet jedoch nicht über das ‚Design'. Es geht nicht darum, vermeintliche Trends ohne stimmigen Auftritt mitzumachen, sondern ein klares und verlässliches Arbeitgeberimage aufzubauen und so nachhaltig Recruitingerfolge zu sichern. Eine Vernetzung von Unternehmenskommunikation und HR liegt nahe, um letztlich auch eine Harmonie von Unternehmens- und Arbeitgeberimage zu entwickeln und so die Glaubwürdigkeit zu erhöhen.

Inhaltlich geht es darum, das Unternehmen nach innen und außen attraktiv und vor allem authentisch darzustellen. Ausgangspunkt ist die Frage: Was ist das relevant Set an Merkmalen, die das Unternehmen für Mitarbeiter und Bewerber attraktiv machen? Im nächsten Schritt geht es daran, die Themen umzusetzen, Versprechen im Alltag einzulösen. Menschen geht es nicht nur um Position, Aufgaben, Fähigkeiten, Gehalt oder Jobsicherheit, Standort oder Unternehmensimage. Vor allem Themen wie Unternehmenskultur (Wertschätzung, Arbeitsatmosphäre, Beziehungen, Führungskultur), Entwicklungs- und Karrieremöglichkeiten sowie Freiräume/Flexibilität (Vereinbarkeit von Beruf und Familie, Lebensphasenorientierung) beeinflussen den von Bewerbern und Mitarbeitern wahrgenommenen Added Value und daher die Erfolge im Recruiting.

1. Unternehmenskultur

Im Zusammenhang mit dem Arbeitgeberimage ist die Einhaltung bzw. Umsetzung des Arbeitgeberversprechens nach innen besonders wichtig [42]. Die Unternehmenskultur bzw. deren Gestaltung ist damit ein zentrales Thema für die Mitarbeitergewinnung und -bindung und stärker in das Recruiting zu integrieren.

Neben Aspekten wie sozialer Verantwortung oder sozialem Engagement spielt die Wertschätzung der Mitarbeiter/Bewerber eine große Rolle – und das muss für alle Mitarbeiter gelten, so z. B. auch für befristete, Teilzeit- oder überlassene Mitarbeiter. Wertschätzung beginnt bereits im Rahmen einer positiven Bewerbererfahrung und setzt sich im Verhalten gegenüber Mitarbeitern sowie einer Anerkennung deren Erfolgsbeiträge – unabhängig von Qualifikation und Position – fort. In der Praxis lassen leider noch immer viele Unternehmen viel Zeit vergehen, bevor sie auf eine Bewerbung antworten – oder sie reagieren in vielen Fällen überhaupt nicht. Mit Blick auf die heute umfassenden Möglichkeiten von Bewerbermanagementsystemen oder auch das Angebot externer professioneller Dienstleister ist zu vermuten, dass es hier mehr um eine Frage der Haltung und Priorisierung, als um ein Handlingproblem geht.

Beziehungen zu Bewerbern und Mitarbeitern entstehen nicht von alleine, sie sind aufzubauen und zu pflegen. Der Gewinn eines Mitarbeiters führt zu spürbaren Umformungen oder Veränderungen im Unternehmen und dessen sozialer Netzwerke. Ein Unternehmen ist heute ein Ort der Begegnung, des gesellschaftlichen Zusammentreffens, idealerweise eine Atmosphäre der Vertrautheit. Mitarbeiter verbringen einen Großteil ihrer Lebenszeit in und mit dem Unternehmen und den Kollegen. Die internen Beziehungen bzw. Communities oder Teamkultur sind daher ganz wesentlich für Onboarding, Integration und Bindung von Mitarbeitern. Viele Entscheidungen werden von dem gewachsenen Netz an persönlichen Beziehungen im Unternehmen mit beeinflusst. Dies führt einerseits dazu, dass positive emotionale Bindungen die Loyalität stärken können. Umgekehrt erleichtert eine fehlende Beziehung den Austritt eines Mitarbeiters. Im Extremfall wirken sogar Verbundeffekte in der Form, dass der Austritt eines Mitarbeiters weitere Austritte nach sich zieht.

Neben den Beziehungen zwischen Mitarbeitern spielt das Verhältnis Mitarbeiter zu Führungskraft bzw. die *Führungskultur* eine große Rolle. Machtverhältnisse haben sich geändert. Im Zuge von Wissensmanagement werden Wissensmonopole zugunsten einer Philosophie des Knowledge Sharing aufgebrochen. Digitalisierung oder die Entwicklung zur Industrie 4.0 verlangen eine Führungsrevolution. Althergebrachte Unternehmens- und Machtstrukturen kommen hier an ihre Grenzen. In Zukunft werden Führungskräfte benötigt, die

- individuelle Leistungspotentiale entfalten und Mitarbeiter nachhaltig motivieren,
- Verfügbarkeit von Wissen nach Bedarf statt Hierarchie sicherstellen,
- situative intelligente Vernetzungen fördern sowie
- Mitarbeiterkompetenzen durch mehr Arbeitsautonomie fördern und binden.

Die Ablösung herkömmlicher Zielvereinbarungen von oben durch Mitarbeitergespräche mit Herz und Verstand auf Augenhöhe ist hier nur ein kleiner erster Schritt.

2. Entwicklungs- bzw. Karrieremöglichkeiten

Innovations- und Wettbewerbskraft wird von Qualifikation und Engagement der Mitarbeiter sowie nachhaltiger Bewahrung und kontinuierlicher Weiterentwicklung des Wissens im Unternehmen bestimmt [31]. Mitarbeiter sind Geber von Wissen, Kreativität und Motivation, Jobs dienen der Entfaltung dieser Fähigkeiten sowie ihrer Entwicklung. Angewandte Karrieremuster im Unternehmen sind dahingehend zu prüfen, ob alle Mitarbeiter – also nicht nur der klassische Führungsnachwuchs mit Karriereaspiration – die Chance für eine kontinuierliche Weiterqualifizierung haben. Keine Position ist ein Endpunkt oder ein erreichter Status und Ziel absolvierter Studien und Tätigkeiten. Ebenso wenig sind fachliche Defizite gezwungenermaßen k.o.-Kriterien bei der Personalauswahl, sondern Ausgangspunkt für sich anschließende Mitarbeiterentwicklungsmaßnahmen. Auch für die eigenen Mitarbeiter gilt: Vorausschauende Weiterbildungsmaßnahmen verbunden mit klaren Karriereperspektiven sind Grundvoraussetzung für interne Rekrutierungsmöglichkeiten. Neben tradierten Karrierepfaden, die mit hierarchischem Aufstieg verbunden sind, können vor allem gleichwertige fachliche Karrieren oder Projektlaufbahnen interessante Entwicklungsperspektiven bieten [44, 32]. Solche Karrierepfade müssen sogar entstehen, denn:

- Experten bzw. hochqualifizierte Spezialisten generieren Innovation und Weiterentwicklung und damit Zukunftsfähigkeit von Unternehmen.

- Nicht jeder Mitarbeiter eignet oder interessiert sich für Führungsaufgaben – wie umgekehrt auch die Führungskräfte sich oft nicht als Spezialisten eignen und dennoch Karriere machen können.
- Auch Mitarbeiter, die heute einfache Arbeiten übernehmen, sind in Anbetracht der Arbeitsmarktentwicklung zukünftig unentbehrlich und werden möglicherweise anspruchsvollere Tätigkeiten übernehmen können/müssen.

Anerkennung und alternative Karriereperspektiven für Bewerber oder Mitarbeiter ohne Führungskompetenz setzen voraus, dass fachliches Engagement erkannt, den Betroffenen größere und wichtigere Aufgaben bzw. Projekte übertragen und Freiräume für Bildung gewährt werden. Enge, detailliert abgegrenzte Stellenprofile bzw. eine übermäßige Konzentration auf vordefinierte Profile anstatt eines Fokus auf die Kompetenzen von Bewerbern oder Mitarbeitern können in diesem Zusammenhang also nicht nur Bewerbungen verhindern. Vor allem bleiben Chancen zur Mitarbeiterbindung, -motivation und -weiterentwicklung ungenutzt. Rekrutierung und (enthierarchisierte) Karriereplanung sind daher eng zu verknüpfen, um auch zukünftig die richtige Mitarbeiter- bzw. Wissensstruktur im Unternehmen zu haben.

3. Flexibilisierung

In den kommenden Jahren werden unterschiedliche Generationen und Mitarbeitertypen mit ganz unterschiedlichen individuellen Ansprüchen an Flexibilität und Selbstbestimmung in Unternehmen zusammenarbeiten. So erwarten Zukunftsforscher für das Jahr 2020, dass bis zu 60 % aller Arbeitsverhältnisse in Deutschland auf flexibler und freier Basis gestaltet sein werden [8]. Im Ergebnis müssen Unternehmen darüber nachdenken, keine Standardarbeitsverträge am Markt, sondern individualisierte und flexible Jobs bzw. Arbeitsverträge und Perspektiven zu offerieren, um damit erstens das am Arbeitsmarkt verfügbare Potential zu nutzen, zweitens ‚atmungsaktiv‘ zu sein und drittens dem Bedarf nach Balance oder Integration von Work und Life gerecht zu werden. Hier soll insbesondere die 1) Ausbildungs-, 2) räumliche und 3) zeitliche Flexibilisierung aufgegriffen werden.

Zu (1) Während in den akademischen Bereichen mittlerweile verschiedenste Bildungsalternativen möglich sind, ist die deutsche duale Berufsausbildung eher als tradiert und starr zu bezeichnen. Folgende Gründe sprechen für eine *Ausbildungsflexibilisierung*:

- Es gibt eine hohe Zahl an Menschen ohne oder mit niedrigem Berufsabschluss.
- Veränderte Anforderungen in Unternehmen machen gegebenenfalls eine zweite Ausbildung nötig.
- Die klassische duale Berufsausbildung ist heute unattraktiv und hat zu einem übermäßigen Akademisierungstrend geführt. Das birgt die Gefahr eines weiteren Rückgangs an Fachkräften.

Der duale Ausbildungsansatz – Lernen durch Kombination von Schule und Arbeit – hat zwar grundlegende Vorteile (die im Übrigen auch in den Dualen Studiengängen aufgegriffen werden), die Möglichkeiten einer sich anschließenden Karriere sind jedoch erstens häufig begrenzt. Zweitens ist die ausschließliche Fixierung auf 2 oder 3 Jahre über alle Berufe antiquiert. Hier ist über eine Modularisierung nachzudenken, indem je nach Ziel oder Vorqualifikation beispielsweise alternative Ausbildungen von 1 bis 4 Jahren möglich sind. [34] Dem können sich dann entsprechende Karrieremöglichkeiten oder Akademisierungsbrücken anschließen, so dass alle Menschen zu unterschiedlichen Zeitpunkten verschiedene Bildungs- und Karrieremöglichkeiten haben oder entwickeln können. Auf diese Weise werden Unternehmen nicht ihr Talentniveau herabsetzen, sondern ihre Pforten für unterschiedlichste Mitarbeiterpotentiale öffnen.

Zu (2) Das Thema *Präsenzkultur* ist ein weiterer Ansatzpunkt. Im Zuge der Digitalisierung und Vernetzung wird Arbeit in räumlicher Hinsicht zunehmend entgrenzt. Die starre Zweiteilung zwischen Homeoffice und persönlicher Anwesenheit im Büro [9] wird abgelöst von einer höheren Flexibilität der Arbeit. Nicht nur Millenials wollen vermehrt zeit- und ortsunabhängig (non-territoriales Arbeiten, Homeoffice, Zug, Flughafen, Cafés) arbeiten. Datenzugriff ist heute multilokal möglich, interne Kommunikation findet mit neusten Technologien und an Orten wie Kaffeebars, offenen Kommunikationszonen u. ä. statt, synchrone und asynchrone Kommunikations- und Kollaborationsformen, z. B. per Mail, Newsletter oder Mailing-Listen, Newsgroups verbreiten sich zusehends.

Zu (3) Die Chance, mit *zeitlicher Flexibilisierung* nicht nur das Recruitingpotential (Arbeitsvolumenpotential als Arbeitsangebot gemessen in Stunden [48]) zu erhöhen, sondern auch besser auf individuelle Mitarbeiterinteressen und -bedürfnisse einzugehen, haben einige Unternehmen als Vorreiter aufgegriffen. Sie bieten zeitlich reduzierte Einsätze zwischen den polaren Modi ‚Hebel auf den Tisch' und Leerlauf an. Beim Maschinenbauer Trumpf wurde bereits 2011 die Arbeitszeit nach Maß eingeführt: alle zwei Jahre können Mitarbeiter entscheiden, wie viel sie arbeiten und damit auch verdienen werden: 15, 25, 30 oder 40 h [29]. Auch die Idee des Sharing ist hier aufzugreifen, um nicht nur Elternzeitrückkehrern zeitlich reduzierte Jobs anzubieten. Das Unternehmen Tandemploy (www.tandemploy.com) hat diesen Gedanken aufgegriffen. Auf der Plattform können Menschen ihren Partner zum Teilen eines Jobs finden – und treffen auf Unternehmen, die flexibles Arbeiten im Rahmen von Job Sharing in ihr Recruitingprogramm aufgenommen haben.

Die Möglichkeit einer individuellen Arbeitspause bietet einen zeitlich längeren Freiraum, z. B. für Familie, Lernen, soziales Engagement oder einfach nur private Erholung. Konzepte der Einsatzflexibilisierung – so beispielsweise auch der Import externen Fachwissens durch Arbeitnehmerüberlassung oder Interim Management – können hier zur Vakanzüberbrückung herangezogen werden. In ersten Unternehmen, so auch Siemens oder Hypovereinsbank, werden derartige Überlegungen selbst im Führungskräftebereich bereits umgesetzt, indem Führungskräfte nicht nur Elternzeit, sondern auch eine familienbedingte längere Pause in Anspruch nehmen können [13, S. 14].

Die Vorteile solcher zeitlicher Flexibilisierungskonzepte liegen auf der Hand: Unternehmen übernehmen einerseits Verantwortung für die Gesundheit ihrer Mitarbeiter, tragen durch präventive Maßnahmen zur Vermeidung übermäßiger (psychischer) Belastung zu einer gesunden Unternehmenskultur bei, gewähren Freiräume und Autonomie der Mitarbeiter. Damit setzen sie ein Zeichen ihrer Wertschätzung jenseits ihrer ökonomischen Bedeutung, was wiederum die Zufriedenheit, Motivation und Bindung fördert. Voraussetzung ist, dass solche Konzepte nicht mit einem Karriereknick einhergehen und beispielsweise eine Abkopplung von Karriere und fixierter Arbeitszeit stattfindet. Ansonsten wird der Zusatznutzen der Flexibilität durch karrierebedingte Nachteile überkompensiert. Andererseits erhöht die Abkehr von tradierten Arbeitszeiten hin zu zeitlicher Souveränität die Anpassungsfähigkeit an nicht vorhersehbare Marktentwicklungen und trägt damit zur Risikoreduktion bei. Aber: Dadurch werden die Anforderungen an die Führungskräfte weiter steigen, denn mit zunehmender Flexibilisierung erhöht sich auch die Komplexität im Arbeitsalltag, vor allem im Hinblick auf die Steuerungsaufgabe.

Fazit

Im Rahmen der Mitarbeiterrekrutierung treffen Angebot von und Nachfrage nach Arbeit unmittelbar zusammen. In der heutigen Arbeitswelt reicht es nicht mehr aus, ein detailliertes und abgegrenztes Aufgabenfeld zu definieren und anschließend einen möglichst passenden Kandidaten zu finden bzw. auszusuchen. In einer Arbeitswelt, in der Menschen individuelle Interessen, Wünsche und Werte mitbringen und verwirklichen wollen, sind Arbeitsplatzangebote unter Berücksichtigung der ‚Kundenwünsche' zu überdenken. Wie oben verdeutlicht wurde, sind Arbeitsplätze komplexe Leistungsbündel, die weit über die reine Position/Stelle hinausgehen. Rekrutierungserfolge werden erzielt, je besser es gelingt, die verschiedenen Merkmale eines Jobs an den unternehmensspezifischen Anforderungen einerseits sowie den Bewerber- oder Mitarbeiterbedürfnissen andererseits auszurichten.

1.3 Schlussbetrachtung

Mitarbeiterrekrutierung ist kein glamouröser Name, verspricht aber sehr abwechslungsreiche Aufgaben. Bereits heute weisen empirische Analysen – wie auch im vorliegenden Buch – auf deutlichen Handlungsbedarf hin und hier sei bedacht, dass sie bereits eingetretene Entwicklungen aufzeigen, keine Zukunftsorientierung. Auseinandersetzungen mit Recruiting 4.0 [20] lassen vermuten, dass kontinuierliches Lernen, unkonventionelle und kreative Ideen, vielleicht auch ein angemessener Teil Extravaganz – auf keinen Fall aber Sicherung eines einmal erreichten Status quo – die Erfolge des Recruiting in der Arbeitswelt von morgen ausmachen werden.

Die heutigen Recruiter werden mit höheren Anforderungen und völlig anderen Aufgaben konfrontiert: Neben planerischer Kompetenz, Fähigkeit zur Kommunikation mit unterschiedlichen Zielgruppen, Wissen um Social Media und Navigation in verschiedenen

Kanälen (Sourcing-Qualifikation), Entwicklung einer breiten Talent-Pipeline ist technische Affinität, Innovationskraft und Kreativität sowie vernetztes Denken gefordert. HR-Teams in der zukünftigen Arbeitswelt brauchen eine neue Recruitergeneration, die sich nicht risikoscheu auf die Optimierung des Bestehenden begrenzt, sondern auch (internationale) Trendblogs liest, das Büro verlässt, Zielgruppen im alltäglichen Geschehen beobachtet, sich Inspirationen von außen holt. Recruiter können viel bewegen im Unternehmen. Voraussetzung ist die Qualifizierung und der Mut, Abwehrhaltungen aufzugeben, den Dialog mit Mitarbeitern und Fachbereichen aufzunehmen sowie eine Führungskräftegeneration aufzubauen, die diesen Weg begleitet.

Literatur

1. Barney, J. (1991). Firm resources and sustained competitive advantage. *Journal of Management, 17*(1), 99–120.
2. Boyden globalexecutivesearch, & EBS Business School. (2013). Recruiting 2020. http://www.boyden.de/mediafiles/attachments/7673.pdf. Zugegriffen: 8. Nov. 2013.
3. von Borstel, S. (7 April 2014). Wenn der Azubi schon erste graue Haare hat. *Die Welt,* 9.
4. Bundesagentur für Arbeit. (2013). Der Arbeitsmarkt in Deutschland - Fachkräfteengpassanalyse Dezember 2013, Nürnberg 2013
5. Bundesinstitut für Berufsbildung (BiBB). (2010). Rangliste 2010 der Ausbildungsberufe nach Anzahl der Neuabschlüsse. http://www.bibb.de/de/56557.htm. Zugegriffen: 25. Mai 2014.
6. Bundesministerium für Arbeit und Soziales. (2013). Lebenslagen in Deutschland. 2013
7. Bundesinstitut für Berufsbildung (BiBB). (2014). Berufe im Einzelhandel und Kraftfahrzeugbereich weiterhin hoch im Kurs, Pressemitteilung 03/2014. http://www.bibb.de/de/66208.htm. Zugegriffen: 25. Mai 2014.
8. Dachgesellschaft Deutsches Interim Mangement e. V. (2014). Die Zukunft der Arbeit ist flexibel. https://www.ddim.de/de/Interim_Management_Markt/Marktinformationen.php. Zugegriffen: 30. Mai 2014.
9. Dobe, B. (2014). Deutsche Unternehmen familienfeindlich. http://www.cio.de/karriere/personalfuehrung/2953258/. Zugegriffen: 23. Mai 2014.
10. Engeser, M. (2010). MBA-Studium – Reflexion statt Gehirnwäsche, 18.02.2010. http://www.wiwo.de/erfolg/mba-ausbildung-reflexion-statt-gehirnwaesche/5620304.html. Zugegriffen: 3. April 2014.
11. Forsa (Gesellschaft für Sozialforschung und statistische Analyse mbH). (2013). Jeder dritte deutsche Arbeitnehmer ist bereit, im Jahre 2013 den Job zu wechseln, Pressemitteilung, 2.01.2013. http://www.themenportal.de/wirtschaft/forsa-jeder-dritte-deutsche-arbeitnehmer-ist-bereit-im-jahre-2013-den-job-zu-wechseln-42120. Zugegriffen: 28. Mai 2014.
12. Freitag, A. (2014). Auf Herausforderungen reagieren: Wie sich die Rahmenbedingungen für die Weiterbildung verändern. In S. Remdisch (Hrsg.), *Human Performance Management* (S. 173–191). Freiburg-München.
13. Gertz, W. (2014). Eine Idee, deren Zeit noch nicht gekommen ist. *Personalwirtschaft, 41*(04), 12–14.
14. Gmür, M., & Schwerdt, B. (2005). Der Beitrag des Personalmanagements zum Unternehmenserfolg. Eine Metaanalyse nach 20 Jahren Erfolgsfaktorenforschung. *Zeitschrift für Personalforschung, 19,* 221–251.

15. Greiner, L. (2014). Pädagogen-Burnout: So entkommen Lehrer der Stressfalle. http://www.spiegel.de/schulspiegel/lehrer-burnout-trotz-hoher-zufriedenheit-a-963266.html. Zugegriffen: 28. Mai 2014.
16. Hamel, G., & Prahalad, C. K. (1994). *Competing for the future*. Boston: Harvard Business Press.
17. Hergert, S. (2012). Moralischer Kompass. Wochenendausgabe,16./17./18.03.2012, Nr. 55, S. 77.
18. Herles, B. (2013). *Die kaputte Elite*. München: Albrecht Knaus.
19. Institute for Competitive Recruiting (ICR). (2013). Social Media Recruiting Report 2013- Endlich der Durchbruch? http://www.competitiverecruiting.de/resources/Social+Media+Recruiting+Report+2013+.pdf. Zugegriffen: 20. Mai 2014.
20. Jeffery, M. (2011). Recruitment 4.0: Crowdsourcing, Gamification, Recruitment as a Profit Center, … and the Death of Recruitment Agencies!, August 10 2011. http://www.ere.net/2011/08/10/recruitment-4-0-crowdsourcing-gamification-recruitment-as-a-profit-center-and-the-death-of-recruitment-agencies/. Zugegriffen: 31. Mai 2014.
21. Kaiser, T. (8. Okt. 2013). Das Land der Dichter kann nicht richtig lesen. *Die Welt,* 9.
22. Kirchgeorg, M., & Müller, J. (2013). Personalmarketing als Schlüssel zur Gewinnung, Bindung und Wiedergewinnung von Mitarbeitern. In R. Stock-Homburg & B. Wolff (Hrsg.), *Handbuch Strategisches Personalmanagement* (2. Aufl., S. 73–90). Wiesbaden: Springer Gabler.
23. Lehnen, C. (2014). Von Mensch zu Mensch. *Personalwirtschaft, Sonderheft, 05,* 14–15.
24. Mintzberg, H. (2005). *Manager statt MBAs. Eine kritische Analyse*. Frankfurt a. M.: Campus.
25. Nippa, M., & Meschke, S. (2013). Zwei Zielgruppen – Ein Instrument: Social Media. *A-Recruiter,* Ausgabe, 09, 18–21.
26. O. V. (2014). Fachkräftemangel: Mehr als eine Million blieben unbesetzt. http://www.spiegel.de/wirtschaft/soziales/iab-mehr-als-million-offene-stellen-auf-arbeitsmarkt-a-956829.html. Zugegriffen: 3. April 2014.
27. O. V. (2013). Abschied vom Post & Pray-Recruiting, 9.08.2013, LebensmittelZeitung.net. www.lebensmittelzeitung.net/news/karriere/Recruiting-Abschied-von-Post-Pray-_100664.html. Zugegriffen 25. Mai 2014.
28. Porter, M. (1980). *Competitive strategy: Techniques for analyzing industries und competitors*. New York: Free Press.
29. Preuss, S. (2011). Trumpf schneidert Arbeitszeiten nach Maß. http://www.faz.net/aktuell/wirtschaft/arbeitsmarkt-und-hartz-iv/innovatives-modell-trumpf-schneidert-arbeitszeiten-nachmass-1634105.html. Zugegriffen: 31. Mai 2014.
30. Reichert, D. (2014). Die soziale Ader pulsiert. *Personalwirtschaft, 04,* 62–63.
31. Remdisch, S. (2014). Human Performance Management gestalten: Wie Unternehmen die Leistung ihrer Mitarbeiter optimieren können. In S. Remdisch (Hrsg.), *Human performance management* (S. 9–19). Freiburg-München.
32. Sattelberger, T. (2013a). Die Arbeitswelt von morgen. 05/2013, *Personalmagazin,* 28–29.
33. Sattelberger, T. (2013b). Corporate University 2.0: von Cloning-Maschinen zu Transformationsschmieden. *Personalwirtschaft, 40*(08), 24–27.
34. Sattelberger, T. (27. Mai. 2014). Wertschöpfende Personalarbeit – Voraussetzungen schaffen, Chancen nutzen, Vortrag im Dialog vor Ort, Bundesarbeitgeberverband der Personaldienstleister. Hamburg.
35. Schein, E. H. (1968). *Organizational socialization and the profession of management* (S. 1–16). Cambridge: Industrial Management Review Winter.
36. Scholz, C. (2014). *Personalmanagement*. München: Franz Vahlen Gmbh.
37. Schuler, H. (2013). Personalauswahl – Eine eignungsdiagnostische Perspektive. In R. Stock-Homburg (Hrsg.) *Handbuch Strategisches Personalmanagement* (S. 29–58). Wiesbaden: Springer.

38. Schumpeter, J. A. (1950). Der Prozeß der schöpferischen Zerstörung, zitiert nach. In K. Herdzina (Hrsg.) Wettbewerbstheorie. Köln.
39. Solga, H. (9. Okt. 2013). „Wir sortieren in Deutschland früh aus". *Die Welt kompakt,* 6.
40. Sullivan, J. (2014). The top 12 reasons why slow hiring severely damages recruiting and business results, Apr 21, 2014. http://www.ere.net/tags/passivecandidates/. Zugegriffen: 26. Mai 2014.
41. Todd, R. (2010). For recruiting, the use of the Cloud, and the Crowd, Are Growing, 2.09.2010, http://www.ere.net/2010/09/02/for-recruiting-the-use-of-the-cloud-and-the-crowd-are-growing/. Zugegriffen: 29. Mai 2014.
42. Tometschek, R. (2013). Employer Branding: Innen beginnen. In J. Buckmann (Hrsg.), *Einstellungssache: Personalgewinnung mit Frechmut und Können* (S. 77–90). Wiesbaden: Springer Gabler.
43. Trost, A. (2012). *Talent relationship management: Personalgewinnung in Zeiten des Fachkräftemangels*. Berlin: Springer.
44. Trost, A. (2014). Vorsicht Fachkarriere. Harvard Business Manager, 23. Mai 2014. http://www.harvardbusinessmanager.de/blogs/karrierewege-vorsicht-fachkarriere-a-966768-2.html. Zugegriffen: 24 Mai 2014.
45. Vornberg, A. (2014). *Wertorientiertes Marketing und Human Resource Management.* Wiesbaden: Springer Gabler.
46. Walter, N., Fischer, H., Hausmann, P., Klös, H., Lobinger, T., Raffelhüschen, B., Rump, J., Seeber, S., & Vassiliadis, M. (2013). *Die Zukunft der Arbeitswelt – Auf dem Weg ins Jahr 2030.* Robert Bosch Stiftung, Stuttgart 2013
47. Weitzel, T., Eckhardt, A., Laumer, S., von Stetten, A., & Maier, C. (2013). Recruiting Trends im Mittelstand 2013, Frankfurt/Bamberg 2013
48. Zika, G., et al. (2012). In der Arbeitszeit steckt noch eine Menge Potenzial, IAB-Kurzbericht, 18/2012.
49. Zukunftsinstitut. (2007). Downaging – Warum wir nicht älter, sondern eher jünger werden. http://www.zukunftsinstitut.de/verlag/zukunftsdatenbank_detail?nr=1876. Zugegriffen: 12. Mai 2014.

Dr. Michaela Hartmann hat 1992 ihr betriebswirtschaftliches Studium an der Universität Marburg beendet und promovierte im Anschluss am Lehrstuhl für Allgemeine Betriebswirtschaftslehre, insbesondere Absatzwirtschaft und Handel, an der Universität Duisburg. Seit 2006 ist sie für die Leuphana Professional School tätig, seit 2010 als Lehrbeauftragte im MBA Studiengang Performance Management. Michaela Hartmann ist seit über 20 Jahren als selbständige Trainerin in der Aus- und Weiterbildung verschiedener Unternehmen tätig. Als Mitgründerin und Gesellschafterin der AUREA Nord GmbH, Hamburg, beschäftigt sie sich seit 2011 vor allem mit Personaldienstleistungen. Ihre Arbeitsschwerpunkte sind Mitarbeiterrekrutierung, Personalentwicklung und Ausbildungscoaching.

Teil I
Arbeitswelt aus Mitarbeiterperspektive

Karriereziele und Erwartungen an den Arbeitgeber von Studierenden und jungen Berufstätigen: Umfrageergebnisse 2008 bis 2013

2

Stefan Lake

Inhaltsverzeichnis

Zusammenfassung

Universum Communications ist der globale Spezialist und Pionier im Employer Branding – also dem Aufbau einer Arbeitgebermarke. Weltweit werden pro Jahr in 32 Ländern mehr als 500.000 Studierende und junge Berufstätige zu ihren Arbeitgeberpräferenzen, Karrierevorstellungen und Kommunikationsvorlieben befragt. Die Ergebnisse der Umfrage sind Grundlage für das Universum Arbeitgeber-Ranking und für Studien, in denen die Treiber der Arbeitgeberattraktivität analysiert werden. Auf Grundlage der Erkenntnisse aus diesen Umfragen und Studien können Unternehmen die Zufriedenheit ihrer Mitarbeiter und ihre Attraktivität als Arbeitgeber verbessern.

S. Lake (✉)
Thieboldsgasse 15, 50676 Köln, Deutschland
E-Mail: stefan.lake@universumglobal.com

M. Hartmann (Hrsg.), *Rekrutierung in einer zukunftsorientierten Arbeitswelt*,
DOI 10.1007/978-3-658-05084-9_2

2.1 Arbeitgeberattraktivität aus Sicht der Generation Y

Facharbeiter und Ingenieure aus dem Mint-Bereich – also Hochschulabsolventen der Fachbereiche Mathematik, Informatik, Naturwissenschaften und gelernte Techniker – werden immer rarer. Das Institut der deutschen Wirtschaft Köln (IW) verweist darauf, dass hunderttausende Ingenieure und Facharbeiter in den Ruhestand verschwinden. Die Zahl der Techniker wird bis 2030 nach IW-Prognose um 1,8 Mio. sinken. Der Grund: Der Anteil der Mint-Kräfte unter den 40- bis 44-Jährigen liegt bei 24 %, bei den 30- bis 34-Jährigen nur noch bei 19 %.

Ingenieure und Techniker werden bereits händeringend gesucht. Fehlen die richtigen Leute, kann dies schnell zu geschäftskritischen Risiken führen, Imageschädigung inklusive. Unternehmen tun sich zunehmend schwer damit, junge Talente anzuziehen und dauerhaft an das Unternehmen zu binden, denn die Ansprüche der „digitalen Eingeborenen" unterscheiden sich sehr von denen der Vorgängergenerationen.

Die Generation Y, also diejenigen, die zwischen 1985 und 2000 geboren wurden, kommt mit anderen Fähigkeiten, Erwartungen und einer anderen Motivation in die Unternehmen, und sie möchte Arbeit nach anderen Prinzipien organisieren. Im Vergleich zu den Vorgängergenerationen suchen die Angehörigen der Generation Y in der Arbeitswelt nicht einfach einen Beruf oder eine Karriere. Ganz oben bei ihren Wünschen an den künftigen Arbeitgeber steht die Vereinbarkeit von Privatleben, Familie und den beruflichen Anforderungen. Die hohe Wertschätzung einer ausgewogenen Work-Life-Balance ist das Kennzeichen der Generation Y und unterscheidet diese von früheren Generationen, denen ein hohes Gehalt und Aufstiegsmöglichkeiten wichtiger waren.

Welche Erwartungen haben Studierende und junge Berufstätige an ihre Karriere? Und wie ändern sich ihre beruflichen Ziele, wenn sie erst einmal ein paar Jahre gearbeitet haben? Sind die in Umfragen geäußerten Ansichten zu potentiellen Arbeitgebern und Karriereerwartungen überhaupt stabil – oder ändern sich diese von Jahr zu Jahr?

Unternehmen müssen die Antworten auf solche Fragen kennen, wenn sie diese Zielgruppen erfolgreich ansprechen und binden wollen. Wichtige Erkenntnisse dazu lassen sich ableiten, wenn man die Ergebnisse von Studierenden-Umfragen und Umfragen unter jungen Berufstätigen näher analysiert. Weltweit werden von Universum Communications jährlich mehr als 500.000 Studierende und junge Berufstätige in 32 Ländern zu ihren Arbeitgeberpräferenzen, Karrierevorstellungen und Kommunikationsvorlieben befragt.

Um herauszufinden, welche Eigenschaften einen attraktiven Arbeitgeber ausmachen, hat Universum die Treiber der Arbeitgeberattraktivität in vier Themenkomplexe gegliedert. Diese sind:

- Ansehen und Image des Arbeitgebers
- Eigenschaften des Jobs
- Mensch und Kultur
- Gehalt und Aufstiegsmöglichkeiten

Fragen zum Themenkomplex „Ansehen und Image des Arbeitgebers“ beziehen sich auf die Eigenschaften des Arbeitgebers als Unternehmen. Die Fragen zu „Eigenschaften des Jobs“ befassen sich mit Inhalten und Anforderungen des Jobs einschließlich der Weiterbildungsmöglichkeiten, die die berufliche Tätigkeit bietet. Fragen zu „Mensch und Kultur“ beleuchten das soziale Umfeld und die Eigenschaften des Arbeitsplatzes. Auf den Abschnitt „Gehalt und Aufstiegsmöglichkeiten“ bezogene Fragen befassen sich mit den verschiedenen Dimensionen der monetären Vergütung.

Die Teilnehmer der Umfrage wurden gebeten, für die Unternehmen, die sie zuvor als „ideale Arbeitgeber“ ausgewählt haben, alle zutreffenden Eigenschaften auszuwählen (s. Tab. 2.1). Die Frageformulierung lautete jeweils: Welche der folgenden Eigenschaften verbinden Sie mit den einzelnen Arbeitgebern?

2.2 Zielgruppe Studierende

Von November 2012 bis März 2013 befragte Universum Communications in Deutschland insgesamt 22.714 Studierende sowohl zur Wahrnehmung und Attraktivität von Arbeitgebern als auch zu den Karrierezielen, die für sie in ihrem Berufsleben wichtig sind. Die Studierenden konnten aus einer Liste von 130 Unternehmen bis zu fünf Wunscharbeitgeber auswählen, ergänzt um eigene Vorschläge. Befragt wurden Studierende der Wirtschafts- und Ingenieurwissenschaften, Informatikstudierende sowie Studierende der Naturwissenschaften, angehende Juristen und Geisteswissenschaftler. Die meisten der Befragten waren angehende Wirtschaftswissenschaftler (39 %) und Ingenieure (25 %). Jeweils etwa 12 % kamen aus den Naturwissenschaften und der Informatik. Etwa 11 % waren Geisteswissenschaftler, Juristen und Mediziner.

2.2.1 Erwartungen an den idealen Arbeitgeber

Auf die Frage, was aus ihrer Sicht einen idealen Arbeitgeber ausmacht, nannten die meisten ein attraktives Grundgehalt, gefolgt von einem freundlichen Arbeitsumfeld und einer sicheren Anstellung. Vielfältige Arbeitsaufgaben, ein hohes Einkommen in der Zukunft und eine anspruchsvolle Tätigkeit sowie professionelles Training und Weiterentwicklung lagen auf den weiteren Plätzen, wenn nach den wichtigsten Eigenschaften eines idealen Arbeitgebers gefragt wurde. Zu den Top 10-Kriterien, die von den Studierenden herangezogen wurden, wenn sie ihre Arbeitgeber auswählen, gehörten auch der Respekt für die Mitarbeiter, ob ein Unternehmen als gute Referenz für die zukünftige Karriere gelten kann und ob Leistung Anerkennung findet (Abb. 2.1).

Wenn man die Ergebnisse der aktuellen Umfrage zu den Eigenschaften, die einen Arbeitgeber für Studierende attraktiv machen, mit den Ergebnissen des Vorjahres vergleicht, lassen sich nur geringe Veränderungen erkennen. Lediglich der Wunsch nach einem guten Angebot an professionellem Training und Weiterentwicklung konnte sich um

Tab. 2.1 Fragenkatalog zur Erfassung der Treiber der Arbeitgeberattraktivität

Ansehen und Image des Arbeitgebers:
Attraktive/interessante Produkte und Dienstleistungen
Soziale Verantwortung des Unternehmens (CSR)
Ökologische Nachhaltigkeit
Ethische Standards
Schnell wachsend/unternehmerisch
Finanzielle Stärke
Innovation
Inspirierendes Management
Markterfolg
Prestige
Eigenschaften des Jobs:
Vielfältige Arbeitsaufgaben
Anspruchsvolle Tätigkeit
Kontrolle über die Anzahl der Arbeitsstunden
Flexible Arbeitsbedingungen (z. B. Home Office)
Hohes Maß an Verantwortung
Möglichkeit zu internationalen Reisen/Umzug
Professionelles Training und Weiterentwicklung
Sichere Anstellung
Teamorientiertes Arbeiten
Kontakt mit Kunden
Mensch und Kultur:
Akzeptanz von Minderheiten
Unterstützung der Gleichberechtigung der Geschlechter
Führungskräfte, die die Entwicklung fördern
Kreatives und dynamisches Arbeitsumfeld
Freundliches Arbeitsumfeld
Zusammenarbeit mit internationalen Kunden und Kollegen
Rekrutierung der besten Studenten
Respekt für Mitarbeiter
Integration persönlicher Interessen in den Zeitplan
Anerkennung von Leistung (Leistungsgesellschaft, Beförderung durch Leistung)
Gehalt und Aufstiegsmöglichkeiten:
Transparente Beförderungswege
Attraktives Grundgehalt
Attraktive Zusatzleistungen
Rasche Beförderung

Tab. 2.1 (Fortsetzung)

Hohes Einkommen in der Zukunft
Gute Referenz für zukünftige Karriere
Möglichkeit, Führungsaufgaben zu übernehmen
Überstundenvergütung/-ausgleich
Leistungsabhängiger Bonus
Förderung zukünftiger Ausbildung

	2013	DIFF	2012
Ein attraktives Grundgehalt	1	▲ 1	2
Ein freundliches Arbeitsumfeld	2	▼ -1	1
Eine sichere Anstellung	3	▶ +/-	3
Vielfältige Arbeitsaufgaben	4	▶ +/-	4
Hohes Einkommen in der Zukunft	5	▲ +1	6
Eine anspruchsvolle Tätigkeit	6	▼ -1	5
Professionelles Training und Weiterentwicklung	7	▲ +3	10
Respekt für seine Mitarbeiter	8	▲ +1	9
Eine gute Referenz für meine zukünftige Karriere	9	▼ -1	8
Anerkennung von Leistung	10	▲ +1	11

Abb. 2.1 Treiber der Arbeitgeberattraktivität bei Studierenden: Top 10 (2013 und 2012)

drei Positionen verbessern – von Rang 10 im Jahr 2012 auf Rang 7 im Jahr 2013. Bei allen anderen Wünschen an den idealen Arbeitgeber lagen die Veränderungen im Vergleich zum Vorjahr bei maximal plus bzw. minus einer Position.

2.2.2 Karriereziele

Um die langfristigen Karriereziele der Studierenden herauszufinden, wurde den Teilnehmern der Umfrage eine Liste mit neun Karrierezielen vorgelegt. Es konnten jeweils bis zu drei Karriereziele genannt werden. Die Frage nach den Karrierepräferenzen lautete: „Im Folgenden finden Sie eine Liste von neun möglichen Karrierezielen. Welche sind für Sie persönlich besonders wichtig?" Die Liste der Karriereziele umfasste folgende Optionen:

- ausgewogene Work-Life-Balance
- sicherer und beständiger Job
- intellektuelle Herausforderung
- Führungskraft mit leitender Funktion
- unternehmerische kreativ/innovative Aufgaben
- internationale Laufbahn
- Selbständigkeit oder Unabhängigkeit
- Status als technischer oder Fachexperte
- Gemeinwohl/öffentliches Wohl im Fokus

Das Ergebnis der Umfrage: Eine ausgeglichene Work-Life-Balance ist über alle Fachrichtungen hinweg das Top-Karriereziel bei den Studierenden, gefolgt von dem Wunsch, einem sicheren und beständigen Job nachzugehen. Das drittwichtigste Karriereziel ist, intellektuell herausfordernde Aufgaben zu übernehmen. Das Schlusslicht unter den neun vorgegebenen Karrierezielen bildet das Ziel, sich dem Gemeinwohl zu widmen.

Sieht man sich näher an, welche Bedeutung die Studierenden der einzelnen Fachbereiche den Karrierezielen zumessen, zeigen sich einige signifikante Unterschiede. Während für die Studierenden der Wirtschafts- und Naturwissenschaften die Work-Life-Balance das Top-Karriereziel ist, rückt für die angehenden IT-Experten und Ingenieure der Wunsch, einem sicheren und beständigen Job nachzugehen, noch stärker als die Work-Life-Balance in den Vordergrund. Intellektuelle Herausforderung suchen die Naturwissenschaftler in etwas höherem Maße als ihre Kommilitonen aus den Wirtschafts- und Ingenieurwissenschaften sowie der IT. Die Wirtschaftswissenschaftler wiederum streben stärker eine Karriere als Führungskraft mit leitender Funktion an als die Studierenden der Ingenieur- und der Naturwissenschaften sowie die angehenden IT-Experten (siehe Tab. 2.2, und 2.3).

Unterschiede in Karrierezielen von weiblichen und männlichen Studierenden Auffällig ist der große Unterschied bezüglich der langfristigen Karriereziele zwischen den Geschlechtern: Während für 61 % der Studentinnen die Work-Life-Balance ein besonders

Tab. 2.2 Karriereziele nach Fachrichtungen: Wirtschaftswissenschaften und Ingenieure. (Quelle: Universum Student Survey 2013 – Deutschland)

Karriereziele (nach Fachrichtung, in %)	Wirtschafts-wissenschaftler (%)	Ingenieure (%)	Gesamt (%)
Ausgewogene Work-Life-Balance	55	48	51
Sicherer und beständiger Job	44	49	46
Intellektuelle Herausforderung	35	29	35
Führungskraft mit leitender Funktion	35	29	29
Unternehmerische, kreativ/innovative Aufgaben	27	24	24
Internationale Laufbahn	27	19	22
Selbständigkeit oder Unabhängigkeit	21	17	20
Status als technischer oder Fachexperte	9	29	18
Gemeinwohl/öffentliches Wohl im Fokus	13	15	17

Tab. 2.3 Karriereziele nach Fachrichtungen: IT und Naturwissenschaften. (Quelle: Universum Student Survey 2013 – Deutschland)

Karriereziele (nach Fachrichtung, in %)	IT (%)	Naturwissen-schaftler (%)	Gesamt (%)
Ausgewogene Work-Life-Balance	42	52	51
Sicherer und beständiger Job	44	50	46
Intellektuelle Herausforderung	33	44	35
Übernahme von Führungsfunktionen	25	21	29
Unternehmerische, kreativ/innovative Aufgaben	24	19	24
Internationale Laufbahn	18	16	22
Selbständigkeit oder Unabhängigkeit	20	20	20
Status als technischer oder Fachexperte	29	20	18
Gemeinwohl/öffentliches Wohl im Fokus	13	23	17

wichtiges Karriereziel ist, sprachen sich nur 47 % ihrer männlichen Kommilitonen dafür aus. Weitere Unterschiede zwischen Männern und Frauen zeigen sich in der Beurteilung von Karrierezielen wie Jobsicherheit und dem Ziel, eine Führungsfunktion zu übernehmen. Jobsicherheit wird von 51 % der Studentinnen als wichtiges Karriereziel genannt. Bei den männlichen Studierenden ist sie hingegen nur für 42 % besonders relevant. Und während für 35 % der Männer das Ziel, eine Führungsfunktion zu übernehmen, besonders wichtig ist, wird dieses Ziel nur von einem Viertel der Studentinnen verfolgt. Auch das Ziel, ein technischer Experte oder Fachexperte zu sein, spielt bei männlichen Studierenden eine wichtigere Rolle: Während 24 % der Männer dies als wichtiges Ziel sehen, ist dies nur für 10 % der weiblichen Studierenden besonders erstrebenswert ist (siehe Tab. 2.4).

Was verbinden Studierende mit Work-Life-Balance? Die hohe Bedeutung der Work-Life-Balance ist das prägnanteste Kennzeichen der Generation Y. Es liegt daher nahe, das

Tab. 2.4 Karriereziele nach Geschlecht. (Quelle: Universum Student Survey 2013 – Deutschland)

Karriereziele (nach Geschlecht, in %)	Weiblich (%)	Männlich (%)	Gesamt (%)	Differenz weiblich/männlich
Ausgewogene Work-Life-Balance	61	47	51	+14
Sicherer und beständiger Job	51	42	46	+8
Intellektuelle Herausforderung	40	33	35	+6
Übernahme von Führungsfunktionen	25	35	29	−11
Unternehmerische, kreativ/innovative Aufgaben	24	25	24	−1
Internationale Laufbahn	26	22	22	+4
Selbständigkeit oder Unabhängigkeit	19	19	20	0
Status als technischer oder Fachexperte	10	24	18	−13
Gemeinwohl/öffentliches Wohl im Fokus	18	15	17	+3

Begriffsverständnis aus Studierendensicht zu erfassen. Auf die Frage, was unter Work-Life-Balance verstanden wird, nennen die Studierenden am häufigsten einen Punkt, der sich auf den Bereich „Beruf" beschränkt: ein positives Arbeitsklima. Erst an zweiter Stelle und mit deutlichem Abstand folgt die Aussage „Familien- und Karriereplanung stören sich nicht". „Ausreichende Freizeit" steht an zehnter Stelle. Work-Life-Balance heißt offenbar nicht mehr nur, verschiedene Lebenswelten miteinander in Einklang zu bringen. Es geht nicht darum, das „schwere" Berufsleben so zu dosieren, dass genügend „leichtes" Privatleben gegenübersteht, damit die Balance stimmt. Die Grenzen verwischen und verlieren für den Einzelnen an Bedeutung. Junge Talente erwarten von ihrem Berufsleben, dass es in keinem starken Kontrast zu ihrem sonstigen Leben stehen wird – dass eben beides als „leicht" wahrgenommen werden kann. Vom Arbeitgeber wird dabei viel Flexibilität erwartet, wie sich bei der Auswertung für die Wirtschaftswissenschaftler zeigt: Am dritt- und vierthäufigsten nannten sie flexible Arbeitszeiten und flexible Arbeitsbedingungen, zum Beispiel durch Home Office. Auch ausreichende Erholungsphasen nach Belastungsspitzen stehen bei ihnen hoch im Kurs. Die Vereinbarkeit von Karriere- und Familienplanung ist ein Aspekt, mit dem sich noch immer vornehmlich die Frauen beschäftigen: Während dies für 38 % der befragten Frauen zur Work-Life-Balance gehört, nannten nur 26 % ihrer männlichen Kommilitonen diesen Punkt. Im Gegenzug ist die ausreichende Freizeit etwas, was vor allem männlichen Studierenden in den Sinn kommt, wenn von Work-Life-Balance die Rede ist.

Trends in der Entwicklung der Karriereziele Studierender Betrachtet man die Entwicklung der Karriereziele von 2008 bis 2013 (Abb. 2.2), zeigt sich, dass eine ausgewogene Work-Life-Balance seit 2008 kontinuierlich das Top-Karriereziel ist.

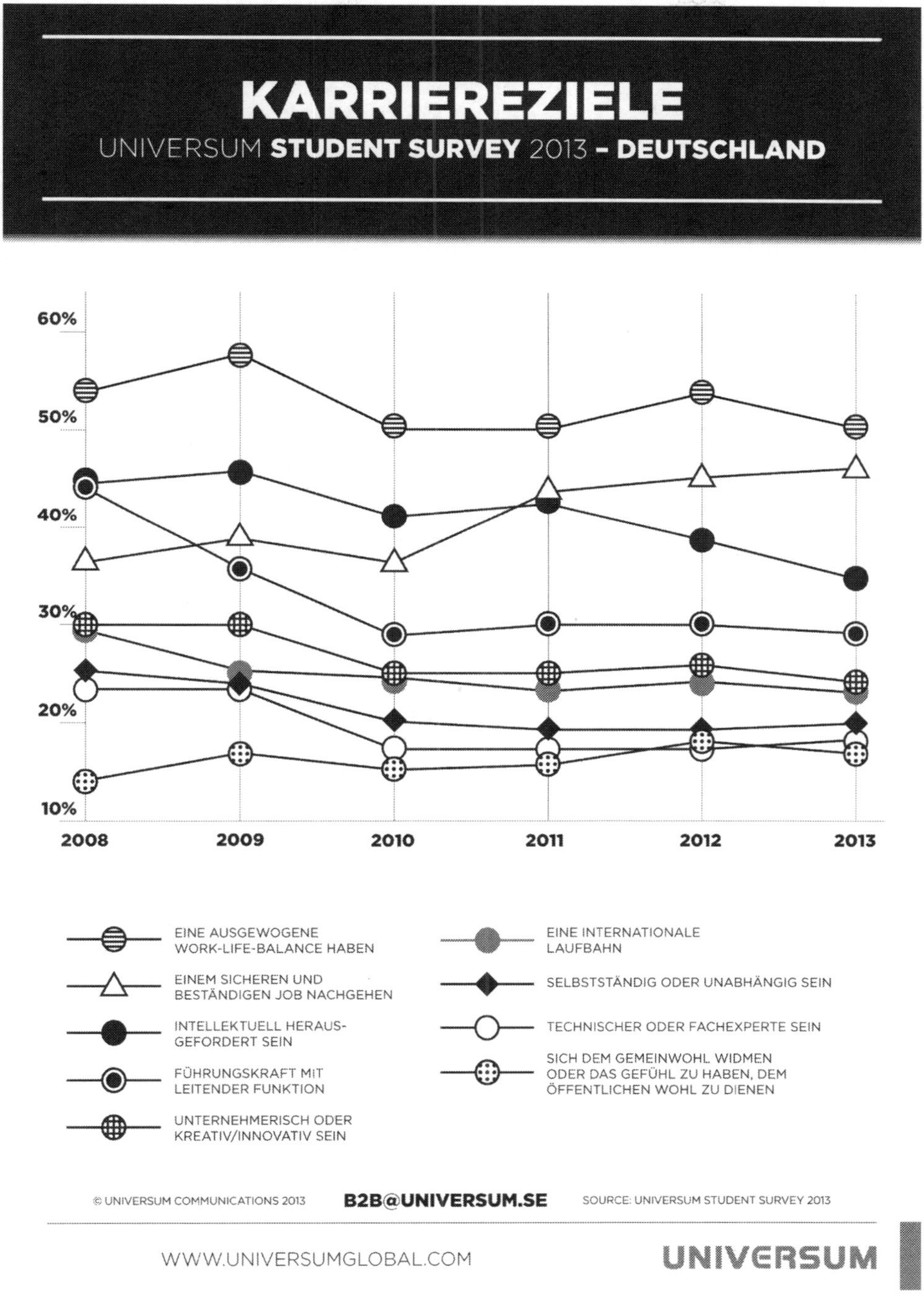

Abb. 2.2 Entwicklung der Karriereziele Studierender in Deutschland (2008 bis 2013)

Der Wunsch, einem sicheren und beständigen Job nachzugehen, hat im Verlauf der letzten Jahre an Bedeutung gewonnen und liegt seit 2011 jeweils auf dem zweiten Platz der Rangliste.

Das Karriereziel, intellektuell herausfordernde Aufgaben zu übernehmen, lag bis 2010 auf dem zweiten Platz, hat seitdem aber etwas an Bedeutung verloren und nimmt nun den dritten Platz in der Hierarchie der Karriereziele ein.

Im Jahr 2008 strebten noch mehr als 40 % der Studierenden eine Führungsfunktion an. Dieses Ziel lag damals nahezu gleichauf mit dem Wunsch, intellektuell herausfordernde Aufgaben zu übernehmen, doch schon 2009 sprachen sich nur noch etwas mehr als ein Drittel der Studierenden für dieses Karriereziel aus. Seit 2010 liegt der Wunsch nach Übernahme einer Führungsfunktion in der Rangliste der Karriereziele auf Rang 4 und wird nur noch von etwa 30 % der Studierenden genannt.

Auch beim Karriereziel, am Arbeitsplatz unternehmerisch oder kreativ sein zu können, ist eine abnehmende Tendenz festzustellen: Während es in den Jahren 2008 und 2009 noch von jeweils etwa 30 % der Studierenden genannt wurde, sprachen sich seit 2010 nur noch ein Viertel der Befragten dafür aus. Dazu passt auch, dass das Ziel, im Beruf selbständig oder unabhängig zu sein, immer seltener angestrebt wird.

Eine internationale Laufbahn als Karriereziel ist in den vergangenen Jahren für die Studierenden ebenfalls unattraktiver geworden. Waren 2008 noch 30 % und 2009 noch 26 % der Studierenden daran interessiert, sank der Anteil derer, die sich für eine internationale Laufbahn begeistern können, bis zum Jahr 2013 auf nur noch 22 %.

Die beiden Ziele, ein technischer Fachexperte zu sein und sich dem Gemeinwohl zu widmen, liegen kontinuierlich am Ende der Hierarchie der Karriereziele und wurden seit 2010 von jeweils weniger als 20 % der Studierenden als wichtiges Ziel genannt.

2.3 Zielgruppe Young Professionals

Im Rahmen der Young Professional Studie 2013 in Deutschland befragte Universum Communications 4955 Berufstätige mit mindestens einem und höchstens acht Jahren Berufserfahrung und akademischem Hintergrund. Die meisten der Befragten – insgesamt 2428 – waren Young Professionals mit wirtschaftswissenschaftlichem Hintergrund. Die zweitstärkste Gruppe in der Umfrage sind die Ingenieure mit 973 Teilnehmern, gefolgt von Young Professionals mit naturwissenschaftlichem Hintergrund mit 695 Teilnehmern und den IT-Experten mit 638 Teilnehmern. Das Geschlechterverhältnis der Teilnehmer war nahezu ausgeglichen: 47% Frauen und 53% Männer.

2.3.1 Erwartungen an den idealen Arbeitgeber

Wenn man die Young Professionals fragt, was für sie einen idealen Arbeitgeber ausmacht, stehen ein attraktives Grundgehalt, eine sichere Anstellung und ein freundliches

TREIBER DER ARBEITGEBERATTRAKTIVITÄT
TOP 10

UNIVERSUM **PROFESSIONAL SURVEY** 2013 **- DEUTSCHLAND**

	2013	DIFF	2012
Ein attraktives Grundgehalt	1	+/-	1
Eine sichere Anstellung	2	+2	4
Ein freundliches Arbeitsumfeld	3	-1	2
Eine anspruchsvolle Tätigkeit	4	-1	3
Vielfältige Arbeitsaufgaben	5	+/-	5
Anerkennung von Leistung (Leistungsgesellschaft, Beförderung durch Leistung)	6	+/-	6
Hohes Einkommen in der Zukunft	7	+4	11
Professionelles Training und Weiterentwicklung	8	+1	9
Respekt für seine Mitarbeiter	9	-1	8
Ermöglicht mir persönliche Interessen in meinen Zeitplan zu integrieren	10	+3	13

© UNIVERSUM COMMUNICATIONS 2013 **B2B@UNIVERSUM.SE** SOURCE: UNIVERSUM PROFESSIONAL SURVEY 2013

WWW.UNIVERSUMGLOBAL.COM **UNIVERSUM**

Abb. 2.3 Treiber der Arbeitgeberattraktivität bei Young Professionals: Top 10 (2013 und 2012)

Arbeitsumfeld ganz oben auf der Wunschliste (Abb. 2.3). Ebenfalls hoch im Kurs: eine anspruchsvolle Tätigkeit, vielfältige Arbeitsaufgaben und die Anerkennung von Leistung.

Ein Unternehmen, das ein attraktives Grundgehalt bietet, wird von allen Young Professionals geschätzt, ganz besonders aber von den jungen Berufstätigen mit naturwissenschaftlichem Hintergrund. Von den jungen Naturwissenschaftlern sagten nahezu zwei Drittel der Befragten (64 %), dass ein attraktives Grundgehalt für sie ein Unternehmen besonders interessant macht. Bei den Young Professionals mit wirtschaftswissenschaftlichem Hintergrund sind es 61 %, bei den jungen Ingenieuren 58 % und bei den IT-Experten 53 % der Befragten, die das attraktive Grundgehalt als besonders wichtig für eine positive Bewertung des Arbeitgebers halten.

2.3.2 Karriereziele

Ein ausgewogenes Verhältnis zwischen Arbeit und Privaten, also die Work-Life-Balance, ist für die Young Professionals schon seit einigen Jahren das wichtigste Karriereziel, gefolgt von Jobsicherheit und der intellektuellen Herausforderung. Vor allem bei den jungen Berufstätigen mit naturwissenschaftlichem Hintergrund wird die Work-Life-Balance geschätzt: Für 72 % der Befragten von ihnen ist die Work-Life-Balance eines der drei wichtigsten Karriereziele. Aber auch für die jungen Berufstätigen mit wirtschafts- und ingenieurwissenschaftlichem Hintergrund sowie die IT-Experten liegt die Work-Life-Balance auf dem ersten Platz und wird von jeweils mehr als der Hälfte der Befragten als Karriereziel genannt.

Das Ziel eines sicheren und beständigen Jobs gewinnt ebenfalls an Bedeutung und nimmt erstmals über alle Befragten hinweg den zweiten Patz der Karriereziele ein. Ebenso wie die Work-Life-Balance steht die Jobsicherheit als Karriereziel bei den jungen Berufstätigen mit naturwissenschaftlichem Hintergrund besonders hoch im Kurs: Für 62 % der jungen Naturwissenschaftler ist sie eines der wichtigsten Ziele. Bei den jungen Ingenieuren wird Jobsicherheit von 55 % der Befragten als wichtiges Karriereziel genannt, bei den jungen IT-Experten sind es 48 % und bei den Young Professionals mit wirtschaftswissenschaftlichem Hintergrund 47 %.

Wie bei den Studierenden der Naturwissenschaften suchen auch die bereits im Beruf stehenden jungen Naturwissenschaftler die intellektuelle Herausforderung stärker (58 %) als die Young Professionals mit Hintergrund in den Wirtschaftswissenschaften mit 47 % und in den Ingenieurwissenschaften (35 %) sowie der IT (40 %).

Eine Karriere als Führungskraft mit leitender Funktion ist für die Young Professionals aus den Wirtschaftswissenschaften attraktiver als für jene mit ingenieur- und naturwissenschaftlichem Hintergrund. Während sich 31 % der Wirtschaftswissenschaftler für das Karriereziel „Führungskraft" aussprachen, lag die Zustimmung bei den Ingenieuren und den IT-Experten mit 28 % bzw. 25 % etwas niedriger. Bei den jungen Naturwissenschaftlern sprachen sich nur 16 % für die Übernahme einer Führungsfunktion als Karriereziel aus (siehe Tab. 2.5 und Tab. 2.6).

Unterschiede in Karrierezielen von weiblichen und männlichen Young Professionals Ebenso wie bei den Studierenden haben junge berufstätige Frauen bezüglich ihrer langfristigen Karriereziele eine andere Schwerpunktsetzung als die männlichen Young Professionals. Während für 73 % der weiblichen Young Professionals die Work-Life-Balance ein besonders wichtiges Karriereziel ist, gilt das nur für 53 % der männlichen Young Pro-

Tab. 2.5 Karriereziele – Universum Professional Survey 2013-Deutschland – nach Fachrichtungen: Wirtschaftswissenschaften und Ingenieure

Karriereziele (nach Fachrichtung, in %)	Wirtschaftswissenschaftler (%)	Ingenieure (%)	Gesamt (%)
Ausgewogene Work-Life-Balance	65	58	63
Sicherer und beständiger Job	47	55	51
Intellektuelle Herausforderung	47	35	46
Übernahme von Führungsfunktionen	31	28	27
Status als technischer oder Fachexperte	11	31	20
Unternehmerische, kreativ/innovative Aufgaben	24	16	20
Selbständigkeit oder Unabhängigkeit	19	18	18
Internationale Laufbahn	13	9	12
Gemeinwohl/öffentliches Wohl im Fokus	9	11	10

Tab. 2.6 Karriereziele nach Fachrichtungen: IT und Naturwissenschaften. (Quelle: Universum Professional Survey 2013 – Deutschland)

Karriereziele (nach Fachrichtung, in %)	IT (%)	Naturwissenschaftler (%)	Gesamt (%)
Ausgewogene Work-Life-Balance	52	72	63
Sicherer und beständiger Job	48	62	51
Intellektuelle Herausforderung	40	58	46
Übernahme von Führungsfunktionen	25	16	27
Status als technischer oder Fachexperte	35	18	20
Unternehmerische, kreativ/innovative Aufgaben	21	14	20
Selbständigkeit oder Unabhängigkeit	18	14	18
Internationale Laufbahn	14	8	12
Gemeinwohl/öffentliches Wohl im Fokus	9	13	10

fessionals. Ein Vergleich mit den Umfrageergebnissen bei den Studierenden zeigt, dass der Unterschied zwischen männlichen und weiblichen Probanden mit 20 Prozentpunkten hier noch größer ist als bei den Studierenden (hier waren es 14 Prozentpunkte).

Auch bezüglich des Karriereziels Jobsicherheit zeigt sich eine unterschiedliche Bewertung bei Männern und Frauen. Jobsicherheit wird von 55 % der weiblichen Young Professionals als wichtiges Karriereziel genannt. Bei männlichen Young Professionals ist die Jobsicherheit hingegen nur für 47 % als Ziel besonders wichtig.

Weitere Unterschiede zwischen männlichen und weiblichen Young Professionals zeigen sich in der Beurteilung des Karriereziels, eine Führungsfunktion zu übernehmen. Dieses Ziel wird von nur 21 % der weiblichen Young Professionals genannt, während sich 33 % der männlichen Probanden dafür aussprechen – eine Differenz von 12 Prozentpunkten. Eine ähnliche Abweichung gibt es auch bezüglich des Karriereziels, technischer Experte

Tab. 2.7 Karriereziele nach Geschlecht. (Quelle: Universum Professional Survey 2013 – Deutschland)

Karriereziele (nach Geschlecht, in %)	Weiblich (%)	Männlich (%)	Gesamt (%)	Differenz weiblich/männlich
Ausgewogene Work-Life-Balance	73	53	63	+20
Sicherer und beständiger Job	55	47	51	+8
Intellektuelle Herausforderung	50	41	46	+9
Übernahme von Führungsfunktionen	21	33	27	−12
Status als technischer oder Fachexperte	13	26	20	−13
Unternehmerische, kreativ/innovative Aufgaben	19	22	20	−3
Selbständigkeit oder Unabhängigkeit	18	18	18	0
Internationale Laufbahn	14	8	12	−4
Gemeinwohl/öffentliches Wohl im Fokus	11	10	10	0

oder Fachexperte zu sein. Während sich nur 13 % der weiblichen Young Professionals für dieses Karriereziel entschieden, liegt der Anteil bei den männlichen Young Professionals mit 26 % doppelt so hoch – eine Differenz von 13 Prozentpunkten (siehe Tab. 2.7).

Trends in der Entwicklung der Karriereziele von Young Professionals Eine Analyse der Entwicklung der Karriereziele der Young Professionals im Zeitverlauf (2009 bis 2013) zeigt, dass die Work-Life-Balance seit 2009 kontinuierlich das Top-Karriereziel ist und stetig an Bedeutung gewinnt. Während sich in 2009 noch 48 % der Young Professionals für die Work-Life-Balance als Top-Karriereziel aussprachen, stieg dieser Anteil in 2010 auf 52 %, in 2012 auf 60 % und im Jahr 2013 sogar bereits auf 63 %.

Auch der Wunsch, einem sicheren und beständigen Job nachzugehen, hat im Verlauf der letzten Jahre bei den Young Professionals stetig an Bedeutung gewonnen und lag seit 2011 jeweils auf dem zweiten Platz der Karriererangliste (2009: 36 %, 2010 und 2011: 38 %, 2012: 43 % und 2013: 51 %).

Das Karriereziel einer intellektuellen Herausforderung lag bis 2010 auf dem zweiten Platz, hat seitdem aber etwas an Bedeutung verloren und liegt – wie auch bei den Studierenden – mittlerweile auf dem dritten Platz in der der Hierarchie der Karriereziele (2009: 42 %, 2010: 40 %, 2011 und 2012: 48 %, 2013: 46 %).

Noch ausgeprägter ist der Abwärtstrend bei dem Ziel, als Führungskraft leitende Funktionen zu übernehmen. Nicht einmal mehr 30 % der befragten Young Professionals streben dieses Ziel im Jahr 2013 an, während 2010 noch 40 % und im Folgejahr 41 % der Probanden sehr daran interessiert waren. Eine Führungsrolle einzunehmen war in 2010 noch das zweitwichtigste aller Karriereziele – im Jahr 2013 lag dieses Karriereziel nur noch auf dem vierten Platz (siehe Abb. 2.4).

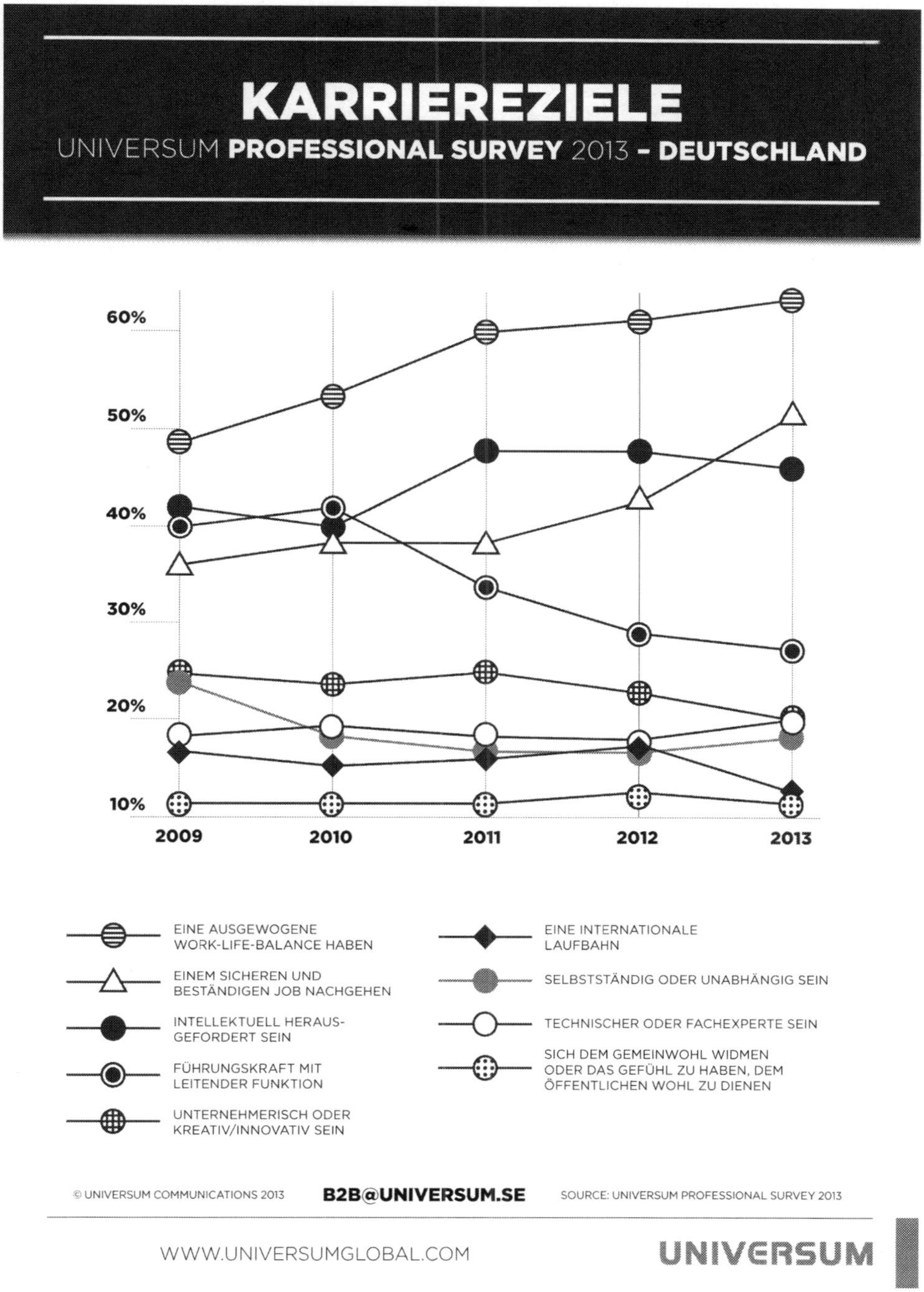

Abb. 2.4 Entwicklung der Karriereziele von Young Professionals in Deutschland (2009 bis 2013)

Tab. 2.8 Karriereziele – Young Professionals vs. Studierende. (Quelle: Universum Professional Survey 2013 – Deutschland)

Karriereziele (in %, sortiert nach Differenz Young Professionals vs. Studierende)	Young professionals (%)	Studierende (%)	Differenz Young Professionals/ Studierende
Ausgewogene Work-Life-Balance	63	51	+12
Intellektuelle Herausforderung	46	35	+11
Sicherer und beständiger Job	51	46	+5
Status als technischer oder Fachexperte	20	18	+2
Übernahme von Führungsfunktionen	27	29	−2
Selbständigkeit oder Unabhängigkeit	18	20	−2
Unternehmerische, kreativ/innovative Aufgaben	20	24	−4
Gemeinwohl/öffentliches Wohl im Fokus	10	17	−7
Internationale Laufbahn	12	22	−10

2.3.3 Ergebnisunterschiede Young Professionals und Studierende

Eine Gegenüberstellung der Umfrageergebnisse nach den beiden Zielgruppen zeigt interessante Verschiebungen (siehe Tab. 2.8).

- In Bezug auf ihre Karriereziele haben beide Gruppen zwar ähnliche Präferenzen, doch während eine ausgewogene Work-Life-Balance für 51 % der Studierenden ein wichtiges Karriereziel ist, traf dies in der Umfrage aus dem Jahr 2013 sogar für 63 % der jungen Berufstätigen zu – eine Differenz von 12 Prozentpunkten. Eine mögliche Interpretation: Für viele junge Arbeitnehmerinnen und Arbeitnehmer rückt genau dann, mit Anfang 30, das Thema „Familiengründung" ins Visier. Und damit wird für sie die Frage immer drängender, wie sich Familie oder Freizeit mit dem Beruf vereinbaren lassen.
- Nach den ersten Jahren im Job gewinnt auch das Karriereziel „intellektuelle Herausforderung" weiter an Bedeutung – hier liegt die Differenz zwischen Studierenden und jungen Berufstätigen im Jahr 2013 bei 11 Prozentpunkten. Junge Berufstätige wollen offensichtlich ihre Kompetenz unter Beweis stellen. Unternehmen, die diese Talente an sich binden möchten, sollten ihnen hierfür entsprechende Möglichkeiten bieten.
- Einmal im Beruf, gewinnt für die Young Professionals die Jobsicherheit an Bedeutung. Während in der Umfrage im Jahr 2013 51 % der Young Professionals die Jobsicherheit als wichtigeres Karriereziel wählten, war dies nur bei 46 % der Studierenden der Fall – eine Differenz von 5 Prozentpunkten.
- Das Karriereziel einer internationalen Laufbahn ist demgegenüber für die Studierenden attraktiver als für die Young Professionals.

- Für nur 12 % der Young Professionals zählt in der Umfrage 2013 eine internationale Laufbahn zu den besonders wichtigen Karrierezielen, demgegenüber gilt das für immerhin 22 % der Studierenden – eine Differenz von 10 Prozentpunkten.
- Bezüglich der Gemeinwohlorientierung liegen die Studierenden mit 17 % vs. 10 % vor den Young Professionals.

2.4 Schlussbetrachtung

Die Ergebnisse der Umfragen bei den Studierenden und den Young Professionals zeigen, dass die jungen Talente zwar weiterhin in erster Linie an einer ausgewogenen Work-Life-Balance interessiert sind, aber daneben tritt nun immer stärker auch der Wunsch nach Sicherheit und Konstanz im Berufsleben. Bemerkenswert ist auch, dass das Ziel einer Übernahme von Führungsfunktionen sowohl für die Studierenden als auch für die bereits in den Unternehmen tätigen Young Professionals an Bedeutung verliert – eine für Unternehmen nicht zu vernachlässigende Entwicklung, da sie auch zukünftig auf leistungsbereite Führungsmitarbeiter angewiesen sind.

Aus der Analyse der Umfrageergebnisse lassen sich zahlreiche Erkenntnisse für die Personalarbeit ableiten. Unternehmen sollten die Bedürfnisse ihrer Zielgruppe genau beobachten und rechtzeitig auf Änderungen reagieren. Sie sind bei der Rekrutierung der Nachwuchskräfte gut beraten, wenn sie ihre Fähigkeit, Mitarbeiter langfristig an sich zu binden und ihnen vielfältige und interessante Aufgaben zu bieten, weiterentwickeln. Ein attraktives Grundgehalt ist zwar nach wie vor gefragt, aber daneben treten mehr und mehr Ziele wie freundliches Arbeitsumfeld, Abwechslung im Job oder auch Jobsicherheit.

Die meisten Arbeitgeber haben natürlich längst erkannt, dass es bei weitem nicht ausreicht, sich „Work-Life-Balance" auf die Fahnen zu schreiben. Vielmehr sind konkrete Maßnahmen gefragt, die den vielfältigen Ansprüchen der heutigen und künftigen Mitarbeiter gerecht werden, im Recruiting glaubhaft kommuniziert und vor allem auch umgesetzt werden.

Die Unternehmen müssen sich in Zukunft noch besser selbst erklären. Sie sollten ihre Geschichte erzählen – es muss deutlich werden, was das Unternehmen ausmacht. Nicht nur Produkte und Dienstleistungen sind als „Marke" zu verstehen, sondern auch das Unternehmen selbst. Je effizienter und strategischer ein Unternehmen in den Aufbau und die Pflege der „Arbeitgebermarke" investiert, desto größer die Chancen, im Wettbewerb um die besten Talente zum Zug zu kommen. Letztlich ist es der erfolgreiche Aufbau einer Arbeitgebermarke, der den Unternehmen zu einer nachhaltigen Personalversorgung verhilft und es ihnen ermöglicht, ihre „License to operate" langfristig zu sichern.

Stefan Lake ist seit Februar 2011 Country Manager Deutschland von Universum Communications, der weltweit tätigen Employer-Branding-Beratungsgesellschaft. Er verfügt über besondere Expertise in der Entwicklung authentischer und nachhaltiger Arbeitgeberpositionierungen sowie in der quantitativen und qualitativen Marktforschung, der Markenberatung, Markenentwicklung und Kommunikationsberatung. Frühere Positionen: Employer Branding Consultant (2007-2011), Universum Communications und Account Manager D/A/CH, Bentley Systems Europe B.V. (2005-2007).

Arbeitgeberattraktivität aus der Perspektive unterschiedlicher Mitarbeitergenerationen 3

Christian Otto und Sabine Remdisch

Inhaltsverzeichnis

Zusammenfassung

Angesichts des zunehmenden Wettbewerbs um qualifizierte Fach- und Führungskräfte müssen sich Unternehmen bemühen, Nachwuchskräfte anzuwerben und die Bindung der Leistungsträger zu stärken. Dabei gilt es, sich auf die nachrückende „Generation Y“

C. Otto (✉)
Institut für Performance Management, Leuphana Universität Lüneburg, Wilschenbrucher Weg 84, 21335 Lüneburg, Deutschland
E-Mail: cotto@leuphana.de

S. Remdisch
E-Mail: remdisch@leuphana.de

M. Hartmann (Hrsg.), *Rekrutierung in einer zukunftsorientierten Arbeitswelt*,
DOI 10.1007/978-3-658-05084-9_3

einzustellen und gleichzeitig den mittleren und älteren Generationen gerecht zu werden. Dies erfordert eine altersgruppenspezifische Personalarbeit und ein fundiertes Wissen über die Besonderheiten der Mitarbeitergenerationen. Im vorliegenden Beitrag wird untersucht, was einen Arbeitgeber für die Mitarbeitenden aus unterschiedlichen Generationen attraktiv macht und wo die Konsequenzen für die Personalrekrutierung liegen. Dazu werden Ergebnisse aus einer aktuellen Studie der Leuphana Universität Lüneburg zur Arbeitgeberattraktivität in mittelständischen Unternehmen herangezogen. Es zeigt sich unter anderem, dass die Unterschiede zwischen den Generationen in vielen Bereichen gering sind.

3.1 Mitarbeitergenerationen lenken lernen

Der aktuelle demographische Wandel verschärft in den Unternehmen die Wettbewerbssituation um qualifizierte Nachwuchskräfte. Die Implementierung und Durchsetzung erfolgreicher Maßnahmen zur Gewinnung, Entwicklung und Bindung von Mitarbeitern werden deshalb für Geschäftsleitung und Personalverantwortliche der Unternehmen in den nächsten Jahren zu einer zentralen Führungsaufgabe. Unternehmen müssen sich bemühen, für leistungsstarke Mitarbeitende attraktiv zu sein. Viele Unternehmen wissen allerdings noch nicht genau, wie sie Nachwuchskräfte erfolgreich anwerben und die Bindung ihrer Mitarbeitenden und Führungskräfte langfristig stärken können.

Doch nicht nur in den abnehmenden Arbeitnehmerzahlen auf dem Arbeitsmarkt liegt die Herausforderung für die Unternehmen, sondern auch in den jungen Mitarbeitergenerationen mit ihren spezifischen Erwartungen an den potentiellen Arbeitgeber. Diese jungen, neuen Fach- und Führungskräfte werden derzeit intensiv als „Generation Y" in Wissenschaft und Wirtschaft diskutiert. Sie stellen die Unternehmen vor die Aufgabe, ihre Strategien zur Mitarbeiterrekrutierung und -bindung zu modifizieren und eine passgenaue Ansprache, welche den besonderen Bedürfnissen dieser neuen Zielgruppe Rechnung trägt, zu entwickeln. Nur mit der genauen Kenntnis der Erwartungen dieser Generation ist eine altersgruppenspezifische Personalrekrutierung und -bindung möglich.

Führungskräfte müssen sich jedoch noch einer weiteren Herausforderung stellen. Weil in den meisten Fällen gleich mehrere Mitarbeitergenerationen in den Unternehmen arbeiten, müssen sie versuchen, jeder einzelnen von ihnen gerecht zu werden. Dabei werden Generationenmanagement und -führung zum entscheidenden Erfolgsfaktor. Es gilt, die Arbeitsfähigkeit der älteren Generation zu erhalten, den Wissenstransfer zwischen den Generationen zu gestalten und die jungen Mitarbeitergenerationen zu integrieren, so dass eine bestmögliche Zusammenarbeit der Generationen erreicht wird. Besonders für die betriebliche Personalarbeit wird dazu aber ein fundiertes Wissen über die Besonderheiten der unterschiedlichen Mitarbeitergenerationen nötig.

Der vorliegende Beitrag beschäftigt sich in diesem Zusammenhang mit der Frage, was einen Arbeitgeber für die unterschiedlichen Generationen attraktiv macht. Dazu werden die Ergebnisse einer empirischen Befragung von Mitarbeitenden unterschiedlicher Generationen vorgestellt und analysiert.

Die zugrunde liegende Studie wurde in mehreren mittelständischen Unternehmen durchgeführt und erfasste dabei nicht nur die spezifischen Motive und Werte, sondern auch die Arbeitsbedingungen der Mitarbeitenden unterschiedlicher Generationen. Mithilfe der Befragung konnten gleich mehrere spannende Fragen geklärt werden. Zum Beispiel, ob verschiedene Arbeitnehmergenerationen signifikant unterschiedliche Bewertungen in Bezug auf Arbeitsmerkmale aufweisen und ob sich die Generationen in der Wahrnehmung von Arbeitgeberattraktivität unterscheiden. Auch die Frage, welche Konsequenzen sich hieraus für die Personalrekrutierung ergeben, soll in diesem Beitrag beantwortet werden.

3.2 Zur Debatte um die Generationen Babyboomer, X und Y

Grundsätzlich ist es nichts Neues, wenn über Generationen gesprochen wird und die Älteren den Jüngeren bestimmte Eigenschaften zuschreiben und umgekehrt. Dass auch in der Arbeitswelt diese Generationenthematik diskutiert wird, ist dementsprechend nicht verwunderlich. Mit der Diskussion um die „Generation Y“ hat die Debatte um die Andersartigkeit verschiedener Generationen von Mitarbeitenden in den vergangenen Jahren jedoch einen neuen Höhepunkt erreicht. Die Frage nach den beruflichen Zielen der jüngeren Mitarbeitenden und ihren Erwartungen an das Berufsleben beschäftigt seitdem die Praktiker aus dem Personalwesen ebenso wie die Wissenschaft der Personalforschung. In diesem Abschnitt soll es zunächst darum gehen, die Begriffe zu klären und den aktuellen Wissensstand abzubilden.

3.2.1 Was verbirgt sich hinter dem Begriff der „Generationen“?

Um sich dem Thema systematisch zu nähern, bedarf es zunächst einer tragfähigen Definition. Der Begriff der „Generation“ wird im alltäglichen Sprachgebrauch und auch in den wissenschaftlichen Disziplinen durchaus unterschiedlich verwendet. So kann damit im biologischen oder genealogischen Sinne die Abstammungsfolge in einer bestimmten Familie gemeint sein. Im pädagogischen Sinne werden die Generationen dagegen unterschieden in diejenigen, die Wissen vermitteln, und diejenigen, die das Wissen empfangen. Für den vorliegenden Gegenstand eignet sich der historisch-gesellschaftliche Generationenbegriff des Soziologen François Höpflinger am besten [7]. Dieser unterscheidet kollektive historische und/oder soziale Gruppierungen, die sich durch ihr gemeinsames Leben im historischen Raum, durch gemeinsame prägende Erfahrungen und durch ähnliche Verarbeitungs- und Handlungsformen auszeichnen.

Inwiefern es nach dieser Definition zulässig ist, die Babyboomer sowie die Generationen X und Y als eigenständige Generationen zu bezeichnen, wird durchaus kontrovers diskutiert [3, 9]. Jedoch sprechen viele Argumente für eine solche Unterscheidung. So sind die Babyboomer – wie ihre Bezeichnung bereits vorwegnimmt – die Vertreter besonders

Tab. 3.1 Geburtenzeiträume der Generationen nach jüngeren wissenschaftlichen Publikationen

	Generation Babyboomer	Generation X	Generation Y
Yu und Miller 2005	1945 bis 1964	1965 bis 1980	Seit 1981
Cennamo und Gardner 2008	1946 bis 1961	1962 bis 1979	1980 bis 2000
Tolbize 2008	1943 bis 1965	1968 bis 1979	1980 bis 1999
Wong et al. 2008	1945 bis 1964	1965 bis 1981	1982 bis 2000
Gibson et al. 2009	1946 bis 1964	1965 bis 1979	Seit 1980
Twenge 2010	1946 bis 1964	1965 bis 1981	Seit 1982
Parry und Urwin 2011	1943 bis 1960	1961 bis 1981	Seit 1982

geburtenstarker Jahrgänge in der Nachkriegszeit des zweiten Weltkrieges und Zeitzeugen des deutschen Wirtschaftswunders. Der Übergang zur Generation X ist wiederum durch eine deutliche Abnahme der Geburtenraten gekennzeichnet, die unter anderem auf die Einführung der Antibabypille Anfang der 1960er Jahre zurückzuführen ist, sowie durch den langsamen Rückgang des Wirtschaftswachstums. Die Generation Y, häufig auch als „Digital Natives" bezeichnet, beginnt wiederum mit den ersten Jahrgängen, deren Kindheit und Jugend von einer rasant wachsenden Digitalisierung und dem Einzug des Computerzeitalters in sämtliche Lebensbereiche geprägt ist. Eine Unterscheidung dieser drei Generationen erscheint vor diesem Hintergrund als durchaus gerechtfertigt.

3.2.2 Welche Geburtenjahrgänge zählen zu den verschiedenen Generationen?

Es besteht eine gewisse Schwierigkeit darin, die genauen Übergänge zwischen den Generationen zu bestimmen. So wenig, wie die prägenden Ereignisse der Generationen auf ein exaktes Datum festgelegt werden können, so schwierig fällt dann auch die exakte Trennung der Generationen nach Geburtenjahrgängen. Eine internationale oder nationale Systematik oder ein valides Konzept aus einer wissenschaftlichen Disziplin gibt es dafür nicht. Infolgedessen wird die Festlegung in internationalen Studien, aber auch im deutschen Diskurs, sehr uneinheitlich vorgenommen (vgl. Tab. 3.1).

Der Beginn der Generation Babyboomer wird mal im Jahr 1943 und mal im Jahr 1947 verortet. Auch der Übergang zur Generation X variiert je nach Autor zwischen 1960 und 1965. Die Generation Y wird dagegen relativ einheitlich mit den Jahren 1980, 1981 oder 1982 begonnen. Das Ende der Generation Y wird, sofern überhaupt von einem Ende die Rede ist, häufig nach dem Jahr 1999 oder dem Jahr 2000 gesehen. Tatsächlich finden sich kaum zwei Veröffentlichungen, in denen dieselben Angaben für sämtliche drei Generationen vorgenommen werden. Wenngleich dieses Fehlen einer einheitlichen Definition die Vergleichbarkeit der bisherigen Erkenntnisse aus Umfragen und Studien erschwert, kann

Tab. 3.2 Übersicht über die zugrundeliegende Definition der drei Generationen Babyboomer, X und Y

	Geburtszeitraum	Prägende Einflüsse	Heutiges Alter
Generation Babyboomer	1946 bis 1964	Wirtschaftsaufschwung Kriegsaufarbeitung Ölpreisschock	49 bis 68 Jahre
Generation X	1965 bis 1979	Individualisierung Subkulturen	34 bis 49 Jahre
Generation Y	1980 bis 2000	Digitalisierung Demographischer Wandel	13 bis 34 Jahre

angenommen werden, dass die genannten Unterschiede von wenigen Jahren keinen allzu entscheidenden Einfluss auf die Ergebnisse haben.

Im Rahmen der vorliegenden Arbeit wurde im Sinne der Vereinheitlichung der Definitionen auf die Jahresangaben, die in der Mehrzahl der Veröffentlichungen für den Beginn bzw. das Ende einer Generation angewendet wurden (vgl. Tab. 3.2), zurückgegriffen. Demnach werden die Jahrgänge von 1946 bis 1964 als Babyboomer bezeichnet, von 1965 bis 1979 als Generation X und von den Jahren 1980 bis 2000 als Generation Y.

3.2.3 Welche Erkenntnisse liegen bereits heute über die Generationen vor?

Um eine möglichst große Bandbreite von Diskussionslinien und Erkenntnissen verorten zu können, soll der Blick sowohl auf Fachzeitschriften als auch auf Auftragsstudien aus der Wirtschaft und wissenschaftliche Publikationen gerichtet werden. Im Fokus der Fachzeitschriften und der Auftragsstudien steht dabei in der Regel die Generation Y. Ein Vergleich mit den anderen Generationen wird insbesondere in den wissenschaftlichen Veröffentlichungen gezogen.

Fachzeitschriften – Eine Vielzahl teils widersprüchlicher Zuschreibungen zur Generation Y Ein Blick auf einschlägige Fachzeitschriften des Personalwesens aus dem Jahr 2013 zeigt eine Vielzahl von kürzeren und längeren Artikeln, in denen die Generation Y der unmittelbare Gegenstand ist. Darunter dominieren die Artikel, die sich mit der unternehmensseitigen Rekrutierung dieser Zielgruppe befassen. Anders als in früheren Jahren ist heute aber auch die innerbetriebliche Zusammenarbeit der Generation Y mit den etablierten Generationen ein häufiges Thema.

Doch welche Eigenschaften werden mit dieser Generation verbunden? Als wichtiges Thema wird die starke Medienaffinität und Medienkompetenz dieser Gruppe behandelt, die sich sowohl anhand der verstärkten Stellensuche im Internet als auch an der Arbeitsweise zeigen soll. Darüber hinaus wird betont, dass die Generation Y bei der Auswahl ihres Arbeitgebers besonders anspruchsvoll sei. Sie sei sich dabei ihrer Vorteile angesichts des zunehmenden Fachkräftemangels bewusst – so sehr, dass es bis zum Klischee des „verwöhnten Bewerbers" [10] reicht.

Vielfach wird der Generation Y zudem ein anderes Wertesystem zugeschrieben. Ihr seien materielle Anreize wie Bonuszahlungen und Dienstwagen, aber auch Karriereperspektiven und Führungsverantwortung weit weniger wichtig als den vorherigen Generationen. Im Gegenzug dazu sollen ihre Vertreter besonderen Wert auf kreatives und flexibles Arbeiten, Mitgestaltung, sinnstiftende Arbeit und Wertschätzung unter Kollegen und Vorgesetzten legen. Auch sei für die Generation Y die Bedeutung des Ausgleichs von Arbeit und Privatleben (Work-Life-Balance) deutlich höher, weshalb sie teilweise als „Generation Weichei" [21] bezeichnet wird. Dabei werden die jungen Arbeitnehmerinnen und Arbeitnehmer durchaus als leistungsbezogen charakterisiert – der Arbeit kommt bei ihnen jedoch primär die Funktion der Existenzsicherung zu.

Außerdem erweist sich die Generation Y in den Veröffentlichungen der Fachzeitschriften als eher bodenständig und auf Arbeitsplatzsicherheit bedacht. Gleichzeitig sei ihre Loyalität gegenüber den Unternehmen gesunken. Aus Sicht der Führung gelten die jungen Arbeitnehmerinnen und Arbeitnehmer somit als selbstbewusst, anspruchsvoll und schwer zu lenken, hierarchische Strukturen missfallen ihnen.

Fasst man dieses Meinungsbild zusammen, zeigen sich durchaus Widersprüche wie etwa zwischen dem Wunsch nach einem sicheren Arbeitsplatz einerseits und der gesunkenen Loyalität gegenüber dem gegenwärtigen Arbeitgeber andererseits. Auch zwischen dem starken Leistungsgedanken und der Work-Life-Balance besteht auf den ersten Blick eine Diskrepanz.

Auftragsstudien aus der Wirtschaft – Erwartungen der Generation Y an den Berufseinstieg Ein großes Interesse für die neue Generation Y und ihre Unterschiede zu den bisherigen Arbeitnehmerinnen und Arbeitnehmern geht schon seit einigen Jahren von großen Personaldienstleistern, Beratungshäusern und Großkonzernen aus. So wurden unter anderem im Auftrag von Xerox [5], Robert Half [20] und PricewaterhouseCooper [17] umfassende internationale Trendstudien durchgeführt, in denen entweder Angehörige der Generation Y selbst oder ihre Führungskräfte befragt wurden. Für Deutschland sind im jüngsten Zeitraum insbesondere die Untersuchung im Auftrag von Signium International [22] und die McDonald's Ausbildungsstudie 2013 [13] hervorzuheben. Ausgeführt wurden diese Studien von namenhaften Forschungseinrichtungen. Dennoch muss bedacht werden, dass es sich dabei in erster Linie um Marktforschung handelt, deren Erkenntnisgewinn der kurzfristigen Anwendung in wirtschaftlichen Kontexten dient. Dementsprechend fehlt es größtenteils an einer Einbettung in den weitläufigeren wissenschaftlichen Kontext, dessen theoriegeleitete Fragestellungen an das Thema der Generationen zugunsten einer Momentaufnahme im Sinne der Meinungsforschung in den Hintergrund treten. Wir erfahren aus diesen Studien also insbesondere, was die Generation Y heute für konkrete berufliche und persönliche Ziele angibt und welche Einstellungen und Erwartungen sie zum Leben und zur Arbeit hat. Daraus abgeleitet werden häufig Empfehlungen für den personalwirtschaftlichen Kontext.

Betrachtet man nun die Erkenntnisse aus diesen Studien über die Generation Y, so weisen diese viele Gemeinsamkeiten, aber auch einige zentrale Unterschiede auf. Der Anspruch an gelungene Work-Life-Balance zeigt sich in den Auftragsstudien als zentrales Element, wird jedoch durchaus unterschiedlich eingeordnet. So ist der gelungene Ausgleich von Arbeit und Privatleben nach den Erkenntnissen der Robert Half Studie [20] für die ältere Generation der Babyboomer noch wichtiger als für die Generation Y. Ähnlich stellt sich der Wunsch nach flexiblen Arbeitszeiten dar. Dieser ist für die Generation Y ein starkes Motiv, das sie sich jedoch mit vielen Vertretern der anderen beiden Generationen teilt. Dennoch zeigen die Studien, dass beide Aspekte von den jüngeren Arbeitskräften als besonders wichtig wahrgenommen werden.

Darüber hinaus legt die Generation Y mehr Wert auf die sozialen Beziehungen am Arbeitsplatz. Daran schließt sich der Wunsch nach einem guten Team- und Betriebsklima und nach Unterstützung und Anerkennung an. Ihren Führungskräften möchte die Generation Y auf Augenhöhe begegnen und eine offene Feedback-Kultur pflegen. Doch auch vermeintlich konservative Werte wie die Sicherheit des Arbeitsplatzes und ein angemessenes Gehalt sind wichtige Merkmale einer guten Beschäftigung. Die Rolle des Geldes wird dabei durchaus kontrovers eingeschätzt. In der Studie von Robert Half [20] wird es als wichtigster Faktor beschrieben, in anderen Befragungen zeigt sich eher eine mittlere Bedeutung gegenüber anderen Motiven.

Wenn es um die Einschätzung geht, welche Bedingungen herrschen sollten, damit eine Arbeit attraktiv für die Generation Y ist, so gehen die Meinungen auseinander. Die Studie von Forrester Consulting [5] zeigt, dass Führungskräfte unter anderem davon ausgehen, neueste Technologie und einen hohen Innovationsgrad bieten zu müssen. Die Autoren der Trendstudie von Signium International [22] gehen dagegen davon aus, dass dies eine Fehlannahme ist und es eher die „weichen Faktoren" sind, die den Ausschlag geben. Weitgehende Einigkeit besteht darüber, dass die kollegiale Zusammenarbeit im Team, ein starkes Zusammengehörigkeitsgefühl im Unternehmen und flache Hierarchien wichtig sind, damit die Generation Y ein attraktives Arbeitsumfeld erlebt und ihre Potentiale entfalten kann. Die Studien von Robert Half [20] und PricewaterhouseCooper [17] sprechen direkte Empfehlungen darüber aus, wie das Personalwesen angemessen auf die neue Arbeitnehmergeneration reagieren sollte. Beide gelangen zu dem Schluss, dass eine Flexibilisierung der Arbeitszeiten und die Stärkung einer gemeinsamen Identität im Unternehmen notwendig sind. Darüber hinaus sprechen sich die Autoren von PricewaterhouseCooper [17] für mehr Transparenz in der Gehaltsgestaltung und der Karriereentwicklung aus. Auch halten sie es für sinnvoll, den Technologieeinsatz am Arbeitsplatz zu erhöhen, um die Potentiale der Generation Y auf diesem Sektor zu nutzen und ihrer bevorzugten Arbeitsweise entgegenzukommen.

Zusammengefasst liefern die Auftragsstudien aus der Wirtschaft einen guten Überblick über die besonderen Erwartungen der Generation Y an ihren Arbeitgeber und die

Arbeitsumstände. Eine deutliche Schwäche dieser Untersuchungen besteht jedoch darin, dass ausschließlich die Generation Y befragt wird. Es fehlt somit der systematische Vergleich zu den anderen Generationen. Auch führt der Fokus auf die Einstellungen und die Erwartungshaltung zur Arbeit dazu, dass die tatsächliche Performance der Generationen bei der bereits stattfindenden Arbeit vernachlässigt wird.

Wissenschaftliche Studien – Relativierende Vergleiche zwischen den Generationen
Betrachtet man die wissenschaftliche Auseinandersetzung mit den berufstätigen Generationen, so fällt auf, dass die Unterschiede zwischen den Generationen häufig nicht allein durch die Generationenzugehörigkeit als solche erklärt werden, sondern oftmals auch das aktuelle Lebensalter bzw. die aktuelle Lebensphase zur Erklärung hinzugezogen wird [23]. Demnach weist ein Mensch in seinen 40ern grundsätzlich eine andere Haltung zu seiner Berufstätigkeit auf als sein 20 Jahre alter Kollege. Im Umkehrschluss ist daher anzunehmen, dass dieser heute 40-Jährige mit jüngeren Jahren in vielen Dingen, etwa im Lernbedarf und den Karrierewünschen, ähnliche Vorstellungen hatte, wie sein heute 20-jähriger Kollege. Auf der anderen Seite ist er als Mitglied seiner Generation nicht in einer derart digitalisierten Umwelt aufgewachsen und hatte nicht die gleichen Chancen, so umfassende Medienkompetenzen zu erwerben wie der heute 20-Jährige. Wir können also zweifellos Effekte des Alters und Effekte der Generationenzugehörigkeit ausmachen. Zwischen diesen zu unterscheiden, ist jedoch nicht immer so einfach wie im Fall der Medienkompetenz. Für eine wirklich präzise Erfassung der Generationenmerkmale bräuchte es Daten aus Vergleichsbefragungen, die bis in die Jugend der heutigen Babyboomer zurückreichen. Da solche Datenquellen jedoch nicht existieren, kann immer nur der Momentausschnitt erfolgen, der sowohl das Alter als auch die Generationenzugehörigkeit abbildet.

Aus bisherigen Studien ist einiges über die Merkmale der drei Generationen bekannt. In zahlreichen Metaanalysen [6, 24, 25, 27] werden die folgenden Merkmale als zentral beschrieben:

Die **Babyboomer** arbeiten hart, aber in der Regel nicht mehr als nötig. Sie sind gruppenorientiert und dem Arbeitgeber loyal verbunden. Freiheit ist ihnen weniger wichtig als den anderen Generationen. Sie denken eher hierarchisch, sind wettbewerbsorientiert und streben eigene Führungsverantwortung an. Ein sicherer Arbeitsplatz ist ihnen ebenso wichtig, wie der Ausgleich von Arbeit und Privatleben. Sie erwarten im Beruf eine schrittweise Beförderung und Belohnung in Form von Geld und Anerkennung. Konstantes Feedback durch Kollegen und Vorgesetzte ist ihnen eher unangenehm. Die Arbeit spielt im Leben der Babyboomer eine deutlich zentralere Rolle als für die anderen Generationen.

Für die **Generation X** stehen die persönliche Zufriedenheit und ein glückliches Leben an erster Stelle. Die Mitglieder dieser Generation arbeiten gern autonom und sind seltener an Führungsrollen interessiert. Ihre Loyalität gilt weniger dem Arbeitgeber als den Fähigkeiten einzelner Vorgesetzten. Sie legen Wert auf Arbeitszufriedenheit und Lebensqualität.

Der Ausgleich zwischen Beruf und Privatleben ist ihnen wichtiger als den Babyboomern. Sie arbeiten schnell und lösungsorientiert und nutzen dabei gerne informelle Wege statt formaler Hierarchien. Sie erwarten eine Tätigkeit, durch die sie sich weiterentwickeln können, möchten schnell befördert werden und Eigenverantwortung übernehmen. Sie sind anpassungsfähig und erhalten gerne Feedback.

Die **Generation Y** zeigt sich als technologieaffin und nach Herausforderungen suchend. Sie sind zwar weniger harmonieorientiert, haben jedoch viele Eigenschaften mit der Generation X gemein. So sind sie teamorientiert und reagieren flexibel auf Veränderungen. Auch sind sie in ihrer Arbeitsweise unabhängig und suchen den Ausgleich von Arbeit und Privatleben. Ihre Loyalität gilt in erster Linie einer Aufgabe oder einem Produkt und weniger dem Arbeitgeber als solchem.

Neben den Untersuchungen, in denen sich die besagten Unterscheidungen zeigen, gibt es jedoch auch Befunde, nach denen die Abweichungen zwischen den Generationen eher zu vernachlässigen sind [14, 26]. So zeigt sich etwa bei Gibson et al. [6], dass Gesundheit und Familie für alle Generationen an vorderster Stelle stehen. Auch zeigen sich nach Twenge [25] entgegen häufiger Annahmen keine Unterschiede im altruistischen Verhalten bzw. in der Hilfsbereitschaft.

Es gibt demnach keine einheitliche wissenschaftliche Perspektive auf die Frage nach den Unterschieden der Arbeitnehmergenerationen. Die Sichtung der bisherigen Befunde zeigt deutlich, dass es offenbar mehr Vorurteile als tatsächliche Unterschiede gibt und dass die Altersfrage einen erheblichen Beitrag zu den festgestellten Abweichungen leisten kann. Es sollte somit keine überzogene Stigmatisierung der einzelnen Generationen erfolgen. Dennoch konnten Unterschiede festgestellt werden, die zu einem besseren Verständnis der erwerbstätigen Bevölkerung und den Aspekten des Alters und der Generationenzugehörigkeit beitragen können. Diese gilt es jedoch mit Vorsicht zu interpretieren.

3.3 Arbeitgeberattraktivität aus Sicht der Mitarbeitergenerationen – Ergebnisse aus einer Studie mit mittelständischen Unternehmen

Wie aus dem vorherigen Abschnitt deutlich hervorgeht, sind aus wissenschaftlicher Sicht nach wie vor zahlreiche Fragen zu den arbeitenden Generationen und ihren Besonderheiten ungeklärt. Eine dieser Fragen, auf die es bislang kaum hinreichende Antworten gibt, lautet: Was macht einen Arbeitgeber für die unterschiedlichen Generationen attraktiv? Ein solches Wissen ist besonders für die betriebliche Personalarbeit von entscheidender Bedeutung, wenn es darum geht, altersgruppenspezifische Personalrekrutierung zu betreiben, leistungsstarke Mitarbeitende im Unternehmen zu halten und die gesamte Belegschaft zu einer hohen Arbeitsleistung zu motivieren. Im Folgenden werden Antworten auf diese Fragen in den Ergebnissen einer empirischen Befragung von Mitarbeitenden in mittelständischen Unternehmen gesucht.

3.3.1 Was sind die Ziele und Methoden der Studie?

Im Rahmen einer Studie des Innovations-Inkubators[1] der Leuphana Universität Lüneburg wurden in einem systematischen Ansatz die zentralen Einflussfaktoren der Arbeitgeberattraktivität von kleinen und mittelständischen Unternehmen (KMU) identifiziert. Eingebettet ist die Untersuchung in eine enge Kooperation der Hochschule mit Vertretern der regionalen Wirtschaft, die das Ziel hat, gemeinsam neues Wissen für die Praxis zu generieren.

Die zentrale Fragestellung der Untersuchung lautete: Was macht einen attraktiven Arbeitgeber im Mittelstand aus? Um diese Frage zu beantworten, wurden Mitarbeitende befragt. Als abhängige Variablen und Indiz für die Arbeitgeberattraktivität dienen zum einen der Wunsch nach Verbleib beim Arbeitgeber innerhalb der nächsten drei Jahre und zum anderen die Bereitschaft, den Arbeitgeber einem guten Freund oder Bekannten weiterzuempfehlen. Zur Erklärung der Attraktivität wurden neben soziodemographischen und arbeitsbezogenen Merkmalen der Mitarbeitenden insgesamt 19 etablierte arbeits- und organisationspsychologische Skalen herangezogen, in denen die Arbeitssituation aus der Sicht der Mitarbeitenden beschrieben und bewertet wird. Darunter befindet sich auch die vergleichsweise neue „Employer Attractiveness scale" (EmpAt, [4]) mit ihren fünf Wertschöpfungsformen aus der Arbeit: 1. Intrinsisch-motivationaler Wert, 2. Sozialer Wert, 3. Ökonomischer Wert, 4. Selbstentfaltungswert und 5. Interaktionswert. Es ergibt sich somit eine sehr differenzierte Sicht auf die Arbeitssituation und die Arbeitgeberattraktivität.

An der Studie beteiligten sich neun regionale mittelständische Unternehmen aus unterschiedlichen Branchen mit insgesamt 1700 Mitarbeitenden. Die Befragung erfolgte zwischen Juni und August 2013 in schriftlicher Form mit Hilfe eines Fragebogens. Es haben insgesamt 629 Personen an der Befragung teilgenommen, womit ein Rücklauf von 37 % erreicht wurde. Für eine schriftliche Mitarbeiterbefragung liegt diese Beteiligung in einem hohen Bereich, so dass die Repräsentativität der Ergebnisse für die untersuchten Unternehmen angenommen wird. Von den Befragten lässt sich eine Mehrheit von 47 % der Generation X zuordnen. Damit dominiert diese Generation den gegenwärtigen Arbeitsalltag eindeutig. Die Generation Babyboomer ist mit 28 % noch knapp vor der Generation Y mit 25 %. Damit halten sich die ältere und die jüngere Generation derzeit noch die Waage. In naher Zukunft wird der Anteil der Generation Y jedoch kontinuierlich wachsen und die Babyboomer ablösen.

Die Ergebnisse der Studie werden in unterschiedlicher Weise genutzt. Ein Schwerpunkt liegt dabei auf der Entwicklung eines allgemeinen Modells der Arbeitgeberattraktivität für mittelständische Unternehmen. Ein weiterer Schwerpunkt liegt auf der Untersuchung der

[1] Mit dem Wirtschaftsförderungsprojekt „Innovations-Inkubator" stärken die Leuphana Universität Lüneburg und das Land Niedersachsen das Forschungs- und Entwicklungspotential des ehemaligen Regierungsbezirks Lüneburg. Ziele sind die Sicherung und Schaffung von Arbeitsplätzen, die Förderung der regionalen Forschungs- und Entwicklungsaktivitäten und das Ausbilden hoch qualifizierter Arbeitnehmerinnen und Arbeitnehmer für den regionalen Arbeitsmarkt. 45 Innovationsprojekte setzt der Inkubator bis August 2015 an der Leuphana um. Sie haben ein Gesamtvolumen von rund 100 Mio. € (http://www.leuphana.de/ueber-uns/organisation/inkubator.html).

Arbeitgeberattraktivität für die unterschiedlichen Mitarbeitergenerationen. Im Folgenden werden die wichtigsten Ergebnisse in Bezug auf die Generationenzugehörigkeit beschrieben und diskutiert.

3.3.2 Was sind die gegenwärtigen Lebensumstände der Mitarbeitergenerationen?

Um ein besseres Verständnis für die Mitarbeitergenerationen in den mittelständischen Unternehmen und ihre Besonderheiten zu bekommen, soll zunächst beschrieben werden, wie sich die aktuellen Lebensumstände dieser Gruppen im Jahr 2013 darstellen und worin sie sich besonders voneinander unterscheiden.

Generation Babyboomer – 50plus mit erwachsenen Kindern Die Babyboomer ($n = 126$) sind im Durchschnitt 54 Jahre alt. Mit 60 % sind die Männer in dieser Gruppe stärker vertreten als die Frauen (40 %). Etwa zwei Drittel der Babyboomer sind verheiratet (65 %), 20 % sind in fester Partnerschaft und 15 % sind ohne Partner. Fast alle Babyboomer haben Kinder (84 %), allerdings leben diese nur bei 32 % noch im eigenen Haushalt. 7 % dieser Generation pflegt zu Hause erwachsene Angehörige. Im Schnitt werden dafür 20 h pro Woche aufgewendet.

Generation X – Aktive Eltern in festen Partnerschaften In der Generation X ($n = 214$) liegt das durchschnittliche Alter bei 42 Jahren. Frauen (53 %) sind in dieser Altersgruppe in etwa gleich häufig vertreten wie Männer (47 %). Mit 61 % ist der Großteil von ihnen verheiratet, 25 % sind in einer festen Partnerschaft und 14 % ohne Partner. Die meisten Angehörigen der Generation X haben Kinder (70 %), die größtenteils auch im eigenen Haushalt leben (63 %). Eine kleine Gruppe von drei Prozent pflegt im Haushalt zudem erwachsene Angehörige und wendet dafür im Durchschnitt 15 h in der Woche auf.

Generation Y – Junge Menschen mit wenigen Verpflichtungen Die Angehörigen der Generation Y ($n = 116$) sind im Durchschnitt 26 Jahre alt. Frauen (41 %) sind darunter etwas weniger vertreten als Männer (59 %). Die meisten Vertreter der Generation Y sind in einer festen Partnerschaft (48 %) oder ohne Partner (33 %). Verheiratet ist nur etwa jeder Fünfte (19 %). Erwartungsgemäß haben erst Wenige aus der Generation Y eigene Kinder (14 %). Die Pflege von erwachsenen Angehörigen kommt in der befragten Stichprobe nicht vor.

Es zeigen sich erwartungsgemäß große Unterschiede zwischen den Generationen. So ist die Generation Y größtenteils kinderlos und partnerschaftlich weniger fest gebunden. Die Generation X ist am häufigsten in der aktiven Elternrolle zu finden. Für die Babyboomer nehmen die Kinder nicht mehr die zentrale Rolle im eigenen Haushalt ein, dafür wird die Pflege von erwachsenen Angehörigen, etwa den Eltern, wichtiger.

3.3.3 Wie unterscheidet sich die berufliche Situation der Generationen?

Die Wahrnehmung der eigenen Arbeit und des Arbeitgebers ist maßgeblich geprägt von der beruflichen Qualifikation, der Arbeitserfahrung und der Tätigkeit eines jeden Mitarbeiters. Auch hier ist es wichtig, die Unterschiede zwischen den Generationen zu kennen.

Generation Babyboomer – Berufserfahrene mit zum Teil geringer Qualifikation Was die berufliche Qualifikation der Babyboomer ($n = 126$) in den mittelständischen Unternehmen betrifft, so haben 66 % von ihnen als höchsten Abschluss eine Lehre oder Berufsausbildung absolviert. 9 % haben einen Meister oder vergleichbaren beruflichen Abschluss. Ein Hochschulstudium haben 16 %. Die Babyboomer sind im Schnitt seit 15 Jahren bei ihrem Arbeitgeber beschäftigt und arbeiten 35 h pro Woche. Die Mehrheit der Babyboomer sind Fachkräfte (45 %), eine vergleichsweise große Zahl ist jedoch angelernt oder ungelernt (36 %). Die Führungskräfte machen 19 % aus. Mit 89 % sind beinahe alle Babyboomer unbefristet beschäftigt.

Generation X – Etablierte Fach- und Führungskräfte Die Angehörigen der Generation X ($n = 214$) haben zu 65 % als höchstens Abschluss eine Lehre oder Berufsausbildung absolviert, 10 % haben einen Meister oder vergleichbaren Abschluss. Der Anteil der Akademiker liegt bei 18 %. Bei ihrem Arbeitgeber sind sie durchschnittlich neun Jahre beschäftigt, sie arbeiten in der Woche 35 h. Mit 57 % sind sie mehrheitlich als Fachkräfte beschäftigt, mehr als jeder Vierte ist aber ungelernt oder angelernt (28 %). 16 % der Generation X sind in Führungsfunktion tätig. Ein Großteil von 86 % ist unbefristet angestellt.

Generation Y – Gut ausgebildete Berufseinsteiger In der Generation Y ($n = 116$) geben 70 % als höchsten Abschluss eine Lehre oder Berufsausbildung an. Einen Meister oder einen vergleichbaren Abschluss können drei Prozent vorweisen und einen Hochschulabschluss besitzen 13 %. Eine Gruppe von 13 % hat jedoch (noch) keinen Abschluss.[2] Die Angehörigen der Generation Y sind im Schnitt seit vier Jahren bei ihrem Arbeitgeber beschäftigt und arbeiten in der Woche 39 h. Die Mehrheit von ihnen ist als Fachkraft beschäftigt (55 %), nur 12 % sind ungelernt oder angelernt. Etwa ein Viertel von ihnen befindet sich noch in der Ausbildung (24 %) und 7 % sind als Führungskräfte eingestellt. Einen unbefristeten Arbeitsvertrag haben 58 %.

Vergleicht man nun die berufliche Situation der drei arbeitenden Generationen, wird deutlich, dass die Babyboomer und Generation X vieles gemein haben. Sie haben ähnliche Qualifikationen, Funktionen und Arbeitszeiten. Die Generation Y ist dagegen anders.

[2] Während (nur) 13 % der Generation Y angeben, keinen Abschluss zu haben, geben 24 % an, als Auszubildende beschäftigt zu sein. Es muss daher davon ausgegangen werden, dass einige Auszubildende ihren Abschluss in der Beantwortung des Fragebogens bereits „vorweggenommen" haben. Insofern sind die Ergebnisse zum aktuellen Qualifikationsniveau bei der Generation Y mit Vorsicht zu interpretieren.

Tab. 3.3 Attraktivitätsurteile der Mitarbeitenden zu ihren Unternehmen nach Generationen in Prozent

	Babyboomer ($n=122$)	Gen X ($n=211$)	Gen Y ($n=111$)	Gesamt ($N=605$)
Wunsch nach Verbleib im Unternehmen[a]	90,6	85,1	71,6	*82,6*
Bereitschaft zur Weiterempfehlung des Unternehmens[b]	53,3	52,6	46,9	*51,7*

[a]Im Fragebogen wurde dazu eine Multiple-Choice-Frage mit verschiedenen beruflichen Optionen für die nächsten drei Jahre gestellt.
[b]Im Fragebogen wurde dazu die Zustimmung zu der Aussage „Ich würde mein Unternehmen einer Freundin/einem Freund oder guter/gutem Bekannten als Arbeitgeber weiterempfehlen." mit einer fünfstufigen Antwortskala erfasst.

Zum einen ist dies dem Umstand geschuldet, dass sie mit ihrer theoretisch angenommenen Altersspanne (von 13 bis 34 Jahren) sowohl Auszubildende als auch junge Führungskräfte in sich vereint. Zum anderen zeigen sich Merkmale, die sich nicht allein auf das Alter beschränken lassen. So fällt insbesondere das höhere Qualifikationsniveau auf. Der Anteil der Geringqualifizierten nimmt demnach über die Generationen kontinuierlich ab. Bei den Babyboomern machen die Ungelernten und Angelernten noch 36 % aus, in der Generation X sinkt der Anteil auf 28 % und in der Generation Y sind es gerade einmal 12 %, die nicht mindestens eine Lehre oder Ausbildung absolvieren oder bereits absolviert haben. Daneben fällt auf, dass die Generation Y im Durchschnitt jede Woche vier Stunden mehr arbeitet. Die Vollzeitarbeit ist in dieser Altersgruppe offenbar am weitesten verbreitet.

3.3.4 Gibt es unterschiedliche Ansprüche an den (attraktiven) Arbeitgeber?

Wenn man berücksichtigt, wie unterschiedlich die gegenwärtigen privaten und beruflichen Lebensumstände der Generationen sind, ist es naheliegend anzunehmen, dass sie auch unterschiedliche Ansprüche an ihren Arbeitgeber stellen. Tatsächlich lassen sich auch in den Daten der Studie einige zentrale Unterschiede feststellen. Damit diese Ergebnisse zu einzelnen Attraktivitätsfaktoren besser eingeordnet werden können, sollen zunächst die Unterschiede der Generationen in den abhängigen Variablen betrachtet werden (vgl. Tab. 3.3).

Hier zeigt sich, dass der Wunsch nach dem Verbleib im Unternehmen insgesamt recht hoch ist (83 %). Der Blick auf die Generationen verrät jedoch, dass die Babyboomer mit Abstand am häufigsten eine fortgesetzte Beschäftigung anstreben (91 %) und dies bei der Generation Y seltener der Fall ist (72 %). Zum Teil wird dieses Ergebnis durch den Anteil der Auszubildenden an der Generation Y und durch die geringere Verbreitung unbefristeter Arbeitsverhältnisse erklärt. Dennoch bleibt festzuhalten, dass sich die Generation Y weniger stark an den Arbeitgeber gebunden fühlt, als die anderen Generationen.

Bezüglich des zweiten Attraktivitätskriteriums, der Bereitschaft zur Weiterempfehlung des Arbeitgebers, zeigt sich ein anderes Bild. Zum einen ist festzustellen, dass generationenübergreifend deutlich weniger Mitarbeitende (52 %) ihren Arbeitgeber weiterempfehlen würden, als es der Wunsch nach Verbleib im Unternehmen (83 %) vermuten lässt. Dieser Unterschied lässt vermuten, dass beinahe ein Drittel der Mitarbeitenden bei dem aktuellen Arbeitgeber verbleiben möchte, ohne ihn für besonders attraktiv zu halten. Daran zeigt sich, dass die Mitarbeiterbindung nicht allein durch die Wahrnehmung der Attraktivität des Arbeitgebers entsteht. Diese Diskrepanz zeigt sich grundsätzlich bei allen Generationen, nimmt mit höherem Alter allerdings zu (vgl. Tab. 3.3). Der Grund dafür kann darin bestehen, dass die Mitarbeitenden mit zunehmendem Alter stärker durch finanzielle und familiäre Verpflichtungen an den Standort und ein sicheres Einkommen gebunden sind. In jedem Fall wird daraus deutlich, dass die Generation Y vergleichsweise weniger Bindung zu ihrem Arbeitgeber aufweist und diesen insgesamt als weniger attraktiv beurteilt. Die Gründe für diese kritischere Perspektive lassen sich nicht exakt bestimmen. So zeigen sich etwa innerhalb der Generation Y keine besonderen Unterschiede zwischen Fach- und Führungskräften und Auszubildenden oder Geringqualifizierten in dieser Sache. Eine mögliche Erklärung bietet das Alter selbst und die oftmals fehlenden Vergleiche zu anderen Arbeitgebern. Unter diesen Umständen können sich unrealistisch hohe Erwartungen eher halten als bei älteren Mitarbeitenden. Es ist jedoch auch denkbar, dass die Erwartungen der Generation Y an den Arbeitgeber insgesamt gestiegen sind und diese Anspruchshaltung auch in höherem Alter bestehen bleibt. Diese Frage lässt sich frühestens in 15 Jahren sicher beantworten, wenn die Generation Y das Alter der heutigen Generation X erreicht hat.

Welche konkreten Faktoren aus Sicht der Generationen einen attraktiven Arbeitgeber ausmachen, zeigt sich in der Frage, was ihren jetzigen Arbeitgeber besonders auszeichnet. Da sich die Frage auf die realen Arbeitgeber der Befragten bezieht, treten in den Antworten auch die potentiellen Defizite der Mittelständler, etwa im Hinblick auf die Entwicklungsmöglichkeiten der Beschäftigten, zutage. Die zentrale Erkenntnis aus diesen Angaben gibt demnach Aufschluss über das, was die mittelständischen Unternehmen aus Sicht ihrer Mitarbeitenden tatsächlich zu bieten haben. Bezieht man an dieser Stelle erneut den Vergleich zu den Generationen ein, so wird anhand der Abweichungen deutlich, welchen Faktoren von den Altersgruppen unterschiedliche Bedeutung zugemessen wird. Es zeigt sich, dass die Wahrnehmung der Merkmale weitgehend übereinstimmt (vgl. Tab. 3.4).

So werden die gute Lage des Standortes, flexible Arbeitszeiten und gute Produkte und Leistungen des Unternehmens generationenübergreifend als die positivsten Merkmale des eigenen Arbeitgebers gesehen. Bei genauerer Betrachtung zeigen sich jedoch einige Unterschiede. So ist etwa die positive finanzielle Situation des Unternehmens in der Wahrnehmung der Generation Babyboomer erheblich präsenter. Die gute Lage des Standortes besitzt dagegen für die Generationen X und Y einen deutlich höheren Stellenwert. Flexible Arbeitszeiten haben für Generation X die größte Bedeutung, was sich vermutlich durch deren starke familiäre Eingebundenheit erklären lässt (vgl. Abschn. 1.3.2).

Tab. 3.4 Wahrnehmung positiver Merkmale beim eigenen Arbeitgeber nach Generationen in Prozent

	Bitte wählen Sie aus der folgenden Liste drei Elemente aus, die Ihr Unternehmen besonders positiv auszeichnen			
	Babyboomer ($n=126$)	Gen X ($n=214$)	Gen Y ($n=116$)	Gesamt ($N=456$)
Gute Lage des Standortes	33,3[a]	42,1[a]	45,7[a]	*40,6[a]*
Flexible Arbeitszeiten	33,3[a]	46,3[a]	34,5[a]	*39,7[a]*
Gute Produkte und Leistungen des Unternehmens	40,5	37,9	32,8	*37,3*
Positive finanzielle Situation des Unternehmens	40,5[a]	24,3[a]	24,1[a]	*28,7[a]*
Ruf des Unternehmens als guter Arbeitgeber	25,4	20,6	23,3	*22,6*
Akzeptable Arbeitsbelastung	19,0	21,0	28,4	*22,4*
Entscheidungsfreiheit bei der Arbeit	20,6	22,4	23,3	*22,1*
Herausfordernde Tätigkeiten	14,3	21,5	19,8	*19,1*
Innovatives Unternehmen	16,7	15,9	17,2	*16,4*
Klare Vision der Unternehmensleitung für langfristigen Erfolg	21,4	13,6	12,9	*15,6*
Lern- und Entwicklungsmöglichkeiten	6,3	9,3	15,5	10,1
Hoher Arbeitslohn	0,8	5,6	6,9	4,6
Aufstiegs- und Karrieremöglichkeiten	2,4	3,3	7,8	4,2

[a]Zwischen mindestens zwei Generationen besteht eine Abweichung in der Zustimmung von 10 Prozentpunkten oder mehr

Daneben lassen sich einige schwächere Alterstrends erkennen. So nimmt die Wahrnehmung der guten Produkte und Leistungen des Unternehmens mit höherem Alter sukzessive zu und auch die positive finanzielle Situation des Unternehmens wird eher von älteren Mitarbeitenden positiv hervorgehoben. Die jüngeren Mitarbeitenden nehmen dagegen Lern- und Entwicklungsmöglichkeiten sowie die Potentiale für beruflichen Aufstieg und Karriere positiver wahr. Weder der jeweilige Stellenwert dieser Faktoren im Gesamtkontext, noch der Ausprägungsgrad der Unterschiede zwischen den Generationen legt es nahe, von vollkommen verschiedenen Sichtweisen auf den Arbeitgeber zu sprechen. Dennoch lassen sich darin Anhaltspunkte erkennen, über welche Faktoren sich die drei Generationen jeweils besonders effektiv ansprechen lassen.

Um darüber hinaus besser zu verstehen, wie die Mitarbeitergenerationen zu ihren bewusst geäußerten Attraktivitätsurteilen über ihren Arbeitgeber gelangen, muss näher betrachtet werden, welche arbeits- und organisationspsychologischen Wahrnehmungen und Bewertungen damit in Verbindung stehen. Dazu wurden statistische Korrelationen zwischen den Attraktivitätsurteilen und den psychologischen Skalen mit den Daten aus der Mitarbeiterbefragung ($N=629$) berechnet. Grundsätzlich zeigen sich im Vergleich viele Gemeinsamkeiten zwischen den Generationen. Insbesondere die psychologischen Komponenten, die insgesamt am stärksten mit den Attraktivitätsurteilen in Verbindung stehen, weisen keine zentralen Unterschiede zwischen den Generationen auf. Dies sind unter anderem das affektive Commitment zum Arbeitgeber [1], das Vertrauen in die Unternehmensleitung, der intrinsisch-motivationale Wert und der soziale Wert der Tätigkeit [4] sowie die Identitätsstärke des Unternehmens [11].

Neben diesen gemeinsamen Prioritäten zeigen sich jedoch auch einige deutliche Unterschiede bei der Bedeutung wichtiger Attraktivitätsfaktoren zwischen den drei Generationen. Diese Unterschiede treten unter anderem bei verschiedenen Wertschöpfungsaspekten aus der Arbeit und einigen Elementen des Führungsverhaltens des direkten Vorgesetzten zutage (vgl. Tab. 3.5). Die interne Konsistenz dieser Skalen ist mit einem α zwischen 0,79 und 0,89 insgesamt gut. Lediglich für die Ganzheitlichkeit und die Umgebungsbelastungen ergibt sich eine niedrigere Konsistenz von $\alpha = 0{,}52$ bzw. $\alpha = 0{,}66$, weshalb diese beiden Kriterien mit Vorsicht interpretiert werden müssen. Dort, wo es zu unterschiedlichen Wahrnehmungen kommt, zeigt sich in den meisten Fällen bei den älteren Generationen eine größere Zusammenhangsstärke zwischen dem Wunsch nach Verbleib beim Arbeitgeber und der Bereitschaft zur Weiterempfehlung desselben sowie den psychologischen Konstrukten.

Offenbar wird die Attraktivität des Arbeitgebers mit zunehmendem Alter der Mitarbeitenden stärker mit dem tatsächlichen Erleben der Arbeitssituation verknüpft. Man kann dieses Ergebnis auch dahingehend interpretieren, dass ältere Arbeitnehmerinnen und Arbeitnehmer kritischer sind als jüngere. So zeigt sich bei einer Reihe von psychologischen Konstrukten ein gradueller Bedeutungszuwachs mit zunehmendem Alter der Generationen (vgl. Tab. 3.5). Dies betrifft die Wahrnehmung der Familienfreundlichkeit, den Selbstentfaltungswert und ökonomischen Wert ausgehend von der Tätigkeit beim Arbeitgeber, das „Aufzeigen von Visionen“ und die „individuelle Unterstützung“ durch das Führungsverhalten des direkten Vorgesetzten sowie das Erleben von einer Ganzheitlichkeit der eigenen Tätigkeit und Umgebungsbelastungen bei der Arbeit.

Abgesehen von der Ganzheitlichkeit der Arbeit und den Umgebungsbelastungen sind dies Aspekte, die oftmals mit der Generation Y in Verbindung gebracht werden (vgl. Abschn. 1.2). Dem widersprechen die Ergebnisse aus der vorliegenden Studie auch keineswegs, doch zeigen sie deutlich, dass diese Aspekte auch für ältere Arbeitnehmerinnen und Arbeitnehmer mindestens genauso bedeutsam sind. Von besonderem Interesse sind zudem diejenigen Fälle, in denen ein Aspekt entgegen dem allgemeinen Trend der Generation Y wichtiger ist als der älteren Generation X. Dies trifft besonders auf die öffentliche Reputation des Unternehmens und in geringerem Maße auf den Interaktionswert der Tätigkeit zu (vgl. Tab. 3.5). Unter dem Interaktionswert werden in Anlehnung an die „functional benefits“ [2] unter anderem das gesellschaftliche Engagement und die Serviceorientierung des Arbeitgebers, aber auch die Möglichkeit zum aktiven Teilen des eigenen Wissens verstanden. Die vergleichsweise hohe Relevanz dieser Aspekte für die Attraktivität des Arbeitgebers bestätigt die Annahmen, wonach der Generation Y viel am Ansehen und der Nachhaltigkeit des Arbeitgebers und ihren eigenen Partizipationsmöglichkeiten gelegen ist.

Tab. 3.5 Zusammenhangsstärke der Attraktivitätsurteile mit arbeits- und organisationspsychologischen Konstrukten nach Generationen (Es werden nur Skalen abgebildet, in denen sich die Generationen signifikant unterscheiden)

	Attraktivitätsurteile über den eigenen Arbeitgeber[a]			
Korrelation	Babyboomer ($n=113$)	Gen X ($n=186$)	Gen Y ($n=98$)	Gesamt ($N=539$)
Reputation des Unternehmens [12]	0,602[c]	0,439[c]	0,517[c]	*0,539*[c]
EmpAt – Interaktionswert der Tätigkeit [4]	0,630[c]	0,431[c]	0,463[c]	*0,530*[c]
Familienfreundlichkeit [8]	0,619[c]	0,495[c]	0,437[c]	*0,517*[c]
EmpAt – Selbstentfaltungswert der Tätigkeit [4]	0,528[c]	0,467[c]	0,368[c]	*0,462*[c]
EmpAt – Ökonomischer Wert der Tätigkeit [4]	0,572[c]	0,418[c]	0,374[c]	*0,448*[c]
TLI – Führungsaspekt „Aufzeigen von Visionen“ [15, 16]	0,422[c]	0,316[c]	0,275[c]	*0,350*[c]
TLI – Führungsaspekt „Individuelle Unterstützung“ [15, 16]	0,509[c]	0,261[c]	n. s.	*0,328*[c]
KFZA – Ganzheitlichkeit der Tätigkeit [18]	0,362[c]	0,269[c]	0,202[b]	*0,267*[c]
KFZA – Umgebungsbelastungen bei der Tätigkeit [18]	−0,249[c]	−0,158[b]	n. s.	*−0,182*[c]

[a]Für die Berechnung der Korrelation wird der Mittelwert aus den beiden Attraktivitätskriterien des Wunschs nach Verbleib beim Arbeitgeber und der Bereitschaft zur Weiterempfehlung des Arbeitgebers verwendet (vgl. Tab. 3.3)
[b]Die Korrelation ist auf dem Niveau von 0.05 (zweiseitig) signifikant
[c]Die Korrelation ist auf dem Niveau von 0.01 (zweiseitig) signifikant

Zusammenfassend lassen sich zur Arbeitgeberattraktivität aus Sicht der drei arbeitenden Generationen folgende zentrale Erkenntnisse festhalten:

1. Es zeigen sich durchaus einige Unterschiede zwischen den Generationen, die Mehrzahl der Kriterien für einen attraktiven Arbeitgeber hat jedoch für Mitarbeitende jeden Alters eine ähnliche Relevanz.
2. Mit zunehmendem Alter der Generationen zeigen sich stärkere Zusammenhänge zwischen bestimmten Attraktivitätskriterien und dem Urteil über den eigenen Arbeitgeber.
3. Einige der bisherigen Annahmen über die Generation Y werden durch die Ergebnisse bestätigt, andere werden wiederum infrage gestellt.

3.3.5 Wie lassen sich die Ergebnisse bewerten?

Wenn man die neuen Erkenntnisse aus der Studie mit den Ergebnissen früherer Untersuchungen abgleicht (vgl. dazu Abschn. 1.2), zeigen sie sich als wertvolle Erweiterung des Wissensstandes. Durch die Breite der Kriterien für die Arbeitgeberattraktivität, die mit der Studie abgedeckt wird, lässt sich detailliert nachvollziehen, wo Gemeinsamkeiten und Unterschiede zwischen den Generationen liegen. Der Umstand, dass die Generation Y nicht mehr als Schüler, Studenten oder Bewerber erfasst wird, sondern als aktive Mitarbeitende in mittelständischen Betrieben zwischen Ausbildung und Führungsverantwortung, zeichnet zudem ein realistisches und aktuelles Bild von dieser Generation. An diesem lassen sich nun auch einige der Vorannahmen überprüfen, die häufig mit der Generation in Verbindung gebracht werden.

Doch auch die gegenwärtige Situation der Generation X und der Babyboomer sowie ihre Ansprüche an einen attraktiven Arbeitgeber werden anhand der vorliegenden Daten nachvollziehbar. Dabei muss einschränkend berücksichtigt werden, dass die Größe der Stichprobe zwar eine hohe Repräsentativität für kleine und mittlere Unternehmen nahelegt, es jedoch durchaus spezifische Branchen und spezialisierte Berufsbilder geben kann, auf die sich die Erkenntnisse nicht unmittelbar übertragen lassen. Zudem konnte auch diese Studie nicht das methodische Problem vorangegangener Untersuchungen lösen, die ebenfalls nur zu einem Messzeitpunkt einen Querschnitt der Generationen abbilden (vgl. Abschn. 1.2). Damit lässt sich nicht abschließend klären, welche Unterschiede allein dem Alter zuzuordnen sind und welche innerhalb der Generationen stabil bestehen. Hier wäre es wünschenswert, dass in Zukunft in weiteren Studien eine Zeitreihe mit mehreren Messzeitpunkten in größerem Abstand durchgeführt wird.

Unabhängig davon leistet die vorliegende Arbeit einen differenzierten Blick auf die gegenwärtige berufliche Situation der Generationen und ihre Vorstellung von einem attraktiven Arbeitgeber. Trotz der gefundenen Unterschiede erscheint es im Endeffekt falsch zu sagen, dass ein Aspekt der Berufstätigkeit jenseits der altersspezifischen Themen nur für eine Generation wichtig und für die anderen zu vernachlässigen sei. Es sind insbesondere Nuancen, die einen Arbeitgeber für die eine Generation attraktiver machen als für andere. Die Grundtöne dessen, was einen attraktiven Arbeitgeber ausmacht, bleiben dabei jedoch die gleichen.

3.4 Handlungsempfehlungen für Unternehmen

Abschließend sollen aus den Ergebnissen zentrale Handlungsempfehlungen für Unternehmen abgeleitet werden.

- **Als Arbeitgeber attraktiv sein für alle Generationen, indem man sich auf die spezifischen Stärken und Werte des Unternehmens fokussiert:**
  Arbeitgeberattraktivität umfasst die Faktoren, die Arbeitnehmerinnen und Arbeitnehmer dazu bewegen, sich genau bei diesem Unternehmen zu bewerben und gerne dort zu arbeiten. Studien über Arbeitgeberattraktivität zeigen auf, dass für Mitarbeitende die sozialen Faktoren, zum Beispiel eine herausfordernde Tätigkeit oder gute Führung und Anerkennung für ihre Arbeit, immer mehr in den Vordergrund rücken [19]. Generationenspezifische Einflussfaktoren sind nicht eindeutig auszumachen. Eher zeigt sich, dass der allgemeine Wertewandel in der Gesellschaft Einfluss auf die Arbeitswelt

nimmt. Hier ist vor allen Dingen die Tatsache zu nennen, dass Leistung nicht mehr nur ausschließlich auf die Produktivität im Beruf bezogen wird, sondern dass Unternehmenswerte und soziale Verantwortung immer mehr an Bedeutung gewinnen und sich dieses soziale Engagement auch auf die Arbeitgeberattraktivität auswirkt.

Unternehmen sind gut beraten, zu analysieren, welche Stärken das Unternehmen gerade auch im Vergleich mit der Konkurrenz hat und für welche Werte bzw. für welche Kultur es steht. Genau diese Stärken gilt es dann, nach außen glaubhaft darzustellen. Wichtig ist hierbei der Abgleich zwischen Ist- und Soll-Zustand. Das heißt, das Unternehmen muss zwingendermaßen klären, wie weit es noch von seinem Idealbild entfernt ist und woran es noch arbeiten muss, um seine Attraktivität als Arbeitgeber zu optimieren. Mitarbeiterbefragungen sowie Unternehmensdiagnosen können den Unternehmen dabei helfen, zu analysieren und wissenschaftlich sichtbar zu machen, welche Merkmale sie aus der Perspektive der Mitarbeitenden und des Führungspersonals attraktiv machen und inwieweit das Unternehmen diese Kriterien bereits erfüllt. Nach der Analyse der eigenen Stärken und Schwächen sollten die Unternehmen dann Maßnahmen zur Steigerung ihrer Arbeitgeberattraktivität entwickeln und umsetzen, um so Stück für Stück ihre Attraktivität optimieren.

- **Employer Branding Tools gezielt einsetzen – nach außen und nach innen:**
Der Wettbewerb der Unternehmen wird zukünftig primär über Human Performance stattfinden. Die Frage, welches Unternehmen die besten Mitarbeitenden rekrutieren und binden kann, wird damit immer entscheidender. Das heißt im Umkehrschluss, dass die Unternehmen künftig die Mitarbeitenden erreichen müssen und nicht mehr umgekehrt. Sie müssen mit positiven Nachrichten glänzen und dabei gleichzeitig wichtige Werte transportieren und eine gute Reputation vorweisen können. Das kann nur mithilfe eines geschickten Employer Brandings funktionieren.

Um sich als glaubwürdiger und attraktiver Arbeitgeber positionieren zu können, sollten Unternehmen zunächst einmal an ihrer eigenen Vision ansetzen und das Spezifische herausarbeiten. Präsentieren sie diese besonderen Aspekte des Unternehmens nach außen, machen sie sich unverwechselbar. Die Tools des Employer Branding sind vielfältig einsetzbar und können beispielsweise beim Bewerbermanagement, der Unternehmenskommunikation, der Personalwerbung und auf Recruiting-Messen zum Einsatz kommen.

Für die jungen Generationen bietet sich auch gerade das Werben über Social Media an, weil sie hierdurch besonders einfach zu adressieren sind. Unternehmen müssen sich einiges einfallen lassen, um Mitarbeitende anzulocken und langfristig zu binden, gerade wenn sie in weniger attraktiven Regionen liegen oder auch zu den KMU zählen, die es meist sowieso schwerer haben. Denn ressourcenbedingt sind ihre Handlungsmöglichkeiten oftmals wesentlich begrenzter als die der großen Konzerne.

Wichtig ist auch, die Arbeitgeberpositionierung nach außen zu ergänzen durch interne Arbeitgeberqualität. Zu den relevanten Handlungsfeldern zählen hier beispielsweise die Führungskultur, die interne Kommunikation sowie die Wertschätzung von Arbeit und Person.

Für die Bindung an das Unternehmen haben die so genannten „weichen“ Unternehmensfaktoren eine wachsende Bedeutung. Die größte Wirkung erzielen Unternehmen durch den Einsatz von Bindungsinstrumenten im Bereich der „mitarbeiterzentrierten weichen Faktoren“. Darunter fallen Karriereentwicklungsoptionen, persönliche Weiterbildung sowie die Möglichkeiten einer angemessenen Work-Learn-Life-Integration [19].

- **Attraktiv sein für alle Lebensphasen – Lebensphasenspezifische Personalarbeit:** Eine besondere Herausforderung für die Unternehmen liegt darin, die Bindung ihrer Beschäftigten in allen Phasen ihrer Berufskarriere sicherzustellen – vom Hochschulabsolventen bis hin zum älteren Angestellten. Entsprechend müssen sie für die unterschiedlichen Bedürfnisse und Erwartungen der Mitarbeitenden in den einzelnen Lebensphasen passende Angebote machen. Gute Personalarbeit und effektives Talentmanagement beinhaltet einen optimalen Zuschnitt von Angeboten auf die individuellen Bedürfnisse der Angestellten. Die Lebensphase des einzelnen Mitarbeiters ist zu beachten, denn die Bedürfnisse variieren je nach Alter. Während für einen Berufsanfänger die berufliche Orientierung und Karriereplanung im Vordergrund stehen, ist es für einen Mitarbeitenden mittleren Alters oftmals der Wunsch nach Angeboten wie Sabbaticals oder Auslandsaufenthalten.

  In Zeiten des demographischen Wandels werden ältere Arbeitnehmerinnen und Arbeitnehmer wieder wichtiger für die Unternehmen, weil sie über Wissen verfügen, das nicht verloren gehen darf. Ältere Mitarbeitende und Führungskräfte können als Mentoren wirken und ihr Wissen so innerhalb des Betriebs weitergeben. Das bedeutet: Je nach Lebens- bzw. Arbeitssituation müssen passgenaue Lösungen entwickelt werden. Nur auf diese Art und Weise können leistungsstarke Mitarbeitende effizient an das Unternehmen gebunden werden.
- **Sensibilisierung und Weiterbildung der Führungskräfte für generationenübergreifende Führung:**
  Mehrere Generationen im Unternehmen bedeutet für die Führungskräfte, dass sie lernen müssen, wie sie die neue Mitarbeitergeneration führen und insbesondere binden können. Ebenso müssen sich die Führungskräfte aneignen, wie sie generationenübergreifende Aktivitäten fördern und deutlich sensibler in Bezug auf die verschiedenen Generationen im Unternehmen werden. Hierzu ist systematisches Training erforderlich mit diffizilen Trainingsinhalten. Dazu müssen zählen: Wissen über die Spezifika der unterschiedlichen Generationen, Tools für die generationenübergreifende Zusammenarbeit (Mentorenkonzepte, aktive Gesundheitsförderung, Lernen durch Lerntandems oder andere Formen des intergenerativen Wissenstransfers, flexible Arbeitszeitmodelle etc.) und Regeln für die Personalbindung. Die Führungskräfte sind entscheidend für den Erfolg der Personalbindung. Wie sie als Leiter mit ihren Mitarbeitenden umgehen, beeinflusst deren emotionale Bindung an das Unternehmen. Führungskräfte müssen daher in Bezug auf ihre Wirkung auf die Mitarbeitenden besonders sensibilisiert werden.

Literatur

1. Allen, N. J., & Meyer, J. P. (1990). The measurement and antecedents of affective, continuance and normative commitment to the organization. *Journal of occupational psychology, 63*(1), 1–18.
2. Ambler, T., & Barrow, S. (1996). The employer brand. *Journal of Brand Management, 4*(3), 185–206.
3. Bartels, I. (2002). Generation X. Zum inflationären Gebrauch des Begriffes „Generation "im aktuellen Mediendiskurs. http://www.uni-hamburg.de/Wiss/FB/09/Volkskul/Texte/vokus/2002-1/generation-x. Zugegriffen: 6. Feb. 2014.
4. Berthon, P., Ewing, M., & Hah, L. L. (2005). Captivating company: Dimensions of attractiveness in employer branding. *International journal of advertising, 24*(2), 151–172.
5. Forrester Consulting. (2006). Is Europe ready for the millennials? Innovate to meet the needs of the emerging generation.
6. Gibson, J., Greenwood, R. A., & Murphy, E. F., Jr. (2009). Generational differences in the workplace: Personal values, behaviors, and popular beliefs. *Journal of Diversity Management, 4*(3), 1–8.
7. Höpflinger, F. (1999). Generationenfrage-Konzepte, theoretische Ansätze und Beobachtungen zu Generationenbeziehungen in späteren Lebensphasen. Réalités Sociales.
8. Institut für Demoskopie Allensbach. (2005). Familienfreundlichkeit im Betrieb. Ergebnisse einer repräsentativen Bevölkerungsumfrage. Berlin: Bundesministerium für Familien, Senioren, Frauen und Jugend.
9. Jablonski, G. (2002). Generation X: Selbst- und Fremdbeschreibungen einer Generation. Eine Literaturwissenschaftliche Studie. Betreut von Friedl und Claas. Düsseldorf. Heinrich-Heine-Universität Düsseldorf, Philosophische Fakultät. docserv.uni-duesseldorf.de/servlets/DerivateServlet/Derivate-2629/629.pdf. Zugegriffen: 6. Feb. 2014.
10. Königes, H. (2013). *Computerwoche, 40*(41), 43.
11. Kreiner, G. E., & Ashforth, B. E. (2004). Evidence toward an expanded model of organizational identification. *Journal of Organizational Behavior, 25*(1), 1–27.
12. Mael, F., & Ashforth, B. E. (1992). Alumni and their alma mater: A partial test of the reformulated model of organizational identification. *Journal of Organizational Behavior, 13*(2), 103–123.
13. McDonald's Deutschland Inc. (2013). Die McDonald's AUSBILDUNGSSTUDIE 2013. Pragmatisch glücklich: Azubis und Karriere. Eine Repräsentativbefragung junger Menschen im Alter von 15 bis unter 25 Jahren. http://mcdw.ilcdn.net/MDNPROG9/mcd/files/pdf/090913_Publikationsstudie_McDonalds_Ausbildungsstudie.pdf. Zugegriffen: 6. Feb. 2014.
14. Parry, E., & Urwin, P. (2011). Generational differences in work values: A review of theory and evidence. *International Journal of Management Reviews, 13*(1), 79–96.
15. Podsakoff, P. M., MacKenzie, S. B., Moorman, R. H., & Fetter, R. (1990). Transformational leader behaviors and their effects on followers' trust in leader, satisfaction, and organizational citizenship behaviors. *The Leadership Quarterly, 1*(2), 107–142.
16. Podsakoff, P. M., MacKenzie, S. B., & Bommer, W. H. (1996). Transformational leader behaviors and substitutes for leadership as determinants of employee satisfaction, commitment, trust, and organizational citizenship behaviors. *Journal of management, 22*(2), 259–298.
17. PricewaterhouseCooper. (2013). PwC's NextGen: A global generational study. http://www.pwc.com/en_US/us/people-management/publications/assets/pwc-nextgen-summary-of-findings.pdf. Zugegriffen: 6. Feb. 2014.
18. Prümper, J., Hartmannsgruber, K., & Frese, M. (1995). KFZA. Kurz-Fragebogen zur Arbeitsanalyse. *Zeitschrift für Arbeits-und Organisationspsychologie, 39*(3), 125–131.

19. Remdisch, S., Roidl, E., Uhe, M., & Cramer, I. (2012). *Retention Management im Mittelstand: Weiterbildung als Instrument für die Mitarbeiterbindung*, 28 S., Forschungsbericht. Lüneburg: Leuphana Universität Lüneburg, Institut für Performance Management.
20. Robert Half International. (2011). Viele Generationen – ein Team. Wie man Mitarbeiter unterschiedlicher Altersgruppen bindet. www.roberthalf.de/EMEA/Germany/Assets/eDMs/Robert_Half_Viele_Generationen_ein_Team.pdf. Zugegriffen: 6. Feb. 2014.
21. Schöntauf, J. (2013). ke NEXT: konstruktion + engineering, 36(10), S. 128.
22. Signium International. (2013). Generation Y. Das Selbstverständnis der Manager von morgen. http://www.signium.de//Portals/47/images/studie_generation_y_signium.pdf. Zugegriffen: 6. Feb. 2014.
23. Stauffer, D. (1997)., For generation Xers, what counts isn't work or all play'. *Management Review, 86*(11), 7.
24. Tolbize, A. (2008). Generational differences in the workplace, Research and training center on community living, 1–21.
25. Twenge, J. M. (2010). A review of the empirical evidence on generational differences in work attitudes. *Journal of Business and Psychology, 25*(2), 201–210.
26. Wong, M., Gardiner, E., Lang, W., & Coulon, L. (2008). Generational differences in personality and motivation: Do they exist and what are the implications for the workplace? *Journal of Managerial Psychology, 23*(8), 878–890.
27. Yu, H. C., & Miller, P. (2005). Leadership style: The X generation and baby boomers compared in different cultural contexts. *Leadership & Organization Development Journal, 26*(1), 35–50.

Christian Otto ist wissenschaftlicher Mitarbeiter am Institut für Performance Management der Leuphana Universität Lüneburg. Als Bildungswissenschaftler (M.A.) war er bis Ende 2012 am Standort Lüneburg im niedersächsischen Modellprojekt „Offene Hochschule" tätig. Seit 2013 koordiniert er am Institut eine Arbeitsgruppe des Leuphana Innovations-Inkubators, in der gemeinsam mit regionalen Mittelstandsunternehmen zu Personalthemen geforscht wird. Zudem lehrt er am Fachbereich Wirtschaftspsychologie der Universität. Seine Forschungsschwerpunkte sind Weiterbildungsmotivation und Arbeitgeberattraktivität.

Prof. Dr. Sabine Remdisch ist Professorin für Personal- und Organisationspsychologie und Leiterin des Instituts für Performance Management an der Leuphana Universität Lüneburg. Als Vizepräsidentin der Universität baute sie bis 2010 die Leuphana Professional School auf und rief Forschungsprojekte zum Lebenslangen Lernen ins Leben. Speziell für Führungskräfte initiierte sie den berufsbegleitenden MBA-Studiengang Performance Management. Das Ziel, die Human Performance in Unternehmen zu steuern, treibt sie an. Sie lehrt Personalentwicklung, Coaching und Führung. Zwei Jahre war sie als Gastforscherin an der Universität Amsterdam tätig. In mehreren großen Unternehmen arbeitet sie als Coach, Managementtrainerin und Begleitforscherin.

Zielgruppengerechte Ausrichtung von KMU auf dem Arbeitsmarkt

4

Andrea Grote

Inhaltsverzeichnis

Zusammenfassung

In Zeiten, in denen sich die kritische Situation auf dem Arbeitsmarkt hinsichtlich verfügbarer Fachkräfte mehr und mehr zuspitzt, erweist sich dieser Engpass vor allem für KMU als problematisch. Im Vergleich zu Großunternehmen, die häufig positive Effekte aus ihrer absatzmarktbezogenen Tätigkeit ziehen können, haben es KMU ungleich schwerer, sich Gehör bei ihrer Zielgruppe zu verschaffen. Im Regelfall müssen sich diese mit geringem Mitteleinsatz in ihrem relevanten Markt langfristig eine Position erkämpfen, die der Profilierung und damit der Abgrenzung zum Mitbewerber dient. Wie eine konkrete Positionierung für KMU aussehen kann, wird in dem Beitrag eingehend beleuchtet. Anhand eines konkreten Fallbeispiels aus der Friseurbranche wird der strategische Employer Branding-Prozess aufgezeigt. Beispiele aus anderen Branchen untermauern die Ausführungen.

A. Grote (✉)
Addways Werbeagentur, Edisonstraße 15a, 32791 Lage, Deutschland
E-Mail: andrea.grote@addways.com

M. Hartmann (Hrsg.), *Rekrutierung in einer zukunftsorientierten Arbeitswelt*,
DOI 10.1007/978-3-658-05084-9_4

4.1 Einleitung

Markengesteuerte Unternehmen, wie sie vor allem in der Konsumgüterindustrie vorzufinden sind, profitieren oftmals von ihrem Bekanntheitsgrad und ihrer Beliebtheit auf dem Absatzmarkt, was regelmäßig auch zu positiven Effekten auf den Arbeitsmarkt führt. Zieht man einen Vergleich zwischen international agierenden Großunternehmen und regional tätigen KMU (kleine und mittlere Unternehmen), so liegt der Gedanke nahe, dass Letztere bei der Akquise neuer Mitarbeiter über eine geringere Ausstrahlungskraft verfügen. In Bezug auf Karriere, Zukunftsperspektiven und Attraktivität der Arbeitsplätze werden den Großunternehmen aus Sicht potenzieller Stellenanwärter Vorteile eingeräumt, die KMU in dieser Form nur selten bieten können.

Um sich als KMU dennoch als attraktiver und demnach potenzieller Arbeitgeber innerhalb seiner Branche und des relevanten Marktes zu positionieren, bedarf es dem Aufbau eines positiven Images und Bekanntheitsgrades, welcher durch eine langfristige, systematische Vorgehensweise erreicht werden kann. Andere als die von großen Unternehmen propagierten Vorteile müssen es sein, die zu Alleinstellungsmerkmalen führen, um Mitarbeiter mit dem gewünschten Qualifizierungsniveau auf sich aufmerksam zu machen und schließlich für das Unternehmen zu gewinnen.

Im Fokus der weiteren Ausführungen stehen vor allem die Unternehmen, die inhabergeführt in einer primär polypolistischen Marktstruktur agieren: Apotheken, Bäckereien, Friseurunternehmen oder Arztpraxen aus dem business-to-consumer-Bereich, aber auch regional tätige Unternehmen im Spiegelbild des business-to-business. All diese Unternehmen haben eine Gemeinsamkeit: Sie sind in der Führung ihres Unternehmens sowohl wirtschaftlich als auch rechtlich unabhängig und haben in der Regel keine Zentralzugehörigkeit wie beispielsweise die Verbrauchermärkte im Lebensmittelhandel.[1] Anders als bei diesen Distributionssystemen – zu denen auch das Franchisekonzept gehört – managen die inhabergeführten Unternehmen sämtliche Funktionen ihres Unternehmens selbst und müssen der Komplexität der Anforderungen, die die Märkte heute stellen, Rechnung tragen.

Neben dem Wandel vom Verkäufer- zum Käufermarkt auf dem Absatzmarkt ergibt sich vor allem aus den demografischen Veränderungen ein wesentlicher Engpass auf dem Beschaffungsmarkt und hier namentlich dem Arbeitsmarkt für diese Unternehmen. Wie diesem Engpass mit geeigneten Lösungen begegnet werden kann, soll im weiteren Verlauf dieses Aufsatzes geklärt werden. Hierzu wird in den nachfolgenden Gliederungspunkten zunächst die theoretische Basis geschaffen, bevor anschließend Beispiele aus der Praxis zur näheren Veranschaulichung aufgegriffen werden. Herangezogen werden ein Friseur-

[1] Über die Beteiligung an sog. Partnerprogrammen geben die Verbrauchermärkte (wie etwa REWE oder EDEKA) ihre wirtschaftliche Autonomie teilweise zugunsten der Zentralsteuerung auf. Verfolgtes Ziel hierbei ist es, dass sich die rechtlich selbständigen Inhaber vor Ort auf die Führung der Mitarbeiter und die Sicherstellung der Markt- und damit Kundennähe konzentrieren. Engpassfaktoren wie beispielsweise dem Absatz- oder Arbeitsmarkt soll so effektiv und effizient begegnet werden.

unternehmen, eine Zahnarztpraxis und eine Werbeagentur. Diese gehören allesamt zu der Kategorie der KMU, unterscheiden sich untereinander jedoch bisweilen durch das Anforderungs- und Lohnniveau.

4.2 Orientierungsrahmen zur Bestimmung des Unternehmensauftritts

Gerade in Dienstleistungsbranchen, die durch eine hohe Interaktionsintensität zwischen Mitarbeiter und Kunde gekennzeichnet sind, avanciert der Mitarbeiter zum Botschafter des Unternehmens [6, S. 883 ff.]. Ihm obliegt es maßgeblich, die im alltäglichen Geschäft geforderte Kundenorientierung erfolgreich in die Tat umzusetzen. So deuten empirische Untersuchungen auf einen positiven Zusammenhang zwischen Mitarbeiterzufriedenheit und Kundenzufriedenheit hin [7, 10]. Zufriedene Mitarbeiter beeinflussen sowohl das Image des Unternehmens in erheblichem Maße positiv als auch die Einstellung der Kunden zu eben diesem. Als Repräsentanten des Unternehmens stehen die Mitarbeiter für die Authentizität des Leistungsversprechens sowie für die Glaubwürdigkeit der Unternehmensaussagen. Entsprechend bedeutsam wird die Besetzung der Positionen mit fähigen Mitarbeitern in den marktnahen Funktionsbereichen für den Unternehmenserfolg auf dem Absatzmarkt. Auch der vorherrschende Umgang mit diesen Mitarbeitern und die im Unternehmen gelebte Kultur beeinflussen wesentlich das Engagement der Mitarbeiter und damit deren Zufriedenheit mit ihrem Arbeitsplatz. So belegt beispielsweise die Studie von Brandenburg/Domschke, dass die Präferenzen der Arbeitnehmer in Bezug auf die Wahl des Arbeitgebers zwar prioritär auf einem festen, verlässlichen Einkommen sowie der Sicherheit des Arbeitsplatzes liegen. Dem folgen aber unmittelbar auf Rang 3 und 4 die Kriterien ‚Spaß an der Arbeit' und ‚die Behandlung als ‚Mensch' durch den Vorgesetzten' [1, 2].

Schlussendlich steht hier das Erfordernis im Raum, den Umgang mit der Ressource Mensch zu überdenken. Auch sollte das Management von KMU die Führung ihrer Mitarbeiter sowie die Unternehmensreputation auf dem Arbeitsmarkt hinterfragen. Während sich eine arbeitnehmerfreundliche Unternehmenskultur positiv auf die Leistungsbereitschaft, die Loyalität und die Zugehörigkeit bestehender Mitarbeiter auswirkt, profitiert das Unternehmen – im Falle einer positiven Ausstrahlung auf den Arbeitsmarkt vor allem von einer erleichterten Akquisition qualifizierter Mitarbeiter [5, S. 19 ff.].

Die Forderung nach einer wachsenden Bedeutung der Mitarbeiterorientierung ist nicht neu und findet ihren Niederschlag in Theorie und Praxis u. a. in dem Konzept des Employer Branding. In Einklang mit dem Anspruch, sich auf dem Absatzmarkt über eine effektive Markenführung und damit einhergehend eine konsequente Kundenorientierung zu profilieren, stehen die Zielsetzungen des Employer Branding für

- die Positionierung, Bekanntmachung und Vermarktung des Unternehmens als attraktive Arbeitgebermarke in der Region,

- den konsequenten Aufbau eines positiven Unternehmensimages, um bei potenziellen und gegenwärtigen Arbeitskräften als interessanter Arbeitgeber wahrgenommen zu werden sowie
- ein ganzheitliches Konzept, welches die potenziellen, aktuellen und ehemaligen[2] Mitarbeiter im Fokus sieht.

Damit basiert das Employer Branding-Konzept grundsätzlich auf derselben Idee wie das der Markenführung im Absatzmarketing [9, S. 8]. Im Sinne der Gesamtstrategie knüpft es an das Corporate Brand-Konzept des Unternehmens an und bündelt als Instrument der Unternehmensführung die gesamtheitlichen Personalmanagementaktivitäten [9, S. 6]. Verfolgtes Ziel ist es, über den Employer Branding-Prozess ein klares Vorstellungsbild vom Unternehmen bzw. des Arbeitgebers in den Köpfen der Zielgruppe zu verankern.

► Der Gedanke eines ganzheitlichen Konzeptes des Employer Branding ist „der außen- und innengerichtete arbeitnehmerfokussierte Prozess der identitätsbasierten Planung, Koordination, Implementierung und Kontrolle aller ... zum Aufbau und zur Pflege werthaltiger Beziehungen mit potenziellen, aktuellen und ehemaligen Mitarbeitern notwendigen Maßnahmen." [8, S. 12]

Unter Einbezug des Auftritts am Absatzmarkt ergibt sich damit der in Abb. 4.1 aufgezeigte Prozess als Grundlage der strategischen Vorgehensweise.

Die *Situationsanalyse* wird demnach in zwei parallele Prozesse unterteilt: Zum einen ist im Rahmen einer langfristigen Personalbedarfsplanung auf längere Sicht das neu zu rekrutierende Personal sowie dessen Fähigkeitsprofil in Abstimmung mit den Anforderungen zu bestimmen, woraus sich die anzusprechende Zielgruppe ableitet. Zum anderen ist der Blick auf den Absatzmarkt erforderlich. Hier ist die Bestandsaufnahme des Leistungsportfolios vonnöten, um darauf aufbauend die Leistungsstärken und die Alleinstellungsmerkmale zu definieren.

Anschließend sind unter den *Zielen* die personalbezogenen Bedarfsdeckungsziele sowie die Synergien zwischen Arbeits- und Absatzmarkt zu spezifizieren.

Im Rahmen der *Strategie* wird das Konzept des Employer Branding konkretisiert. Die anzustrebende Position ist über Maßnahmen der Marktforschung bei der Zielgruppe zu überprüfen. Die Ergebnisse geben Aufschluss über die bei der Zielgruppe wahrgenommene gegenwärtige Position und decken ‚gaps' (sog. Lücken) auf, die zwischen Selbst- und Fremdbild bestehen (also zwischen der Wunschvorstellung des Managements und der Wahrnehmung durch die Zielgruppe).

Über die Wahl der *Instrumente* im Allgemeinen und der Gestaltung des Maßnahmen-Mix im Besonderen werden die Operationalisierung respektive die *Implementierung* des

[2] Die Betrachtung des Umgangs mit ehemaligen Mitarbeitern ist im weiteren Verlauf der Ausführungen nicht relevant. Der Fokus dieser Ausarbeitung liegt vor allem auf der Gewinnung potenzieller und der Bindung bestehender Arbeitskräfte.

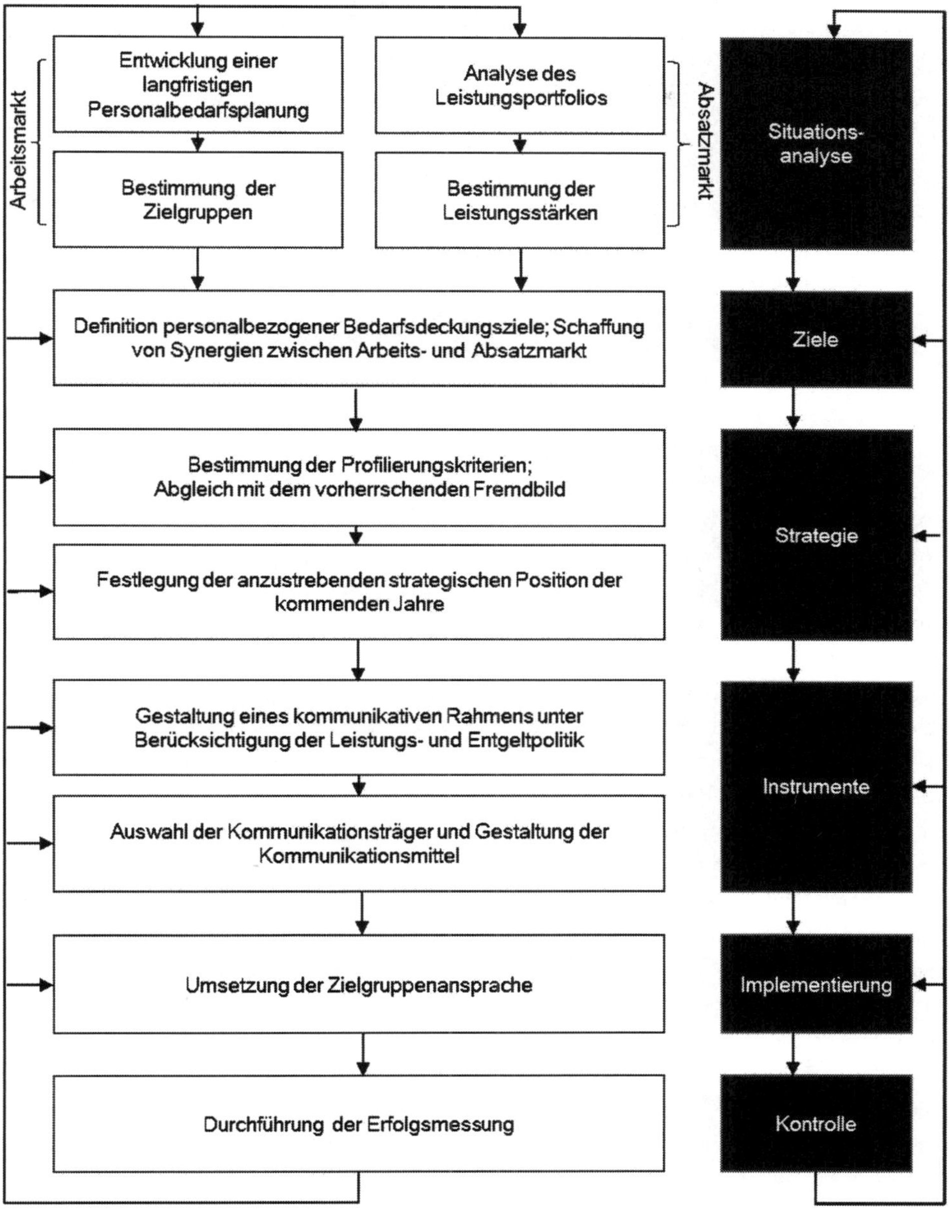

Abb. 4.1 Employer Branding-Prozess unter Einbezug der Leistung auf dem Absatzmarkt. [8, S. 206]

Konzeptes im Markt realisiert. Die Festlegung des Instrumenteneinsatzes erfolgt im Regelfall periodisch in ein- bis dreijährigem Rhythmus und wird über einen so genannten Marketingplan festgeschrieben, welcher die innerhalb eines Jahres zu realisierenden Maßnahmen aufführt und als Grundlage der Maßnahmenkoordination und -umsetzung dient.

Im Anschluss an die Zielgruppenansprache stellt die *Erfolgskontrolle* letztlich sicher, dass die Zielvorgaben effektiv und nachhaltig durchgeführt werden.

Auf Basis dieses Konstruktes beschäftigt sich der nachfolgende Gliederungspunkt mit der Konkretisierung des Employer Branding-Prozesses anhand eines Fallbeispiels aus der Praxis. Die Darstellung der unternehmensspezifischen Vorgehensweise wird ergänzt um Beispiele anderer Unternehmen, welche sich mit einer effektiven und effizienten Positionierung auf dem regionalen Arbeitsmarkt beschäftigen.

4.3 Best Practice – Employer Branding für KMU

4.3.1 Arbeitsmarktprofilierung unter Einbezug der Positionierung auf dem Absatzmarkt

Aufgrund der Nähe des Employer Branding zur Absatzmarktstrategie des Unternehmens ist es gerade für KMU wichtig, hier eine effektive Verzahnung zu schaffen, denn nicht selten kommt es zu einer Überschneidung der Zielgruppen. Potenzielle und bestehende Kunden können durchaus auch relevante Mitarbeiter für das Unternehmen sein sowie darüber hinaus auch die Funktion von Multiplikatoren übernehmen und so einen wertvollen Beitrag im Rahmen der Weiterempfehlung leisten.

Zur Bestimmung des Fundamentes der Employer Branding-Strategie bietet es sich an, auf bewährte Instrumente der Markenführung im Absatzmarkt zurückzugreifen. Unter Zuhilfenahme beispielsweise des Markensteuerrades[3] lassen sich Kompetenz, Eigenschaft, Tonalität sowie der bildliche Auftritt des Unternehmens bestimmen [3, S. 93]. Ziel ist es, dem Unternehmen eine übergeordnete Identität zu geben, welche langfristig die Grundlage und damit den Rahmen für Entscheidungen – die operativen Maßnahmen betreffend – bildet (siehe Abb. 4.2).

Das Markensteuerrad baut auf Erkenntnissen der Hemisphärenforschung auf und differenziert zwischen der linken und der rechten Hirnhälfte. Die sachlich-rational nachvollziehbaren Markenassets (linke Hirnhälfte) konzentrieren sich auf die Kompetenz der Marke (Wer bin ich?) und die Markenattribute (Was biete ich an?). Die Markentonalität (Wie bin ich?) sowie das Markenbild (Wie trete ich auf?) sprechen hingegen die rechte Hirnhälfte und damit die Emotionen und Gefühle an, die mit einer Marke bzw. in diesem Fall mit dem Unternehmen verknüpft werden [3, S. 102 f.].

Im Rahmen dieser Ausarbeitung wurde das ursprüngliche Markensteuerrad auf ein KMU aus dem Friseurmarkt übertragen (vgl. hierzu Abb. 4.2). Das Unternehmen, mit seinem relevanten Markt in Bremen, verfügt über drei Salongeschäfte im mittleren bis gehobenen Marktsegment und gilt als Vorreiter in Bezug auf die markenbezogene Füh-

[3] Das Markensteuerrad wurde von der icon added value GmbH entwickelt. Dies ist ein Unternehmen, das sich erfolgreich auf Markenberatung und Marketing Insight spezialisiert hat – siehe hierzu auch www.icon-added-value.com.

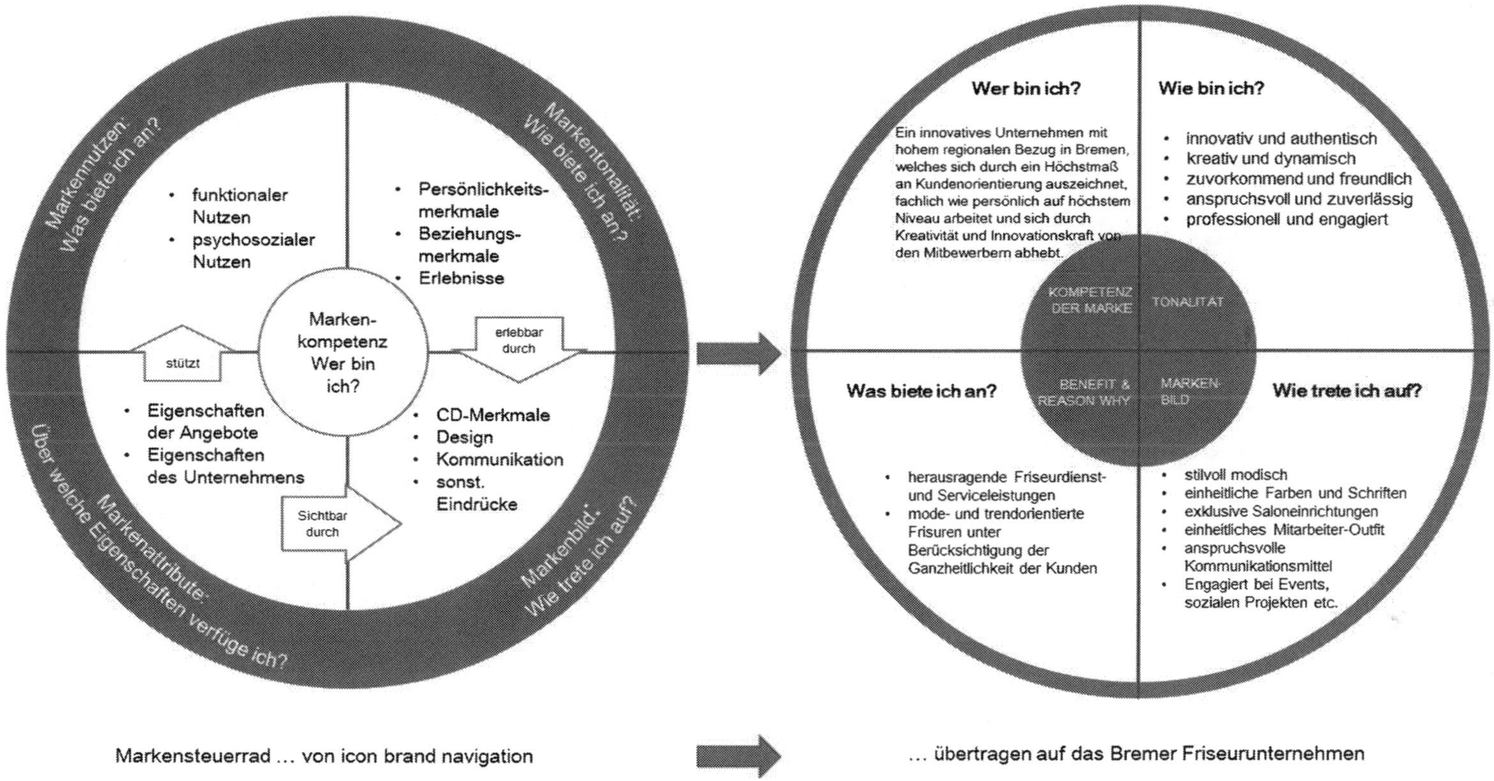

Abb. 4.2 Anwendung des Markensteuerrades – dargestellt nach Esch. [3, S. 102]

rung von Unternehmen innerhalb der Branche. Beispielhaft wird im Nachfolgenden die Umsetzung der vor allem sichtbaren Elemente dargestellt, die über das Markensteuerrad definiert wurden. Dieses Erscheinungsbild bezieht sich auf den Auftritt des Unternehmens im Allgemeinen (Abb. 4.3).

Das Unternehmen wählt die undifferenzierte Vorgehensweise im Rahmen der Marktbearbeitung [9, S. 106]. Diese Vorgehensweise erstreckt sich auch auf das Employer Branding. Da im Regelfall die beruflichen Tätigkeiten innerhalb eines Friseurunternehmens ein recht gleichgeartetes Anforderungsprofil aufweisen, ist eine für alle Zielgruppen allgemeingültige Ansprache vorteilhaft.

Anders hingegen verhält es sich bei jenen Unternehmen, die auf Mitarbeiter mit unterschiedlichen Qualifizierungsniveaus angewiesen sind. Hier sollte die differenzierte Vorgehensweise gewählt werden, um dem Anspruch einer zielgruppengerechten Ansprache zu entsprechen. Dies gilt beispielsweise für eine Zahnarztpraxis, für die Hochschulabsolventen als auch Arbeitskräfte mit konventioneller Berufsausbildung gesucht werden. Die Nachwuchsakquisition zur zahnmedizinischen Fachangestellten (ohne akademischen Grad) konzentriert sich tendenziell eher auf das regionale Einzugsgebiet, während sich die Suche von Assistenzzahnärzten oder Juniorzahnärzten auf Universitäten und universitätsnahe Einrichtungen erstreckt. Dies sei am Beispiel einer ‚Karriereleiter' und damit einhergehend der Entwicklungsmöglichkeiten in einer Zahnarztpraxis demonstriert. Abbildung 4.4 greift den Unterschied der Qualifikationen auf und visualisiert die Aufstiegschancen innerhalb des jeweiligen Bereiches.

4.3.2 Auswahl der Erfolgskriterien

Die inhaltliche Ausgestaltung des Employer Branding ist im Einklang mit den Aussagen des Unternehmens- bzw. Markensteuerrades zu definieren und zu gewichten. Diese stehen stellvertretend dafür, wie das Unternehmen mit potenziellen und bestehenden Mitarbeitern verfährt. Es stellt sich also folgende Frage: Welche Kernelemente des Employer Branding werden in den Fokus gerückt und dienen als Vorgabe für die Auswahl und Umsetzung der operativen Maßnahmen? In Abb. 4.5 sind mögliche Profilierungskriterien aufgeführt, wobei nach Stellen- und Unternehmensattraktivität einerseits sowie nach harten und weichen Kriterien andererseits differenziert wird. Je nach Branche können die einzelnen Kriterien eine mehr oder weniger starke Bedeutung für das Unternehmen haben oder mit einer unterschiedlichen Priorisierung einhergehen.

Zur Entwicklung einer Strategie sind vor allem die Elemente heranzuziehen, die in Einklang mit dem Markensteuerrad stehen und einen hohen Nutzen für die bestehenden sowie potenziellen Arbeitnehmer stiften. Diese ausgewählten Profilierungskriterien stellen das Eigenbild des Unternehmens dar und werden über konkrete Maßnahmen im Unternehmen gelebt.

So sollte sich die *Attraktivität der Arbeitsstelle* bei den harten Faktoren in dem allgemeinen Rahmengerüst widerspiegeln, während die weichen Kriterien das Innere der im

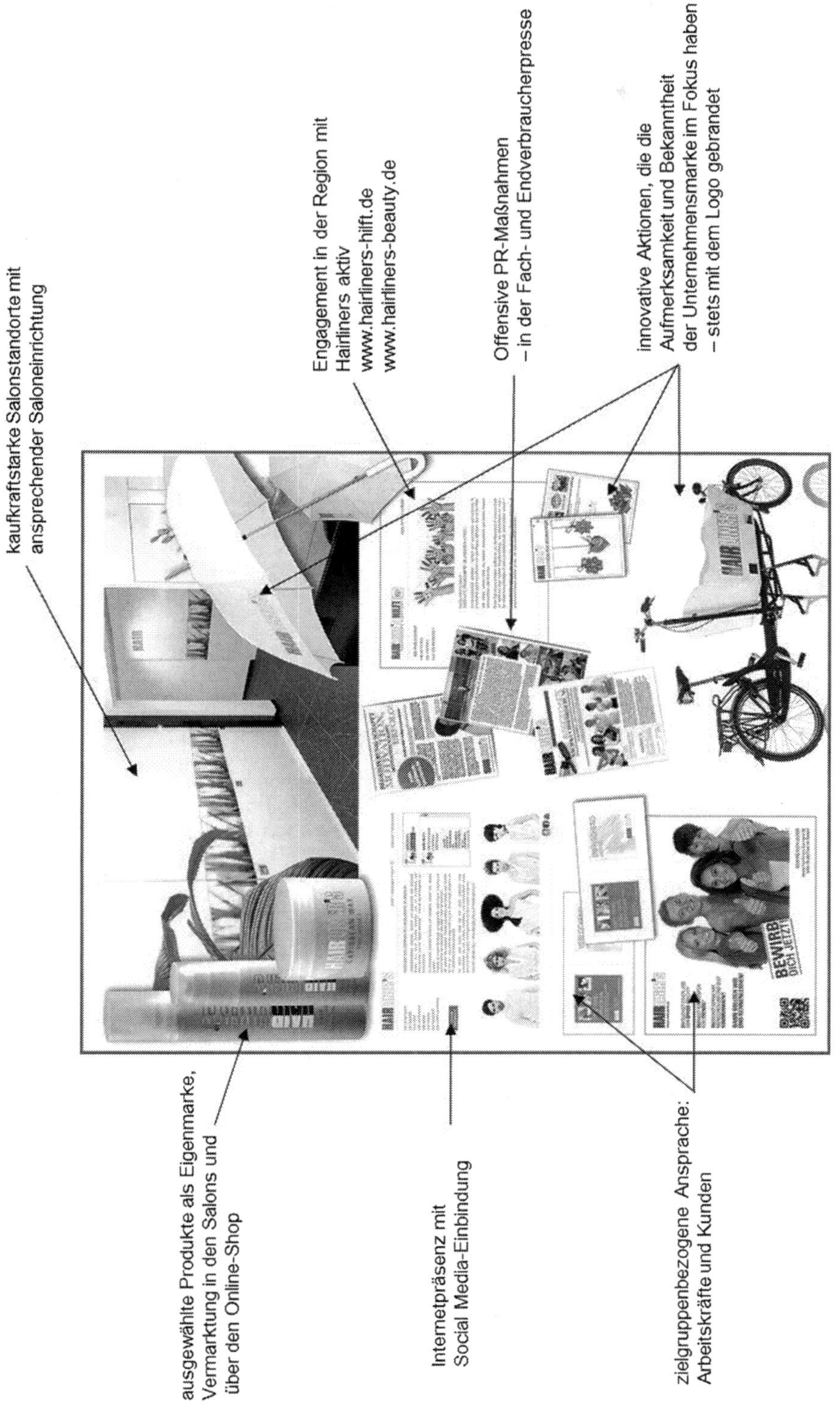

Abb. 4.3 Umsetzung des Markensteuerrades

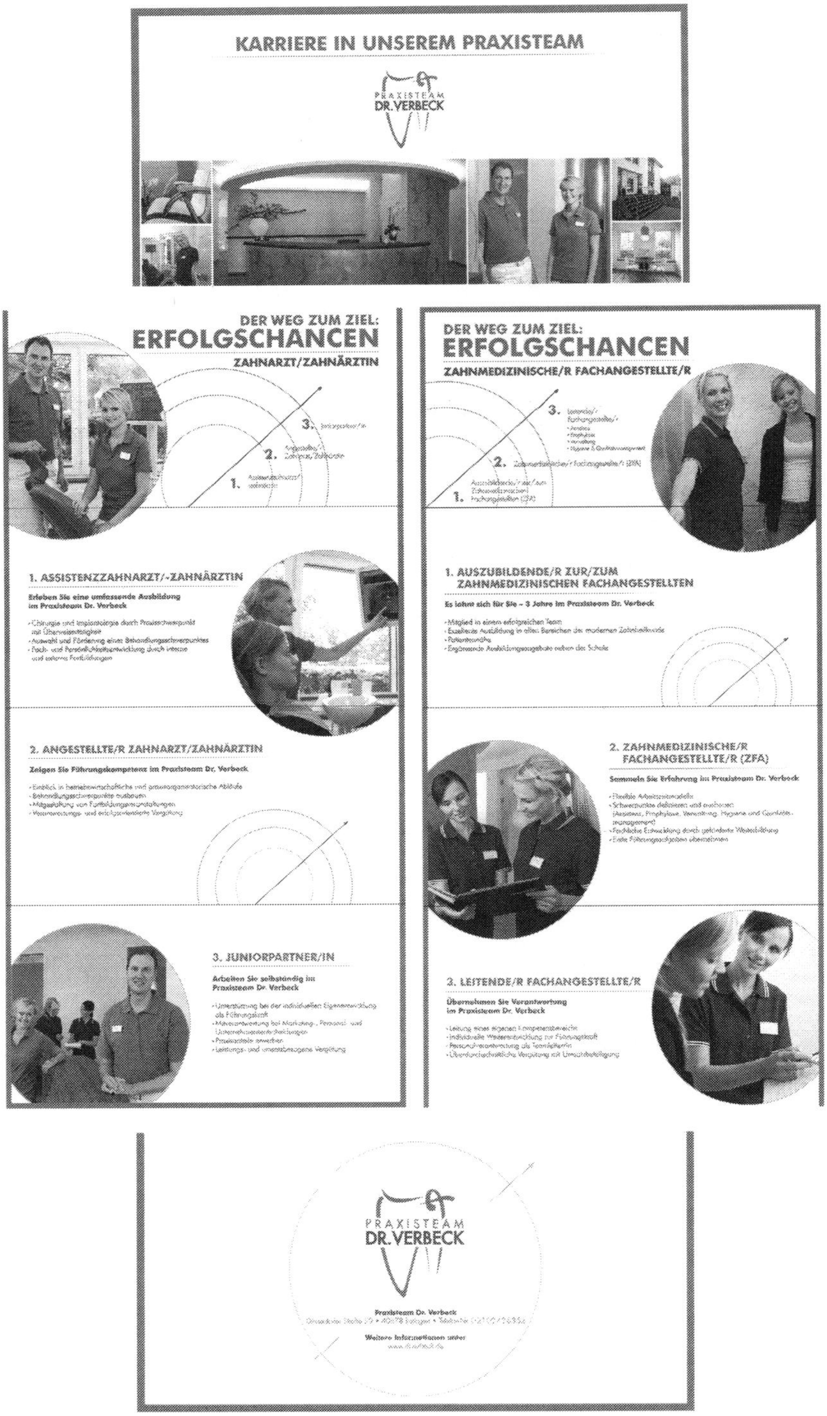

Abb. 4.4 Karriereleiter in einer Zahnarztpraxis

Attraktivität der Stelle	Attraktivität des Unternehmens
Harte Arbeitsfaktoren	**Harte Arbeitsfaktoren**
- angemessenes Gehalt - Aufstiegs- und Entwicklungsmöglichkeiten - Aus- und Weiterbildung - Flexible Arbeitszeitmodelle - Laufbahn- und Karriereplanung	- Stellung im Markt - Bedeutung in der Region - Innovationskraft - Leistungsqualität
Weiche Arbeitsfaktoren	**Weiche Arbeitsfaktoren**
- Aufgabenvielfalt - herausfordernde Tätigkeiten - schnelle Verantwortungsübernahme	- Image / Reputation allgemein - Reputation als Arbeitgeber - Unternehmenskultur / Betriebsklima inkl. Führungskultur - unternehmerische Faszinationskraft - Informations- und Kommunikationspolitik - gute Referenzen für den Lebenslauf

Abb. 4.5 Beispielhafte Darstellung der Employer Branding-Profilierungskriterien

Unternehmen angebotenen Position konkretisieren. Diese können je nach Menschentyp unterschiedlich aufgefasst, empfunden und bewertet werden.

Die *Attraktivität des Unternehmens* hingegen bezieht sich bei den harten Faktoren auf die Leistungsstärke und den Auftritt des Unternehmens vor allem auf dem Absatzmarkt. Die weichen Faktoren beschreiben die inneren Qualitäten des Unternehmens als Arbeitgeber.

Strebt das Unternehmen beispielsweise ein mitarbeiterorientiertes Betriebsklima an, so lässt sich dieses über die Motivation, den Teamgeist, die Informations- und Kommunikationspolitik oder auch über Arbeitszeitmodelle im Unternehmen steuern. Teamorientierte Anreize, gemeinsame Events oder Aktionen, die das Miteinander forcieren und fördern, sowie der offene, sachliche Austausch zwischen der dispositiven und ausführenden Ebene können Ansatzpunkte sein, die Unternehmenskultur im Sinne der Zielsetzung zu beeinflussen.

Die Bestimmung von Erfolgskriterien sei nachfolgend in Abb. 4.6 beispielhaft im Rahmen des Employer Branding eines Friseurunternehmens erläutert.

Die Umsetzung der Kriterien erfolgt im geschäftigen Alltag. In diesem Zusammenhang spielt auch die Vorbildfunktion, die vor allem dem Führungspersonal zufällt, eine zur erfolgreichen Implementierung der Strategie wesentliche Rolle. Insbesondere bei den weichen Faktoren – wie Einführung der Teamarbeit, offene Informations- und Kommunikationspolitik oder gar Delegieren interessanter Aufgabenfelder – ist das Verhalten der Geschäftsführung sowie aller mit Managementaufgaben betrauten Mitarbeiter erfolgsentscheidend. Leben diese die definierten Vorgaben nicht vor, so wird die Ernsthaftigkeit der Strategie – selbst wenn sie schriftlich vorgegeben ist – seitens der Mitarbeiter in Frage gestellt.

Attraktivität der Stelle	Attraktivität des Unternehmens
Harte Arbeitsfaktoren	**Harte Arbeitsfaktoren**
- leistungsbezogenes Einkommen - flexible Arbeitszeiten - Übernahmegarantie für Auszubildende nach erfolgreichem Abschluss - Karriereplanung je Mitarbeiter - Angebot an jährlichen Aus- und Weiterbildungsmaßnahmen, psychologischen Trainings und Coachings - Bereitstellung von Firmenfahrzeuge für Führungskräfte - Angebot an Praktika im Ausland bei befreundeten Friseurunternehmen	- Unternehmen positioniert im mittleren Preis-/ Leistungssegment - Unternehmen mit diversen Auszeichnungen der Branche u. a. Gewinner des Global Salon Business Award und prämiert als Salon des Jahres - hoher Bekanntheitsgrad in der Region u. a. aufgrund des 30-jährigen Unternehmensbestehen, der Vielzahl an regionalen Aktivitäten außerhalb des Salonalltags
Weiche Arbeitsfaktoren	**Weiche Arbeitsfaktoren**
- besondere Unterstützung von Frauen mit Kindern - Fokussierung der Teamarbeit - Zuordnung des Nachwuchses an Mentoren - Horizonterweiterung durch den regelmäßigen Besuch von nationalen und internationalen Fachmessen - bei sehr guter Leistungen und hohem Engagement schneller Aufstieg in die Führungsriege garantiert - hohe Kreativität ermöglicht die Mitarbeit am Set bei Fotoshootings und Fashion Weeks	- hoher Bekanntheitsgrad in der Branche – bekannt für ganzheitliches Aus- und Weiterbildungssystem - positive Reputation innerhalb der Branche und der Region durch regelmäßige Präsenz in der Presse und durch Vorträge und Schulungen des Nachwuchses - Förderung des Teamgeist / des Betriebsklimas über gemeinsame Fitnesstrainings, Teilnahme an Sportwettbewerben, Events, Reisen zu internationalen Shows/Messen - ‚open-door-policy'

Abb. 4.6 Profilierungskriterien eines Friseurunternehmens

Auch bietet sich in regelmäßigen Abständen die Durchführung einer Erfolgskontrolle an. Diese lässt Rückschlüsse auf die Erfolgsträchtigkeit der Maßnahmenumsetzung zu. Die Erfassung und der Vergleich quantitativer Kennzahlen im Zeitablauf können sich beispielsweise auf die Überprüfung der Zugehörigkeitsdauer und der Fehlzeiten oder die Entwicklung der Fluktuationsrate in Bezug auf interne Maßnahmen beziehen. Die Ermittlung der Anzahl eingehender Bewerbungen auf Stellenanzeigen respektive die Anzahl der Initiativbewerbungen wie auch die Ermittlung der Eignungsquote zur Bewertung der Qualität der Bewerbungen erfassen hingegen den Erfolg der externen Maßnahmen.

Ein weiterer Ansatzpunkt zur Maßnahmenüberprüfung liegt in der regelmäßigen Ermittlung qualitativer Ergebnisse wie etwa der Erfassung des Zufriedenheitsindex, der die aktuelle Stimmung der Mitarbeiter im Unternehmen widerspiegelt und sich beispielsweise im Engagement und der Loyalität gegenüber dem Arbeitgeber zeigt [9, S. 141]. Auch lässt sich das vorherrschende Image bei potenziellen Mitarbeitern innerhalb der Region oder der Branche erfassen. Hier gilt es, im Rahmen dieser Marktforschungsaktivitäten die Einstellungen und Meinungen der Zielgruppen (das so genannte Fremdbild) zu ermitteln. Eine Zusammenführung des angestrebten Soll-Zustandes mit dem eruierten Fremdbild in einem Diagramm deckt Lücken auf und zeigt etwaige Abweichungen zwischen der unternehmerischen Zielsetzung und der tatsächlichen Wahrnehmung der Maßnahmen.

Dieser Abgleich eignet sich nicht nur zur Bestimmung der Ausgangssituation, er kann durchaus auch in regelmäßigen Abständen durchgeführt werden, um den Erfolg initiierter Maßnahmen zu überprüfen (vorher/nachher). Lücken in den Ergebnissen deuten auf Handlungsbedarf hin und geben Aufschluss darüber, ob Maßnahmen erforderlich sind oder aber ob die Aktivitäten, die initiiert wurden, nicht zielführend wirken.

Auch die Erfassung der Meinungen der bestehenden und potenziellen Mitarbeiter bietet sich an, denn während bereits beschäftigte Mitarbeiter das im Unternehmen tatsächlich gelebte Employer Branding bewerten können, lässt die Befragung potenzieller Arbeitskräfte Rückschlüsse auf die Reputation des Arbeitgebers in der Region bzw. der Branche zu.

Das vorliegende Beispiel zeigt die möglichen Ergebnisse der Imagebefragung einer Werbeagentur, im Rahmen derer angestellte Führungskräfte sowie potenzielle Nachwuchskräfte zur Attraktivität als Arbeitgeber befragt wurden (Abb. 4.7)

Insgesamt betrachtet lässt die Grafik in Abb. 4.7 folgende Schlussfolgerungen zu: Weitestgehende Übereinstimmung der Meinungen von bestehenden und potenziellen Mitarbeitern besteht bei den Kriterien ‚sichere Arbeitsplätze', ‚herausfordernde Aufgaben' sowie ‚gutes Arbeitsklima'. Lücken treten hingegen bei Entlohnung, Entwicklungsperspektiven sowie Balance zwischen Beruf und Privatleben auf. Während die Führungskräfte den Arbeitgeber durchweg besser beurteilen, lässt die Einstellung der potenziellen Kräfte, die das Agenturleben nur als Externe und damit ‚aus der Ferne' beurteilen können, das Ergebnis zu, dass für wenig Geld viel und lange bei geringen Aufstiegschancen gearbeitet wird.

Aus den Ergebnissen der Marktforschung ergeben sich zwei Ebenen, auf denen operative Maßnahmen ansetzen können:

1. Auf einer ersten Ebene sind die bestehenden Mitarbeiter zu fokussieren. So deutet das Ergebnis zur Balance zwischen Beruf und Privatleben zum Beispiel darauf hin, dass die vorherrschenden Arbeitsbedingungen – wie etwa die Arbeitszeiten – einer Kontrolle zu unterziehen sind. Zu überlegen wäre in diesem Zusammenhang beispielsweise die Etablierung flexibler Arbeitszeitmodelle, um auch die individuellen Lebensumstände der Mitarbeiter zu berücksichtigen. Eine weitere Möglichkeit wäre die Einführung von Schichtdiensten, um dem Anspruch der Kunden, von früh morgens bis spät abends einen Ansprechpartner in der Agentur zu haben, Rechnung zu tragen.
2. Die zweite Ebene hingegen bezieht sich auf die Kommunikation des Unternehmens nach außen, d. h. die Ansprache potenzieller Arbeitskräfte. Dieses Ergebnis weicht erheblich von den tatsächlichen Gegebenheiten ab und bedarf der imagebezogenen Aufwertung des Berufes im Allgemeinen sowie der betrachteten Agentur im Speziellen. Investitionen in reputationsbildende Maßnahmen sind erforderlich, um das Image in der Region aufzuwerten.

4.3.3 Instrumenten-Mix als Basis der Operationalisierung

Im Rahmen des Marketing-Mix wird festgelegt, welche Marketinginstrumente wie auszugestalten und mit welcher Intensität einzusetzen sind, um die gesteckten Ziele zu erreichen und die zuvor definierten Profilierungskriterien bestmöglich zur Zielgruppe zu transportieren. [6, S. 786]. Es ist zu beachten, dass das Maßnahmenpaket nicht nur als „extern"

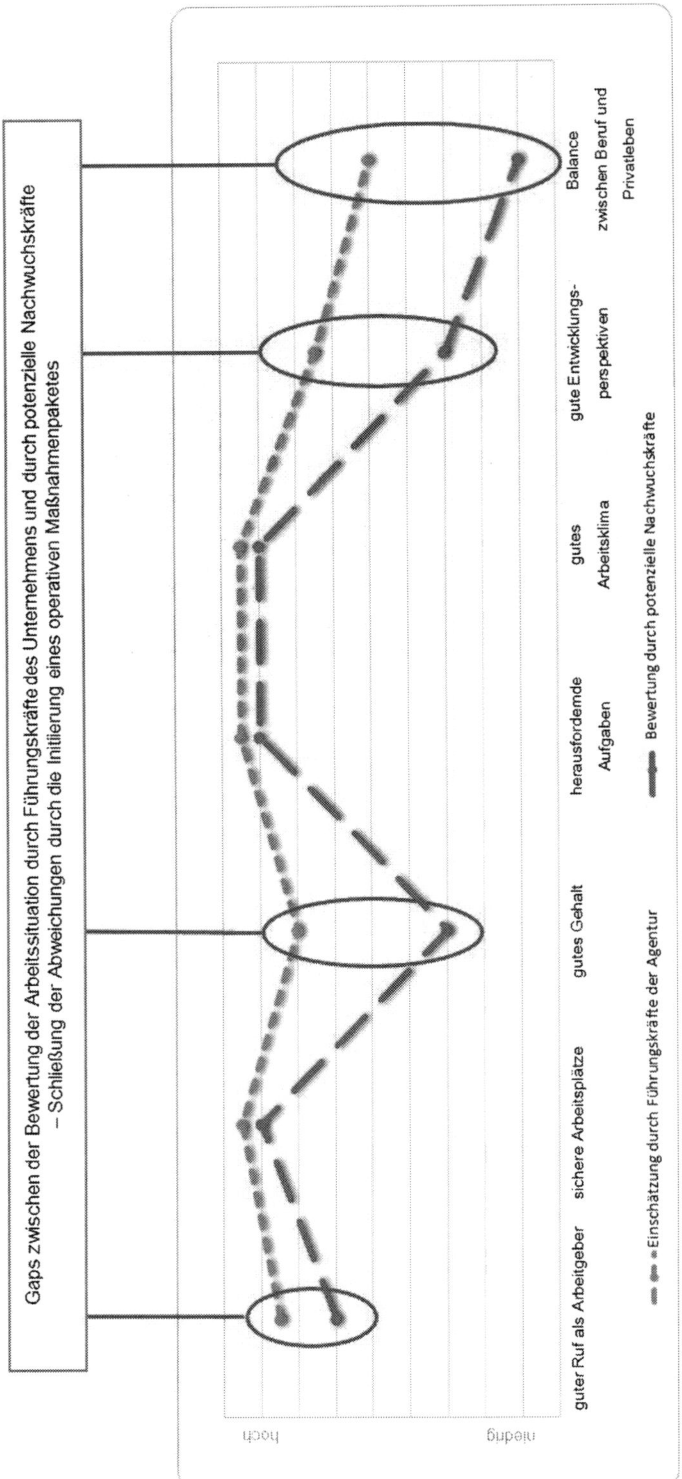

Abb. 4.7 Bewertung der Attraktivität einer Werbeagentur als Arbeitgeber. [4, S. 26 ff.]

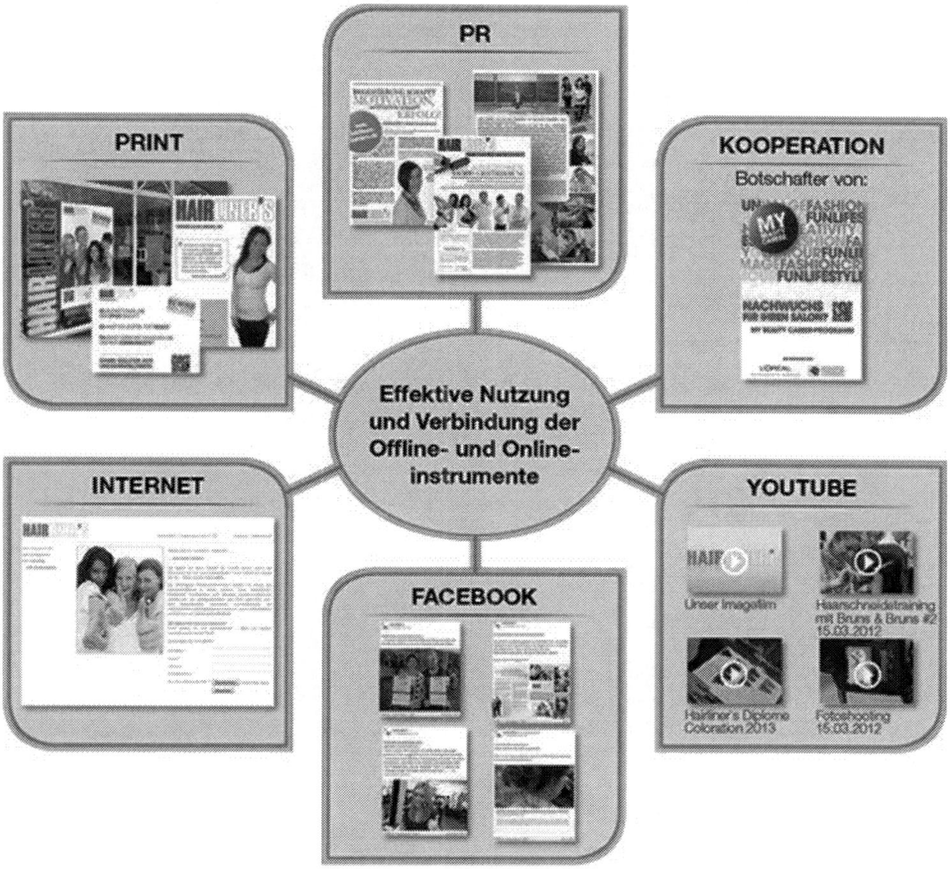

Abb. 4.8 Auszug aus dem Instrumenten-Mix eines Friseurunternehmens

fokussiert wird, sondern darüber hinaus auch sichergestellt wird, dass das nach außen aufgebaute Bild vom Unternehmen tatsächlich intern gelebt wird [9, S. 139]. Andernfalls können sich die für das externe Personalmarketing eingesetzten Ressourcen als kontraproduktiv erweisen und eingestellte Bewerber erleben eine andere Realität als die nach außen vorgegebene. Die Folge sind Enttäuschungen, welche nicht selten in Demotivation oder innerer Kündigung münden und schlussendlich einen Wechsel des Arbeitsplatzes nach sich ziehen.

Zur Darstellung des Instrumenten-Mix bietet sich erneut das Unternehmen aus der Friseurbranche an (Abb. 4.8). Über unterschiedliche und aufeinander abgestimmte Instrumente bindet dieses Unternehmen die bestehenden Mitarbeiter effektiv in die Employer Branding-Kommunikation mit ein, indem sie hier die Funktion von Testimonials [6, S. 753] übernehmen und als Fürsprecher für ihren Arbeitgeber eine hohe Glaubwürdigkeit erzeugen.

Sämtliche Kanäle der Operationalisierung werden genutzt: Von den klassischen Printmedien bis hin zum abgestimmten Einbezug der Online-Präsenz wie Soziale Netzwerke, Internetpräsenz aber auch Film-Aktivitäten auf YouTube werden Bilder vom ‚Innenleben des Unternehmens' in den Markt transportiert. Sie lassen Rückschlüsse auf die Arbeitsweise, die Anforderungen, das Team sowie das Engagement im Unternehmen zu.

Diese strukturierte und auf lange Zeit angelegte strategische Vorgehensweise hat für das betrachtete Unternehmen eine Vielzahl an Vorteilen. Übergeordnet zeigen sich diese vor allem in der Senkung der Akquisitionskosten sowohl auf dem Arbeitsmarkt (bei der Gewinnung von Mitarbeitern) als auch auf dem Absatzmarkt (bei der Gewinnung neuer Kunden). Im Einzelnen konnten die folgenden positiven Effekte erzielt werden:

- *Ausbau der Bekanntheit in der digitalen Welt*
  Auf Facebook werden veröffentlichte Bilder mittlerweile innerhalb weniger Tage über 12.000 Mal angeklickt.
- *Nutzung des positiven Weiterempfehlungsverhaltens der Mitarbeiter im Rahmen der Akquisition neuer Arbeitskräfte*
  Bewerbungen guter Fachkräfte resultieren regelmäßig aus der Mund-zu-Mund-Propaganda innerhalb der Branche.
- *Überdurchschnittlich lange Verweildauer der bestehenden Mitarbeiter im Unternehmen*
  Mitarbeiter, die die Philosophie des Unternehmens verstanden und das hohe Leistungsniveau mit all seinen Entwicklungsmöglichkeiten verinnerlicht haben, weisen eine starke Unternehmensbindung auf. Die durchschnittliche Zugehörigkeit liegt derzeit bei 10,75 Jahren.
- *Positive Umsatzeffekte*
  Umsatzzuwächse können vor allem dann realisiert werden, wenn im realen Leben durchgeführte Aktionen über soziale Medien und die Internetpräsenz verbreitet werden.

4.4 Fazit

Der steigende Mangel an Fachkräften entwickelt sich für KMU zunehmend zur Herausforderung. In der Folge wird der Arbeitsmarkt neben dem Absatzmarkt zum weiteren wesentlichen Engpass für den unternehmerischen Erfolg. Im Vergleich zu Großunternehmen, die positive Effekte aus ihrer absatzmarktbezogenen Tätigkeit für ein erfolgreiches Employer Branding nutzen können, haben es KMU oft schwerer, Interesse auf dem relevanten Arbeitsmarkt zu wecken. Darüber hinaus sind die für Imageaufbau und Profilierung notwendigen Mittel von KMU im Regelfall deutlich begrenzter.

Dennoch gibt es KMU – das konnte vor allem mit der Darstellung des positiven Unternehmensbeispiels aus der Friseurbranche verdeutlicht werden –, denen eine starke Positionierung am Arbeitsmarkt gelungen ist. Über die Schaffung einer strategischen Basis, einer kontinuierlichen und zielgruppengerechten Marktbearbeitung sowie über ein hohes Maß an Ideenreichtum wurde hier eine Stellung erreicht, die in der Branche mehr oder weniger einzigartig ist.

Die kritische Auseinandersetzung mit einem Employer Branding, bei dem anerkannt wird, dass

- motivierte Mitarbeiter die Kundenzufriedenheit und damit die Kundenbindung sicherstellen,
- Vorgesetzte eine Vorbildfunktion innehaben, die wesentlich das Verhalten der bestehenden Arbeitskräfte beeinflusst sowie
- engagierte Mitarbeiter die Funktion eines Multiplikators erfüllen und somit einen Beitrag zur erleichterten Akquisition von Personal beitragen,

macht deutlich, dass auf den Umgang mit den bestehenden Mitarbeitern ein besonderes Augenmerk gelegt werden muss. Eine mitarbeiterorientierte Unternehmenskultur im Innenleben lässt sich dann über die sinnvolle Verbindung der Marketinginstrumente aus der Offline- und Online-Welt nach außen transportieren und führt so zum Aufbau von Bekanntheit, Image, Sympathie und Vertrauen in der Region.

Solche Vorgehensweisen sind dringend geboten, um der Notwendigkeit einer Profilschärfung auf dem Arbeitsmarkt gerecht zu werden. Sie wecken das Interesse potenzieller Bewerber und erreichen so, dass dem Unternehmen Attribute zugeordnet werden, wie sie nur über eine konsequente Markenführung erreicht werden. Auch den KMU bieten sich folglich Marktbearbeitungskonzepte mit positiven Effekten auf das Employer Branding – eben auf ihrem relevanten Markt, der sich im Regelfall auf eine Region bezieht.

Literatur

1. Brandenburg, U., & Domschke, J.-P. (2007). *Die Zukunft sieht alt aus – Herausforderungen des demografischen Wandels für das Personalmanagement*. Wiesbaden: Gabler.
2. Cowden, P. D. (2013). *Neustart: Das Ende der Wirtschaft, wie wir sie kennen. Ab jetzt zählt der Mensch!* München: ABOD Verlag.
3. Esch, F.-R. (2005). *Strategie und Technik der Markenführung* (3. überarbeitete und erweiterte Auflage). München: Vahlen.
4. Kim, W. C., & Mauborgne, R. (2005). *Der blaue Ozean als Strategie*. München: Carl Hanser Verlag.
5. Klenk, V. (2009). Corporate Transparency: Erfolgreich Handeln im Glashaus. In *Corporate Transparency – wie Unternehmen im Glashaus-Zeitalter Wettbewerbsvorteile erzielen* (S. 16–41). Frankfurt a. M: F.A.Z.-Institut..
6. Meffert, H., Burmann, C., & Kirchgeorg, M. (2012). *Marketing – Grundlagen marktorientierter Unternehmensführung* (11. Aufl.). Wiesbaden: Gabler.
7. Morhart, F. M., Herzog, W., & Tomczak, T. (2009). Brand-specific leadership: Turning employees into brand champions. *Journal of Marketing, 73*(5), 122–142.
8. Roj, M. (2013). *Die Relevanz der Markenarchitektur für das Employer Branding*. Wiesbaden: Gabler.

9. Stotz, W., & Wedel, A. (2009). *Employer Branding – Mit Strategie zum bevorzugten Arbeitgeber*. München: Oldenbourg.
10. Wentzel, D. (2009). The effect of employee behavior on brand personality impressions and brand attitudes. *Journal of the Academy of Marketing Science, 37*(3), 359–374.

Dr. Andrea Grote geb. 1971 in Neuss, hat lange Jahre für den Konsumgüterhersteller L'Oréal Professionnel Deutschland in den Bereichen Marketing, Vertrieb und Personal gearbeitet, bevor sie als wissenschaftliche Mitarbeiterin an die Universität Duisburg-Essen ging. Dort fertigte sie ihre Dissertationsschrift ‚Zur Kompatibilität von Marken- und Vertriebsmanagement in der Konsumgüterindustrie' an. 2004 wechselte sie in die Geschäftsführung der Addways Werbeagentur in Lage/Lippe, die sich neben der Entwicklung und Umsetzung der Kommunikationsstrategie von Unternehmen auch auf die Betreuung von KMU spezialisiert hat.

Teil II
Besondere Mitarbeitersegmente im Fokus

Intelligente Ausbildungskonzepte bieten ideale Rekrutierungs- und Bindungsvoraussetzungen

5

Karin Döring

Wo ein Begeisterter steht, ist der Gipfel der Welt.
(Joseph von Eichendorff 1788–1857)

Inhaltsverzeichnis

Zusammenfassung

Nach dem Motto „Geben und Bekommen" kann ein intelligentes Ausbildungskonzept ein wechselseitiges Wachstums- und Innovationspotential begründen. Bildungsvermittlung ist ein Vorschuss, mit dem ein Unternehmen durch Eigenleistung oder Fremdbezug in Vorleistung gehen muss, damit es anschließend davon profitieren kann. Durch innovative duale Studienkonzepte mit traditionellen Partnern können akademische Ausbildungsallianzen einen professionellen und positiven Beitrag zur aktiven Ausgestaltung des Bologna-Prozesses leisten. Es sollte das Führungsziel eines Unternehmens

K. Döring (✉)
In Katzem 71, 41812 Erkelenz, Deutschland
E-Mail: KD@ausbildungsallianzen.com

M. Hartmann (Hrsg.), *Rekrutierung in einer zukunftsorientierten Arbeitswelt*,
DOI 10.1007/978-3-658-05084-9_5

sein, Berufseinsteiger durch Wertschätzung, Vertrauen und das Ermöglichen geistiger Anstrengung wie Lernen, Experimentieren, Selbstreflexion und konstruktiver Auseinandersetzung zu befähigen sowie sie durch das anschließende Übertragen von verantwortungsvollen Aufgaben zur Wertschöpfung beitragen zu lassen.

5.1 Segment Erstausbildung: Zwischen Vorschuss und Wertschöpfung

Viele Menschen streben danach, etwas Bedeutsames und Sinnstiftendes zu tun. Gerade Berufsanfänger bringen einen enormen Schwung an Motivation und Leidenschaft mit, der mit einer professionellen und zugleich sensiblen Kombination aus Förderung und Forderung zum Unternehmenserfolg maßgeblich beitragen kann. Insofern stellt sich eine ganz zentrale Frage: Wie können Verantwortliche in einem Unternehmen dem zukünftigen Mitarbeiter[1] das Gefühl von Bedeutsamkeit und nachhaltiger Begeisterung ermöglichen?

Personalmarketing und Onboarding sind untrennbar In Anlehnung an Goethes Worte „Aller Anfang ist leicht, und die letzten Stufen werden am schwersten und seltensten erstiegen" (Johann Wolfgang von Goethe 1749–1832) besteht die Gefahr darin, dass rekrutierten Kandidaten Hochglanzversprechungen gemacht werden, die dann, wenn sie erst einmal an Bord sind, nach und nach verblassen. Es ist daher unabdingbar, erstklassige Personalmarketingmaßnahmen mit erstklassigen Einarbeitungs- und Entwicklungsprogrammen zu verbinden – und zwar über alle Mitarbeiterkreise hinweg. Wenn der zukünftige Mitarbeiter erkennt, dass dem Unternehmen auch daran gelegen ist, ihn persönlich wachsen zu lassen, ist dies ein erster Schritt in Richtung Bindung und dauerhafter Leistungsbereitschaft.

Wie kann ein Unternehmen diese Chance auf persönliches Wachstum glaubhaft vermitteln und einhalten? Dies kann nur gelingen, wenn ein Unternehmen hervorragende Aus- und Weiterbildungsstrategien, -konzepte und –umsetzungen bietet und permanent nach innovativen Ideen Ausschau hält, um diese Konzepte im Hinblick auf sich verändernde Bedürfnisse weiterzuentwickeln.

Mit Wissensvermittlung in Vorleistung gehen Ein intelligentes Ausbildungskonzept führt zu wechselseitigem Wachstums- und Innovationspotential. Wie kann solch ein Bildungs- und ein idealerweise damit einhergehendes Bindungskonzept aussehen? Durch was kann ein Unternehmen glaubhaft sein fast schon altruistisch anmutendes Anliegen nach außen demonstrieren? Wie kann es gelingen, sowohl Bildungsmaßnahmen unter Berücksichtigung individueller Mitarbeiterbelange zu konzipieren als auch langfristig einen rechenbaren Nutzen zu stiften?

[1] Die aus Gründen der besseren Lesbarkeit vornehmlich verwendete männliche Schreibweise schließt gleichermaßen weibliche und männliche Personen ein.

Zunächst bedarf es folgender Einsicht: „ Es gibt nur eins, was auf Dauer teurer ist als Bildung: keine Bildung.“ (Max Planck 1858–1947) Diese Auffassung dürfte unabhängig von Land und Kultur überall Bestand haben. Wissensvermittlung ist ein Vorschuss, mit dem ein Unternehmen durch Eigenleistung oder Fremdbezug in Vorleistung gehen muss, damit es anschließend davon profitieren kann. Durch diese Investition verbleibt sowohl der Mitarbeiter als auch seine erworbene Kompetenz im Unternehmen, sofern der Prozess gut gestaltet wurde. Ein wesentliches Führungsziel im Unternehmen sollte also darin bestehen, den Mitarbeiter durch Wertschätzung, durch Vertrauen und durch das Ermöglichen geistiger Anstrengung wie Lernen, Experimentieren, Selbstreflexion und konstruktiver Auseinandersetzung zu befähigen, ihn durch das anschließende Übertragen von verantwortungsvollen Aufgaben zur Wertschöpfung beitragen zu lassen.

Ausbildungshürden Wenn man sich auf das Segment der Erstausbildung – sowohl dual als auch dual-akademisch – fokussiert, erfordert dies die Heranführung der eingestellten Berufsanfänger an die Bewältigung dreier Hürden mit aufsteigender Komplexität.

- Zunächst muss das Fachwissen vermittelt werden, da es das Handwerkszeug für die spätere Berufsausübung bildet. Gleichzeitig muss das Ausbildungspersonal Impulse und Methoden vermitteln, die es dem Anfänger ermöglichen, sich selbständig Informationen zu beschaffen, zu bewerten und sich selbst Wissenselemente anzueignen.
- In der nächsten Stufe braucht der Kandidat Gelegenheit, Erfahrungen machen zu dürfen – indem er das Erlernte anwendet, trainiert und den Transfer auf die Praxis übt.
- Die höchste Disziplin ist schließlich der adäquate Umgang mit den Menschen und mit sich selbst.

Alle drei Stufen bedeuten im beruflichen Umfeld das Betreten ungewohnten Terrains und das kann sowohl Anreize als auch Stolperfallen beinhalten. Neue Situationen bergen das Risiko, Probleme zu erfahren. In der Praxis kommt es oft vor, dass Menschen beim Lösen von Problemen eher unbewusst und einseitig reagieren – und allein schon die Existenz von Problemen als Störfall betrachten. Dabei stellen Probleme eher den Normalfall als die Ausnahme dar – insofern sollte man es mit dem ungarischen Sprichwort „Probleme sind getarnte Gelegenheiten“ halten und sie als lösbare Lernchancen konzeptionell einbauen, um behutsam beim Aufbau von Resilienz zu helfen.

Erfolgserlebnisse schaffen Sofern der Anspruch der Aufgabe und der Grad ihrer Machbarkeit übereinstimmen, wird die Eigenmotivation angeregt. Jeder, der einmal erfolgreich Ausbildung betrieben hat, weiß, dass der Beitrag zur Entwicklung von Selbstwirksamkeit nicht als Gießkannenprinzip umsetzbar ist, sondern Binnendifferenzierung erfordert. Zwar kann man die Art der Aufgabe – z. B. das Halten einer professionellen Präsentation – als kollektiv formulierte Anforderung stellen, aber die Umsetzungsstufen können und sollten variieren.

Menschen, die von vorneherein eine höhere Selbstwirksamkeit mitbringen, haben ein höheres Selbstvertrauen, muten sich mehr zu und der Erfolg stellt sich sein – das Phänomen wirkt zirkulär. Kandidaten, die bislang nicht die Chance hatten, ihre Selbstwirksamkeit zu erproben und zu stärken, benötigen kleinschrittigere Trainingseinheiten, Zuspruch und das Gefühl, selbständig ihr Wachstum zu gestalten. Dies gelingt einerseits durch Trainings und konstruktives Feedback, andererseits durch Hilfsimpulse, die das eigene Problemlösen verstärken.

In der Praxis kann man häufig beobachten, dass auf diese Weise sowohl Jugendliche mit Lerndefiziten als auch erfolgsverwöhnte duale Studienanwärter enorme Lernzuwächse bei der Problemlösungskompetenz erlangen können. Sie realisieren, dass sie Probleme oftmals zwar nicht verändern können – wohl aber ihre Reaktionen darauf. Es gelingt ihnen zunehmend, Einfluss zu nehmen und sich nicht mehr schutzlos ausgeliefert zu fühlen. Nachdem sie ihre bisherigen und oft vorbewussten Muster wie Problemleugnungen oder Projektionen erkennen und reflektieren konnten, waren sie in der Lage, ihre zukünftigen Handlungsweisen zu variieren. Diese Erkenntnis stärkt ihre Seele und führt auch zu körperlichem Wohlbefinden, weil ihr Belohnungssystem freudige Botenstoffe aussendet. Sie fühlen sich dynamisch, aktiv und stark. Sie trauen sich automatisch mehr zu und werden experimentierfreudig. Auch wenn sie zwischendurch im Eifer scheitern, ist die Bereitschaft, sich wieder aufzurichten und es erneut zu versuchen, hoch und belohnt sie bei weiteren Versuchen mit Erfolg.

Genau auf diese Erfolgserlebnisse sollte ein Ausbildungsprogramm ausgerichtet sein. In den Ausbildungsseminaren muss ein Schutzraum gewährt werden, in dem die Kandidaten etwas lernen, anwenden und trainieren dürfen. Je nach Lerninhalt ist eine unterschiedliche Herangehensweise zielführend. Mal sollte das Seminar darauf angelegt sein, einen lockeren und spielerischen Zugang zum Thema zu finden. Mit Phantasie und Verrücktheit kann es gelingen, sich z. B. in einem Lernerfolgstraining komplizierte Formeln und Begriffsreihen zu merken. In einem Seminar zur Gewaltprävention helfen das Seminar-Du und eine vertrauensfördernde Atmosphäre dabei, die Teilnehmer zur offenen und mutigen Mitarbeit anzuregen. Da es aber auch formale Anlässe im Berufsleben gibt, auf die das Ausbildungsprogramm vorbereiten muss, wird in einem Rhetorikseminar das professionelle Auftreten mit einer Kombination aus Sympathie und Kompetenz trainiert. Dann ist der Seminarrahmen eher auf Formalität, Präzision und Überzeugungskraft ausgelegt. Die Liste der sinnvollen Trainingsmaßnahmen ist erweiterbar und beweist gerade durch ihre Unterschiedlichkeit den gemeinsamen Beitrag auf dem Weg zur Selbstwirksamkeit – und somit zum persönlichen Wachstum.

Die Erfahrung zeigt, dass es möglich und erstrebenswert ist, den zukünftigen Mitarbeiter auf seinem Entwicklungsweg zu stärken und dessen Ehrgeiz erwachsen zu lassen, sein Wollen und Können in den Dienst des Unternehmens zu stellen. Wenn jetzt noch das Dürfen hinzukommt – in Form von Aufgabenübertragung mit Entscheidungsgehalten und -befugnissen –, wird der Beitrag zur Wertschöpfung messbar.

In der Praxis kann man nahezu in jedem Jahrgang beobachten, dass die jungen Nachwuchskräfte bereits in den ersten Wochen der Ausbildung diese Angebote mit Loyalität erwidern und eine starke Unternehmensidentifikation entwickeln. Dies geht sogar so weit, dass die Anfänger bereits nach zwei Monaten auf Berufsinformationsmessen und bei Schulbesuchen als Botschafter für das Unternehmen – und dessen glaubwürdiges Ausbildungskonzept – eingesetzt werden können.

5.2 Duales Studium: Chancen für Unternehmen und Bewerber

Nachdem hierzulande jahrzehntelang mit großem Erfolg vielzählige Auszubildende in verschiedenen dualen Ausbildungsberufen ausgebildet worden waren, bot der Bologna-Prozess Gestaltungsmöglichkeiten in einem neuen Erstausbildungssegment. Wenngleich viele Unternehmen und Entscheider in Personalabteilungen der Hochschulreform mit Skepsis begegneten, ergriffen einige Unternehmen die sich daraus ergebende Chance und arbeiteten ein duales Studienkonzept aus: Sehr gute Abiturienten wurden mit dem Ziel eingestellt, in Verbindung mit einem privaten Hochschulanbieter sowohl den Bachelor-Abschluss als auch die integrierte Kammerprüfung zu absolvieren.

5.2.1 Entwicklungsphasen in der Praxis

Auch die eigene Erfahrung zeigt, dass dieser neue Weg einer ausbildungsintegrierten Studienform viele Vorzüge mit sich bringt. Allerdings ist kritisch zu prüfen, ob die integrierte Kammerprüfung verzichtbar und stattdessen eine Konzentration auf die beiden Säulen der akademischen Lehre einerseits und der exzellent ausgestatteten Praxisintegration andererseits angeraten ist. Gerne sollten auch die bewährten Instrumente aus dem Ausbildungsgeschäft, z. B. Beurteilungssysteme und Praxisberichte, übernommen werden.

Beispel

Praxisbeispiel: Zwei Entwicklungsphasen eines ausbildungsintegrierten Studiums
Im Beispielunternehmen wurde das ausbildungsintegrierte Studium in zwei Schritten eingeführt. Zunächst wurde mit Rücksicht auf die Kandidaten bei einem eventuellen Studienmisserfolg die Sicherstellung des IHK Berufsabschlusses integriert. Die Sorge erwies sich als grundlos, denn die gut ausgewählten, leistungsbereiten und mit einer hohen Unternehmensidentifikation ausgestatteten Kandidaten absolvierten ihre Studien mit Bestleistungen. Für ihre weiteren Bewerbungen im Berufsleben spielte der IHK Berufsabschluss folglich keine entscheidende Rolle, relevant war ausschließlich der höhere berufsqualifizierende Abschluss und damit die Bachelorprüfung.

In der Konsequenz konnte die nächste Phase angesteuert werden und eine Konzentration auf das duale Studium mit einem über die Gesamtdauer währenden Bildungsvertrag erfolgen. Dazu bedurfte es eines geeigneten neuen Kooperationspartners. Auf ein initiiertes Ausschreibungsverfahren, in das eine dreigliedrige Qualitätsanforderung integriert war, reagierten alle angeschriebenen staatlichen und privaten Hochschulen erwartungsgemäß sehr positiv. Indem auch staatliche Hochschulen angeschrieben wurden, erhielten ebenfalls jene Institutionen eine Chance, die zwar keinerlei Erfahrungen im dualen Studium vorweisen konnten – aber zum Dialog und zur Innovation bereit waren. Die konstruktive Offenheit der handelnden Personen sowohl von Hochschul- als auch von Unternehmensseite eröffnete ein völlig neues Feld der Kooperation und der aktiven Ausgestaltung des Bologna-Prozesses. Nachdem Einigkeit über eine gemeinsame kreative Vorgehensweise erzielt worden war, galt es, das Konzept, den Prozess und die Qualitätssicherung zu definieren. Folgende Fragestellung wurde hierbei zugrunde gelegt:

Wie kann die Wissensvermittlung, ihre Anwendungserprobung und der Umgang mit den Menschen und mit sich selbst bestmöglich in ein duales Studienkonzept integriert werden, das sowohl effektiv als auch unter Kostengesichtspunkten akzeptabel ist?

Für die weitere Vorgehensweise wurde die Aussage von Aristoteles „Erfahrung ist der Anfang aller Kunst und jedes Wissens" (Aristoteles 384–322 v. Chr.) zugrunde gelegt: eine Kombination aus Traditionellem und Innovativem wurde umgesetzt. Für das Design des dualen Studiums wurde die langjährige Erfahrung der staatlichen Hochschule mit der erprobten Vermittlung von Handlungskompetenz durch das Unternehmen vereint. Durch Berücksichtigung der Gestaltungsoptionen der Hochschulreform kam ein innovatives Konstrukt mit den besten Lehr- und Lernchancen zustande.

Das Ergebnis kann als „akademische Ausbildungsallianzen" bezeichnet werden und es zeigt sich praxiserprobt und ohne Nebenwirkungen. Es funktioniert auf Basis der Zusammenarbeit von vier Kooperationspartnern: staatliche Hochschule, Unternehmen, externe Trainer und schließlich Studenten, die einerseits einen Bildungsvertrag mit einem Unternehmen unterzeichnet haben und andererseits im Vollzeitstudium eingeschrieben sind.

Der Charme – wichtig für die spätere attraktive Außenwirkung für begehrte Talente – und der rechenbare Nutzen – Grundlage für die betriebsinterne Akzeptanz – liegen darin begründet, dass durch die Anerkennung der Gleichwertigkeit von Lehr- und Prüfungsveranstaltungen eine Verlagerung von Vorlesungen stattfinden kann, die mit Credit Points versehen werden. Dazu bedurfte es eines positiven Prüfverfahrens. Die Hochschule bot die aus ihrer Sicht geeigneten Module zur Überprüfung auf Durchführbarkeit an. Somit konnte das im Beispielunternehmen bestehende Seminarprogramm zusammen mit den bewährten externen Trainingsspezialisten auf das akademische Niveau ausgeweitet und vertieft werden. Die unterschiedlichsten, wochenlangen Abstimmungs- und Genehmigungsverfahren wurden belohnt und brachten den Erfolg: Der Hochschul-Prüfungsausschuss erteilte die Genehmigung.

Mit dem Relaunch des dualen Studienangebots war auch ein Relaunch des Personalmarketings notwendig geworden: Als Ausbildungsreferent konnte man jetzt für eine sehr gute Dienstleistung werben, was mit einer hohen Resonanz an Rückfragen seitens der Bewerber einherging. Sowohl Eltern, die im Auftrag ihrer sich gerade in einem Auslandsaufenthalt befindlichen Söhne und Töchter anriefen, als auch Schüler, die sich noch nicht schlüssig waren, ob sie mit ihrem Einser-Abitur zur Universität gehen oder sich für ein duales Studium bewerben sollten, ergriffen die sich neu bietende Chance. Diese Erstkontakte waren ein gutes Instrument, um Orientierungshilfen zu geben und eine erste Bindung aufzubauen. Aber auch die Kandidaten, denen aufgrund ihrer geschilderten Perspektivwünsche Anregungen zu alternativen Bildungswegen unterbreitet wurden, gaben ein sehr positives Feedback: Sie waren beeindruckt vom Unternehmen, das auch die Aufgabe der Studienberatung übernommen hatte anstatt Akquise um jeden Preis zu betreiben – was wiederum für eine gute Werbung in der Zielgruppe gesorgt hat.

5.2.2 Herzstück der Kooperation: Förderung und Forderung

Mit welchen Inhalten – also mit welchen persönlichen Wachstumsanreizen – können die Wunschkandidaten umworben und während des Rekrutierungsprozesses an das Unternehmen gebunden werden? Die Wunschkandidaten sind gut informiert, selbstbewusst und kognitiv erfolgsverwöhnt. Gerade bei dieser Zielgruppe ist es nötig, sowohl Antworten auf die in der Presse zitierten Defizite bei den Studiengangumstellungen geben zu können als auch die persönlichen Interessen der Studenten direkt anzusprechen. Somit erkennen die Bewerber das Unternehmensbestreben, sowohl Reformdefizite ausgleichen zu wollen als auch die Wünsche der Studienanfänger zu berücksichtigen. So wird zum Beispiel in der Studie „Mit dem Bachelor in den Beruf – Arbeitsmarktbefähigung und -akzeptanz von Bachelorstudierenden und -absolventen" [1, S. 7 ff., 87 ff.] den Kandidaten einerseits ein gutes Fachwissen bescheinigt, andererseits aber auch ein Defizit in Schlüsselqualifikationen attestiert – wie z. B. mangelnde Problemlösungsstrategien, mangelndes unternehmerisches Denken oder ein nicht angemessener Umgang mit Führungs- und Teamprozessen. Hinzu kommen mangelnde Praxiserfahrung und wenig Internationalität.

Es liegt insofern nahe, dass sowohl die Kompensation der zuvor geschilderten Defizite als auch das Lernen und Erfahren in Kleingruppen in den Mittelpunkt der Ausbildung rücken. Die verlagerten Module beinhalten z. B. Rhetorik-, Business English- und Leadership-Seminare sowie ein strategisches Unternehmensplanspiel. Durch die Kumulation von Semesterwochenstunden in Ganztagsmaßnahmen während der vorlesungsfreien Zeiten wird ein komplettes Praxissemester integriert, was einen evident wichtigen Beitrag zur Unternehmensbindung darstellt. Der duale Student fühlt sich mehrfach wertgeschätzt:

- Er hat ein Unternehmen als Heimathafen, das ihm eine monatliche finanzielle Lebensbeihilfe zahlen kann – z. B. in Höhe der für die Branche üblichen Ausbildungsvergütung.
- Er kann sich während der Vorlesungszeiten voll auf sein Lernpensum konzentrieren.
- In den ausgelagerten Lehrveranstaltungen wird durch die Kleingruppengröße eine ideale Betreuung durch die Trainer gewährleistet sowie ein intensives Lern- und Trainingspensum erreicht.

- Obwohl das Seminardesign mit den Anforderungen der Hochschule abgestimmt ist, können unternehmensinterne Besonderheiten nach Abstimmung mit den Trainern zusätzlich mit einbezogen werden.

Dieses attraktive Studienangebot trägt durch seine konstante Förderung und Forderung zur dauerhaften Leistungsmotivation und Bestleistung der Kandidaten bei. Besonders erwähnt sei an dieser Stelle die Bereitschaft der Studenten, sich auch kritischen Fragen zu stellen und Selbstreflexion zu üben. Selbst wenn sie – für ihr Alter bestens ausgestattet mit Abitur, Auslandserfahrung und diversen außerschulischen Aktivitäten – mit ihren Befähigungen über dem Leistungsdurchschnitt der Schulabgänger liegen, gibt es beim Eintritt in die Unternehmenswelt Phänomene, die sie nicht kennen können: z. B. Rollenerwartungen, das Bewegen in formellen Gruppen und das Gespür für die ungeschriebenen Gesetze innerhalb ihrer neuen Umgebung. Sie haben wenig von Prägungen, Leitmotiven, Transaktionsanalyse, Glaubenssätzen, Ich-Zuständen oder von Grundformen der Angst gehört oder gelesen. Sie sind sich nicht bewusst, ob sie ihre Umwelt beurteilend oder beobachtend wahrnehmen und welche Konsequenzen daraus erwachsen; sie kennen nicht die Unterschiede zwischen prozessualer oder optionaler Herangehensweise und selbst das Kommunikationsquadrat ist ihnen bislang nicht bekannt – geschweige denn die Kenntnis ihrer eigenen Kommunikationsweise.

Was sie nicht wissen aber fühlen ist, dass sie hochgradig intrinsisch motiviert sind. Dieser Katalysator befeuert in jedweder Hinsicht die Förderung ihrer fachlichen, methodischen, personalen und sozialen Kompetenz. Ein wichtiger Grundsatz lautete immer: Gerade eine Führungsnachwuchskraft muss sich darüber im Klaren sein, dass sie später Entscheidungen treffen wird, deren Folgen primär durch ihre Mitarbeiter umgesetzt und spürbar werden – und dass sie sich ihrer Verantwortung dafür bewusst werden und die Bodenhaftung nicht verlieren sollte. Das neue Studienkonzept hält genau diese Möglichkeiten bereit: Es erlaubt den Verantwortlichen in dem Unternehmen von Beginn an, den respektvollen und auf Wachstum ausgelegten Führungsstil an die eigene spätere Führungsnachwuchskraft weiterzugeben.

Ideal ist es, wenn die vermittelten Lehrinhalte, der trainierte Praxisbezug und die Internationalität einen direkten Beitrag zur Leistungs- und Potentialbewertung liefern, an der die spätere Führungsnachwuchskraft gemessen wird. Im geschilderten Umsetzungsbeispiel konnte das bewerkstelligt werden:

Das Seminarprogramm [2] beinhaltete z. B. das Hochschul-Modul *Verhandlungsführung und Präsentationstechnik*, was u. a. mit der Einführung in die Argumentationslogik einen direkten und positiven Beitrag zur später geforderten Überzeugungskompetenz liefert. Ebenso förderlich war das zweiwöchige *Strategische Unternehmensplanspiel* für die erste Entwicklung unternehmerischen Denkens durch die im Seminar geforderte Entschlussfreudigkeit und Risikobereitschaft. Auf höchster Komplexitätsebene wurde das Management schlecht strukturierter Entscheidungsprobleme in der Seminartrilogie *Selbst- und Erfolgsmanagement* behandelt.

Viele Firmen haben internationalen Geschäftsbezug. Die Anforderung nach Beherrschung der englischen Sprache in Wort und Schrift ist daher oft in Stellenausschreibungen zu lesen. Doch was bedeutet das konkret? Ist diese Formulierung eine messbare Zielgröße? Zwar hat sich in den letzten Jahren eine Klassifizierung nach dem Common European Frame of References for Languages durchgesetzt und man liest heute in manchen Ausschreibungen schon messbare Anforderungen, z. B. „Level B2 oder C1“. Jedoch ist auch diese messbare Zielgröße noch nicht zielführend genug.

Bei Mitwirkung an der Konzipierung von Englischtrainings einerseits und der beruflichen Anwendung andererseits zeigt sich oft, dass es einen Unterschied gibt zwischen Englisch lesen/schreiben/sprechen und auf Englisch kommunizieren zu können. Es gehört Mut dazu, von gängigen Englischzertifikaten als Sprachgaranten abzuweichen und auf ein neues, bislang unbekanntes Prüfungsverfahren zu setzen, das

- Handlungsszenarien zugrunde legt,
- Kommunikationsanlässe schafft und
- bei positivem Bestehen nicht nur die kognitive Sprachleistung attestiert, sondern das vor allem wichtige angemessene Kommunizieren in der Zielsprache fördert.

Eine eben diesen Anforderungen folgende Umstellung des Englischtrainings hat zu einer deutlichen Verbesserung der sprachlichen Kompetenz geführt. Auszubildende und duale Studenten wurden in einem zweijährigen Wirtschaftsenglischtraining durch externe muttersprachliche Trainer mit internationaler Berufserfahrung vorbereitet und durch ein exzellentes externes Institut geprüft, das maßgeblich an der Entwicklung und internationalen Zertifizierung des Prüfverfahrens mitgewirkt hat. Sowohl in persönlichen Gesprächen mit den späteren Vorgesetzten als auch in Zufriedenheitsumfragen bei den ehemaligen Lernenden wurde bestätigt, dass die auf die Kommunikation ausgerichtete Fremdsprachenvermittlung einen erheblichen Mehrwert erzielt. Viele Projektteams bestehen aus internationalen Teammitgliedern, so dass die fremdsprachliche Kommunikationskompetenz, gepaart mit interkulturellen Elementen, nicht nur der Sprachen-, sondern auch der Teamverständigung dient.

5.2.3 Beziehungsaufbau im Bewerbungsprozess

Bei der Rekrutierung der Kandidaten, die für dieses duale Studienkonzept strenge Formalqualifikationen einhalten und besondere persönliche Fähigkeiten mitbringen müssen, konnte festgestellt werden, dass die Bindung bereits beim Erstkontakt beginnt. Daher ist es besonders vorteilhaft, wenn die Kandidaten während der gesamten Prozesskette – vom Personalmarketing über die Rekrutierung auf direkter persönlicher Ebene bis hin zur Vermittlung auf Planstellen – von einer verantwortlichen Person begleitet werden. Viele, zumeist große Firmen haben den Weg des Recruitment-Outsourcings gewählt. Sofern dieser

Weg gewählt wird, ist vor allem ein besonderes Kriterium zu bedenken, das von eigenen Mitarbeitern oft besser erfüllt werden kann: An unternehmensexterne Dienstleister sind extrem hohe Anforderungen zu stellen, denn die Gewinnung der besten Kandidaten setzt voraus, dass die Unternehmensphilosophie verinnerlicht und auf Basis persönlicher Überzeugung hinsichtlich Unternehmen, Ausbildungskonzepte und Perspektiven rekrutiert wird.

Die Erfahrung zeigt, dass bei Rekrutierung „in Eigenfertigung" häufig Folgendes eintritt: Genau jenen Bewerbern, die sich im Vorfeld telefonisch über die Konzepte, Bedingungen und Optionen erkundigt hatten, begegnet man später im Assessment Center wieder. Viele bestätigen, dass sie es als emotionales Erlebnis verankert haben, nach dem Auswahltag abends einen Anruf erhalten und vorab fernmündlich ein Vertragsangebot unterbreitet bekommen zu haben. In den Bilanzgesprächen, die später mit den dualen Studenten im Bildungsverlauf geführt werden, kommt häufig ungefragt die Bestätigung, dass Schnelligkeit, Verbindlichkeit, objektive Beratung und der persönliche Beziehungsaufbau im Bewerbungsverfahren dazu beiträgt, dass Präferenzen im Vergleich zu anderen attraktiven Angeboten aufgebaut werden können.

Dieses Feedback zeigt, dass ein persönliches Beziehungsmanagement im Bewerbungsprozess eine wesentliche Erfolgsgröße darstellt und nicht durch alleinige Onlineverfahren ersetzt werden kann. Je nach Bewerberzulauf ist es zielführend, geeignete Onlinebewerbungssysteme begleitend einzusetzen, um durch Schnelligkeit einerseits und durch geeignete Filterfunktionen andererseits den Zufluss zu steuern. Aber persönliche Zuwendung lässt sich nicht durch Systeme ersetzen und auch wenn sie zuweilen zeitintensiv ist, so ist sie in Kombination mit einer gut ausgewählten Eignungsdiagnostik der einzige Garant zur Vermeidung von Fehlbesetzungen. Es sollten also nicht nur die Bewerber sorgfältig ausgewählt werden, sondern auch die mit der Einstellung beauftragten Mitarbeiter müssen besondere persönliche Eignungen mitbringen.

Zudem sind nicht nur Schnelligkeit und Verbindlichkeit beim Zusageprozess wichtig, sondern auch ein respektvolles Absagemanagement. Es ist nachvollziehbar, wenn aus rechtlichen und Effizienzgründen den Standardabsagen der Vorzug gegeben wird, jedoch ist es ein Akt der Höflichkeit, auch bei der Nachfrage der Absagegründe zumindest ein weiteres, erklärendes Standardschreiben zu versenden und die Nachfrage nicht zu ignorieren.

Des Weiteren ist zu empfehlen, bei Assessment Centern alle Kandidaten bis zum Schluss teilnehmen zu lassen und nicht einen Teil der Bewerber bereits nach der Hälfte der Übungen als ungeeignet nach Hause zu entlassen – dies scheint nach Aussagen von Bewerbern bei manchen Firmen immer noch praktiziert zu werden. Erfahrungsgemäß sind der respektvolle und freundliche Umgang sowohl während des Assessment Centers als auch die freundliche Verabschiedung inklusive des Dankes für die engagierte Teilnahme am Ende ausschlaggebend dafür, wie der Kandidat die Firma in Erinnerung behält – ungeachtet der sich anschließenden Entscheidung.

Bei der Gestaltung der Assessment Center Übungen ist es ratsam, auf den Einsatz von Stresselementen und Rollenspielen zu verzichten. Der Schulbewerber steht aufgrund der anstehenden Vorstellung ohnehin unter Anspannung und ein persönliches Kennenlernen zielt in der Regel doch gerade darauf ab, ihn und sein Verhalten so natürlich wie möglich zu erleben. Zusätzliche Stressoren oder Übungen mit zu hohem Konfliktpotential würden den Eindruck verzerren. Der Verzicht auf Rollenspiele kann zudem damit begründet werden, dass jungen Menschen keine fremden Rollen zugewiesen werden sollten, weil sie erstens noch keine berufsbezogene Übung darin haben und zweitens durch die Gefahr der Widerstände gegen die aufgezwungene Rolle auch kein authentisches Verhalten beobachtbar wäre. Es gibt genügend Alternativen, mit denen die Vorstellungssituation angemessen, professionell, ernsthaft, wertschätzend und freundlich zugleich gestaltet werden kann. Voraussetzung ist eine freundliche Umgebung mit einer überschaubaren Bewerberanzahl. Zwölf Kandidaten sind eine ideale Gruppengröße, da sowohl die Einzelübungen in Form von vorbereitbaren Selbstpräsentationen als auch sich anschließende Gruppenübungen à sechs Personen gute Beobachtungsmöglichkeiten bieten. Das Beobachterteam sollte aus mindestens vier geschulten Personen bestehen, damit genügend auswertbare Beobachtungen anhand zuvor definierter Kriterien in der anschließenden Beobachterkonferenz vorhanden sind. Bei Gruppenübungen bieten sich die Integration zuvor übersendeter Firmeninformationen und das daran angelehnte Planen einer Veranstaltung an.

Wenn ein definiertes Einstiegsniveau in der Fremdsprache Englisch gefordert wird, muss die Gruppenübung so angelegt sein, dass sie sowohl dem Sprachgeübten eines Leistungskurses als auch dem weniger Trainierten Entfaltungsmöglichkeiten bietet. Da es hier verstärkt um das Überwinden von anfänglichen Hemmungen geht, hat sich die Einbettung in ein kreatives und humorvolles Übungsdesign bewährt.

Zum Abschluss des Auswahltages wurden die Bewerber um eine Rückmeldung gebeten, wie sie die Situation erlebt haben und wie sie sich nun fühlen würden. Ausnahmslos bestätigten sie, dass sie nicht damit gerechnet hätten, die befürchtete Stresssituation letztlich sogar mit Spaß und gewonnener Erfahrung erlebt zu haben. Sie waren verwundert, dass die Beobachter durchgängig freundlich, zuvorkommend und gar nicht streng-böse schauend waren – und dass sie tatsächlich zwischendurch in den Übungen vergessen hätten, beobachtet worden zu sein. Derartige Rückmeldungen sind eine Bestätigung dafür, an dem vorgestellten Konzept festzuhalten – denn gewiss konnte trotz bzw. gerade wegen der freundlichen Gastgeberrolle genügend Beobachtungsmaterial gesammelt werden, um anschließend professionelle Zusagen und Absagen zu erteilen.

Die Bewerber, die sich um ein duales Studium beworben und leider nur einen Wartelistenplatz besetzen konnten, fragten nach alternativen Firmen, die nach diesem dualen Studiensystem ausbilden. Leider waren keine weiteren Anbieter bekannt, aber das dürfte sich in Anbetracht der beachtlichen Vorteile sicher bald ändern.

5.2.4 Akademische Ausbildungsallianzen: Chance für KMU

Inhouse-Seminare mit relevanten Auszubildenden- oder dualen Studentengruppen sind mehrheitlich aus Großunternehmen bekannt. Deren Infrastruktur, beispielhaft sei auf hauseigene Schulungsräume hingewiesen, begünstigt das Training von geeigneten Gruppengrößen. Aber auch Kleinstunternehmen sowie kleinen und mittleren Unternehmen (KMU) bieten sich Chancen durch die oben beschriebenen Ausbildungsallianzen. Gerade sie haben oftmals ein größeres Problem bei der Rekrutierung geeigneter Fach- und Führungsnachwuchskräfte, weil sie im Gegensatz zu Großunternehmen bzw. Konzernen, die z. B. schon wegen der Werbeauftritte und Markenpräsenz im Vorabendprogramm präsenter sind, einen geringeren Bekanntheitsgrad aufweisen.

Ein *Problem* ist jedoch, dass den KMU geeignete Kohorten für interne Gruppenmaßnahmen fehlen. Dem stehen jedoch zahlreiche *Vorteile* der KMU gegenüber, die es zu nutzen gilt:

- Sie können sich beim Personalmarketing als auch bei der Ausgestaltung eines Bildungs- und Bindungsprogramms sehr gut und glaubwürdig positionieren.
- Sie haben kurze Abstimmungs- und Entscheidungswege und eine weitaus niedrigere Arbeitsteilung als Großunternehmen, was dem Neuling einen sowohl breiten als auch tiefen Praxiseinblick ermöglicht.
- KMU können unkonventionelle Wege der Kontaktaufnahme mit potenziellen guten Bewerbern wählen. Beispielhaft seien genannt: Schulmarketing und Werbung in den örtlichen Gymnasien, „Studienabbrecher welcome" Kampagnen, Fortbildungen für Lehrer und damit Positionierung bei den Schulen und Schülern.
- Sie können ehrenamtliches Engagement sowohl initiieren als auch begleiten und so ihre überbetriebliche soziale Verantwortung für die Region unter Beweis stellen.
- Über die regionalen Arbeitgeberverbände kann ein Ausbildungsverbund neuer Art organisiert werden. Auch eine Kooperation mit Work & Travel Agenturen ist zu überlegen, um auf diesem Wege potenzielle Bewerber auf sich aufmerksam zu machen, denn diese Kandidaten sind nach Abschluss ihres Auslandsaufenthalts in der Regel sehr begehrt.

Wenn ein KMU einen neuen Mitarbeiter – meist eine Einzelbesetzung – unter Vertrag genommen hat, bietet sich die Möglichkeit einer Zusammenarbeit mit anderen Arbeitgebern und eines Anschlusses an das akkreditierte duale Studienprogramm. Gerade in Bundesländern ohne Studiengebühren bietet dieses Konzept große Vorteile für alle Beteiligten: Ein exzellentes akademisch ausgerichtetes Lehrveranstaltungsprogramm mit hohem Praxisbezug, ein integriertes Praxissemester, Förderung der Unternehmensbindung, Ergänzungsmöglichkeiten für firmenspezifische Projekte, Events und Präsentationen, Integration von firmenspezifischen Kennziffern – und schlussendlich ein exzellentes Alleinstellungsmerkmal bei der Gewinnung begehrter Talente auf dem Schulabsolventenmarkt.

Eines muss das einstellende Unternehmen allerdings wissen und berücksichtigen: Die Bewerber für ein duales Studium fragen schon im Einstellungsverfahren: „Wie kann es nach dem Bachelor-Abschluss weitergehen?"

5.3 Perspektiven nach dem Bachelorabschluss

Während auf der einen Seite kommuniziert wird, dass der Bachelorabschluss berufsqualifizierend ist – was auch dem Bologna-Gedanken entspricht -, herrscht auf der anderen Seite häufig noch Unsicherheit. Infolge von Sicherheitsdenken und fehlendem Wissen auf der Bewerberseite wird allzu oft noch der zusätzliche Masterabschluss angestrebt. Hinzu kommt, dass der Bachelorabschluss auch auf der Unternehmensseite noch keine weitläufige Akzeptanz hat. Unternehmen haben ihre Jobangebote noch nicht flächendeckend auf die heutigen Bildungsabschlüsse angepasst. Dies resultiert zum einen aus der Unsicherheit und Unkenntnis über die neuen Abschlüsse. Zum anderen wird in Frage gestellt, ob man zwanzig Jahre junge Bachelorabsolventen bereits in das Unternehmen integrieren kann.

Es gibt also eine Diskrepanz zwischen geforderten Jobprofilen und verfügbaren Bewerberprofilen auf dem Absolventenmarkt. In zahlreichen Unternehmen kommt eine bislang nicht erkennbare Bereitschaft hinzu, Bachelorabsolventen intern passend weiterzubilden und eine strukturierte Binnendifferenzierung bei Jobbeschreibungen vorzunehmen. Vielerorts dominiert die Vorgehensweise, den höchsten Bildungsabschluss grundsätzlich als geeigneter zu bewerten und so das Fehlbesetzungsrisiko zu senken.

Wie könnte die berechtigte Frage nach den Perspektiven beantwortet werden?

Spezielle Jobangebote Sowohl duale als auch externe Bachelorabsolventen sollten sich durch speziell auf sie gerichtete Jobangebote angesprochen fühlen. Sie haben ein berufsqualifizierendes Studium absolviert und es liegt kein Grund vor, sie als Praktikanten und demzufolge unterbezahlt an Projekten mitarbeiten zu lassen, für die sonst Mitarbeiter eingesetzt werden müssten. Vielmehr sollten die Jobangebote sowohl strukturierte Einarbeitungsprogramme als auch Anreize für eine nachfolgend eigenverantwortliche Aufgabe beinhalten und zwar nicht nur als Worthülsen sondern mit konkreter Benennung.

Masterstudium Zudem sollte die Möglichkeit als Option angeboten werden, nach erfolgreicher Einarbeitung und gezeigter Leistung in der Aufgabe später den Masterabschluss erwerben zu können. Hierzu muss natürlich rechtzeitig mit der Konzeption und gezielten Auswahl eines Kooperationspartners begonnen werden. Folgende Überlegungen sind dabei zu berücksichtigen:

1. Für den Masterstudiengang haben Bachelorabsolventen als Grundvoraussetzung die erforderlichen Credit Points (CPs) in bestimmten Fächern zu erreichen. Zwar ist allgemein bekannt, dass mindestens 180 CPs für den Bachelorabschluss nachgewiesen werden müssen, aber kaum ein Student ist darüber informiert, dass auch im Hinblick auf die Binnenverteilung der CPs – was im Übrigen von Hochschule zu Hochschule sehr variieren kann – bestimmte Voraussetzungen erfüllt sein müssen.
2. Bei Auswahl einer geeigneten Hochschule sollten weder das Hochschulranking noch die ortsnahen Institutionen primär im Vordergrund stehen. Erfahrungsgemäß zeigt sich, dass sich Ex-Azubi- oder Ex-Bachelor-Jahrgänge zusammenschließen und als Gruppe

ein bekanntes ortsnahes Institut auswählen. Durch den hohen Zulauf gewinnt diese Institution automatisch eine höhere Gewichtung und erhält im Ranking eine gute Note. Aber: Jedes Ranking ist nur eine rückwärtsgewandte Momentbetrachtung und eignet sich daher kaum als Generalplacebo für das Suchen neuer Optionen.

3. Kaum ein vorgefertigtes Masterprogramm trifft die vollständigen Bedarfe eines Bachelors oder des Vorgesetzten, der den Kandidaten fördern möchte. In Anlehnung an die Idee der strategisch wirkenden akademischen Ausbildungsallianzen liegt es nahe, brancheninterm und firmenübergreifend Netzwerke zu bilden, die einen Beitrag zur Erstellung und Weiterentwicklung von Masterprogrammen liefern können [3, S. 77 ff.]. Natürlich darf die Hoheit der Lehre an den Hochschulen sowie deren Unabhängigkeit nicht durch den Einfluss der Unternehmen angetastet werden. Aber auch die Hochschulen sind häufig hochgradig daran interessiert zu erfahren, ob und wo innerhalb der Unternehmen Qualifizierungsbedarfe existieren. Es ist keineswegs abwegig, dass das Unternehmen als Themenzulieferer für die Hochschule fungiert. Wenn ein Masterprogramm dann (wie auch im Bachelorprogramm) inhaltlich dergestalt weiterentwickelt werden würde, dass einem stärkeren Handlungsbezug bzw. einer höheren Praxisrelevanz Rechnung getragen wird, wäre das erneut ein gelungener Beitrag in der aktiven Ausgestaltung des Bologna-Prozesses.

5.4 Schlussbetrachtung

Die Reformen in der Hochschullandschaft, der demografische Wandel, die unterschiedlichen Einstiegsqualifikationen der Schulabgänger, sich verändernde Arbeitsorganisationsformen, die Erwartungshaltungen zukünftiger Mitarbeiter und die sich verändernden Bedarfe der Unternehmen sind Schlaglichter in der von Umbrüchen gezeichneten Aufgabenlandschaft der heutigen Personalabteilungen. Es gibt also viel zu tun, wenn die Personalverantwortlichen auf Dauer nicht nur reagieren, sondern agieren wollen. Agieren statt reagieren ist ein erster Schritt in Richtung Stressvermeidung, Antizipation und Prüfen von Umsetzungsoptionen. Daraus können neue Strategien erwachsen und Paradigmenwechsel zugelassen werden, die dann mit sinnvollen Konzepten umgesetzt und durch Evaluationen auf Nachhaltigkeit, Qualität und Nützlichkeit geprüft werden müssen.

Auch Bildungsmaßnahmen eignen sich hervorragend für die Anwendung des Qualitätszirkels. So kann z. B. das Curriculum eines Hochschulstudiums in einen plan-do-check-act-Lernplan übertragen und durch das entstehende präzise Zeit- und Zielmanagement ein Erfolg planbar und umsetzbar werden. Allerdings führt diese Art der Führung zu einer weiteren Herausforderung.

Der fast überall spürbare Trend zur Prozessstandardisierung, -vereinfachung und -verlagerung birgt die Gefahr, dass Querdenkertum, Kreativität und Innovation – erreichbar durch Abweichung von der Norm – verdrängt werden. In Anlehnung an das chinesische Sprichwort „Achte auf Deine Gedanken, denn sie werden Worte. Achte auf Deine Worte, denn sie werden Taten. Achte auf Deine Taten, denn sie werden zu Gewohnheiten. Achte auf Deine Gewohnheiten, denn sie werden Dein Charakter. Achte auf Deinen Charakter, denn er wird Dein Schicksal" (Verf. unbekannt) sollte uns bewusst werden, dass die Fokussierung auf standardisierendes Denken, Formulieren und Handeln einen einengenden Einfluss auf unsere Gewohnheiten und Ansichten haben kann.

Personalverantwortliche befinden sich demzufolge in einem großen Spannungsfeld. Einerseits müssen sie die Konsequenzen unternehmerischer Entscheidungen umsetzen und Personalabbaumaßnahmen begleiten. Andererseits müssen sie neue Wege suchen, gehen, ausprobieren, umkehren und sich eventuell neu orientieren, um die für morgen dringend benötigten Fach- und Führungskräfte anzuwerben und dauerhaft an das Unternehmen zu binden.

Hinzu kommt, dass die Erwartungshaltung aktueller wie auch zukünftiger Mitarbeiter nicht mehr mit der oft noch gängigen Haltung der Personalverantwortlichen in Bezug auf Weiterbildung und Coaching einhergehen. In der Praxis ist nicht selten zu beobachten, dass Seminare oder Coachings nur dann befürwortet werden, wenn sie defizitär begründet wurden. Betrachtet man jedoch die fortschreitende Arbeitsverdichtung, die sich ändernden Bedingungen sowie die immer größer werdende Zahl derjenigen, die wegen Erschöpfung langfristig krank werden, so kann dieser Bewegung nur durch eine fundierte und respektvolle Begleitung – sowohl präventiv als auch kurativ – Einhalt geboten werden. Der Mitarbeiter erwartet, dass er nicht nur als Funktionsträger wahrgenommen wird, sondern als ganzheitliche Persönlichkeit.

Maßnahmen, z. B. zur Sensibilisierung der Selbstachtsamkeit, zum Anreiz für die eigene Gesunderhaltung oder zur Verbesserung der eigenen Arbeitsmethodik, verursachen einerseits Honorarkosten, überkompensieren aber die Verluste, die durch Reibung entstehen – und steigern das Wachstum aller Beteiligten und des Unternehmens. Mitarbeiter, die die Zuwendung des Unternehmens erfahren haben, sind innerbetriebliche Multiplikatoren und geben durch ihr verändertes Verhalten ihre vielfältigen Erkenntniszuwächse an den Kollegen- und Mitarbeiterkreis weiter. Rupert Lay fasst es treffend zusammen:

> Wer führen will, muss lernen, Emotionen zu produzieren. (Rupert Lay, *1929)

Literatur

1. Briedis, K., Heine, C., Konegen-Grenier, C., & Schröder, A. (2011). *Mit dem Bachelor in den Beruf – Arbeitsmarktbefähigung und -akzeptanz von Bachelorstudierenden und -absolventen, Stifterverband für die deutsche Wissenschaft*. Essen.
2. Fachhochschule Düsseldorf. (2011). http://wirtschaft.fh-duesseldorf.de/studiengaenge/ba-business-admin/infos/das-studienkonzept/module-und-ihre-charakteristika/. Zugegriffen: 29. Jan. 2014.
3. Remdisch, S. (2014). *Human Performance Management*. München.

Karin Döring geb. 1967 in Velbert, war über 26 Jahre im Henkel-Konzern in verschiedenen Human Resources Abteilungen tätig. In den letzten sechzehn Jahren war sie für die Steuerung der kaufmännischen Ausbildung verantwortlich. Sie hat mehrere hundert Auszubildende eingestellt, durch die Ausbildung geführt und auf das Berufsleben vorbereitet. Zudem implementierte sie erfolgreich ein innovatives duales Studienkonzept für die Bachelor of Arts/Business Administration. Seit 2014 ist sie freiberuflich als Ausbildungs-Berater, -Trainer, -Coach tätig. Ihr Leistungsangebot richtet sich an Unternehmen aller Größen und Branchen. Mit ihrer ganzheitlichen Prozesserfahrung kann sie sowohl ausbildungserfahrene Organisationen bei Optimierungs- und Veränderungswünschen unterstützen als auch solche, die erstmals in das Ausbildungsgeschäft einsteigen möchten. Durch ihre jahrzehntelang aufgebauten Netzwerke hat sie wichtige Kontakte, um z. B. den Aufbau von dualen Studienmodellen zu koordinieren oder Trainingsprogramme für Auszubildende und Ausbilder zu gestalten und umzusetzen.

Der Auszubildende als Fachkraft der Zukunft: Ein Kooperationsprojekt von L'Oréal Professionelle Produkte und dem Zentralverband des Deutschen Friseurhandwerks zur Gewinnung von Auszubildenden

6

Andrea Grote, Kerstin Lehmann und Violetta Moch

Inhaltsverzeichnis

A. Grote (✉)
Addways Werbeagentur, Edisonstraße 15a, 32791 Lage, Deutschland
E-Mail: andrea.grote@addways.com

K. Lehmann
c/o L'Oréal Professionelle Produkte, Georg-Glock-Straße 18,
40474 Düsseldorf, Deutschland
E-Mail: KLehmann@de.loreal.com

V. Moch
Am Balgenstück 23 c, 33611 Bielefeld, Deutschland
E-Mail: Violetta.moch@googlemail.com

M. Hartmann (Hrsg.), *Rekrutierung in einer zukunftsorientierten Arbeitswelt*,
DOI 10.1007/978-3-658-05084-9_6

Zusammenfassung

Die Friseurbranche bildet überdurchschnittlich viele Auszubildende aus. Entsprechend hoch ist ihr jährlicher Bedarf an engagierten und motivierten Nachwuchskräften. Demgegenüber kämpft die Branche mit einem negativen Image, welches Eltern und Jugend mit dem Beruf des Friseurs verbinden. Die Folge ist ein rückläufiges Interesse der jungen Menschen für diesen Ausbildungsberuf. Um diesem Trend entgegenzuwirken, haben L'Oréal Professionelle Produkte und der deutsche Zentralverband des Deutschen Friseurhandwerks im Jahr 2012 eine für die Branche einzigartige Aufklärungskampagne ins Leben gerufen, die über den Beruf an sich und die Entwicklungs- und Karrierechancen informiert. Wie diese Initiative inhaltlich ausgestaltet ist und welche Erfolge bis dato erzielt wurden, werden in dem Beitrag aufgezeigt.

6.1 Die Ausgangssituation

Der Friseurberuf ist einer von 340 anerkannten Ausbildungsberufen. Mit rund 28.000 Auszubildenden gehören Friseurunternehmer im Branchenvergleich zu den Unternehmen, die überdurchschnittlich viele Menschen ausbilden. So lag im Jahr 2012 die Ausbildungsquote im Friseurhandwerk bei 10,6 % – im Vergleich dazu belief sich diese im Handwerk allgemein auf nur 7,7 %, gesamtwirtschaftlich gesehen sogar auf lediglich 3,5 % [6]. Nichtsdestotrotz ist auch die Anzahl der Auszubildenden in der Friseurbranche seit Jahren rückläufig, was nicht nur – wie im Weiteren aufgezeigt wird – dem häufig zitierten demographischen Wandel zuzuschreiben ist.

Nachwuchskräfte werden in kleinen und mittelständischen Unternehmen (KMU) zunehmend gesucht, wozu auch die meisten Friseurunternehmen gehören [4]. So meldete die Bundesagentur für Arbeit im August 2012 rund 144.000 freie Lehrstellen [2]. Davon seien im Friseurhandwerk rund 3.000 Ausbildungsplätze unbesetzt [10]. Darüber hinaus wurden im betrachteten Jahr im Vergleich zum Folgejahr 9,3 % weniger Ausbildungsverträge geschlossen. Besonders stark davon betroffen sind vor allem die neuen Bundesländer (vgl. Abb. 6.1).

Die Gründe für das abnehmende Interesse an der Ausbildung des betrachteten Berufes sind vielfältig: Negative Assoziationen wie etwa schlechte Arbeitszeiten, Perspektivlosigkeit oder gar Gesundheitsgefährdung werden mit dem Berufsbild in Verbindung gebracht und bewirken oftmals, dass einem möglichen Berufseinstieg in die Friseurbranche von den Erziehungsberechtigten der Schulabgänger entgegengewirkt wird. Hinzu kommt die geringe Entlohnung während und – in der Wahrnehmung von Eltern und Schulabgängern – auch nach der Ausbildung. Im durchschnittlichen Branchenvergleich liegen Auszubildende des Friseurhandwerks mit einem Bruttolohn von rund 454,- Euro in Westdeutschland respektive 269,- Euro in Ostdeutschland an letzter Stelle der Vergütungstabelle (s. Abb. 6.2).

Dem rückläufigen Trend im Bereich der Auszubildenden sowie den negativen Assoziationen, welche mit dem Berufsbild Friseur verbunden werden, soll mit der im Jahr 2012 entwickelten Kampagne *My Beauty Career* entgegengewirkt werden. Initiatoren der

Länder	1. Jahr	2. Jahr	3. Jahr	Insgesamt	Veränderungen gegenüber 2013
Baden-Württemberg	1.015	1.240	1.317	3.599	- 7,3 %
Bayern	1.436	1.480	1.666	4.582	- 4,9 %
Bremen	107	75	108	290	- 8,2 %
Hamburg	253	217	216	686	- 2,4 %
Hessen	759	633	742	2.134	- 7,1 %
Niedersachsen	886	880	1.017	2.783	- 8,8 %
Nordrhein-Westfalen	2.219	1.970	2.293	6.392	- 12,7 %
Rheinland-Pfalz	507	451	576	1.534	- 6,9 %
Saarland	153	135	157	445	- 10,6 %
Schleswig-Holstein	330	310	357	997	- 6,6 %
alte Länder insgesamt	**7.665**	**7.391**	**8.449**	**23.505**	**- 8,2 %**
Berlin	427	439	471	1.337	- 10,8 %
Brandenburg	158	134	192	484	- 17,1 %
Mecklenburg-Vorpommern	129	108	152	389	- 17,2%
Sachsen	279	237	291	807	- 13,2%
Sachsen-Anhalt	246	245	302	793	- 12,5%
Thüringen	147	118	134	399	- 16,5%
neue Länder insgesamt	**1.386**	**1.281**	**1.542**	**4.209**	**- 13,5%**
Bundesgebiet	**8.961**	**8.672**	**9.991**	**27.651**	**- 19,3 %**

Abb. 6.1 Auszubildende im Friseurhandwerk nach Ländern 2012 [3]

Image- und Beschäftigungsoffensive sind das Unternehmen L'Oréal Deutschland GmbH mit seiner Division *L'Oréal Professionelle Produkte* und der *Zentralverband des Deutschen Friseurhandwerks*.

6.2 Die Initiative von L'Oréal Professionelle Produkte und des Zentralverbandes – Realisierung der Imagekampagne *My Beauty Career*

6.2.1 Grundgedanke und Zielsetzungen

Um die Attraktivität des Friseurberufs zu steigern und somit dem drohenden Fachkräftemangel der Friseurbranche entgegenzuwirken, ist Handlungsbedarf erforderlich. Das Ziel, Interesse bei Jugendlichen und deren Eltern für den Ausbildungsberuf zu wecken, verlangt eine aktive zielgruppengerechte Ansprache aus einer Hand.

Auf die unzureichenden Kenntnisse und das dementsprechend notwendige Informationsbedürfnis der breiten Öffentlichkeit reagiert die Initiative *My Beauty Career* mit einer

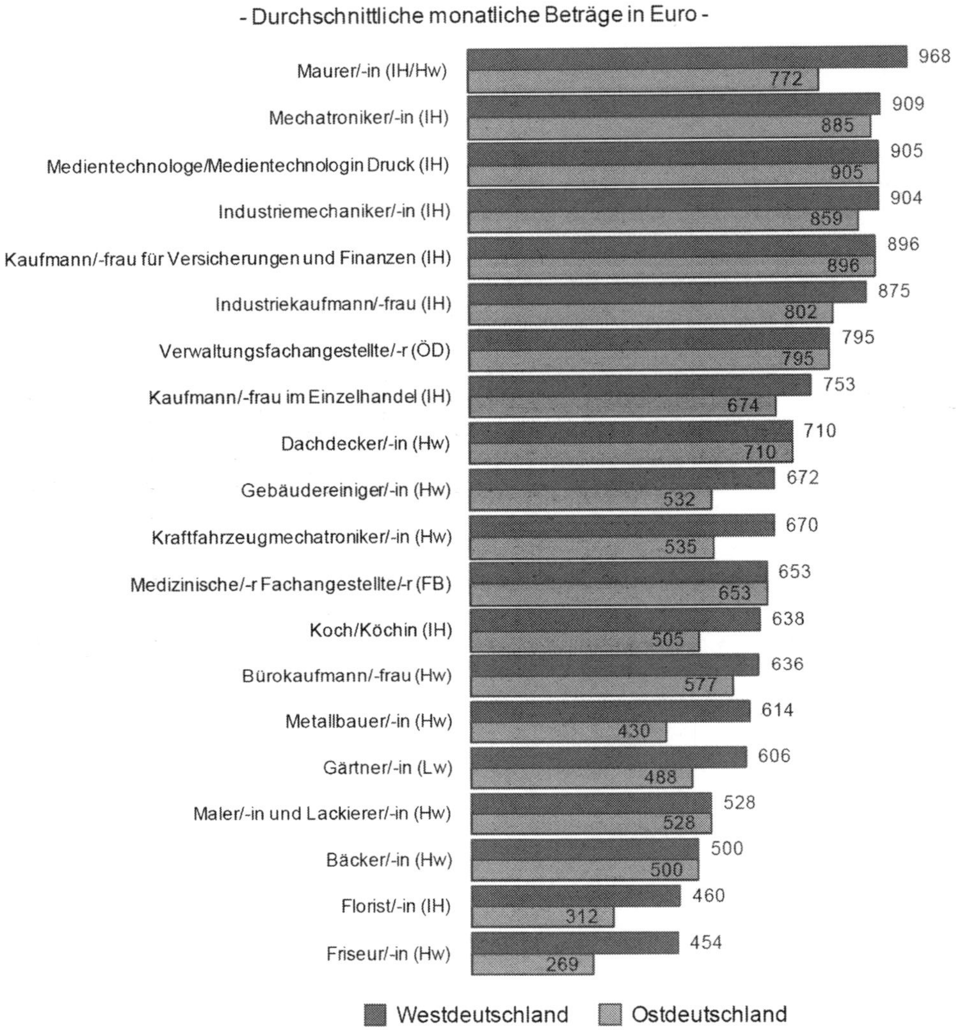

Abb. 6.2 Ausbildungsvergütung in 20 ausgewählten Berufen 2012 [1]

umfangreichen Aufklärungsarbeit über das Berufsbild. Informationen über die Vielfalt des Berufs mit all seinen Facetten, Karriere- und Weiterbildungsmöglichkeiten, Zukunftsperspektiven sowie Bewerbungswegen und die nötigen Voraussetzungen werden einfach und verständlich über eine Plattform transportiert.

Neben der Informationsvermittlung und der zielgruppengerechten Ansprache besteht ein weiterer Grundgedanke darin, eine Identifikation mit dem Berufsbild zu schaffen. Folgt man dem Gedanken von *Rolf van Dick*, dann ist die Identifikation mit einem Beruf ausschlaggebend für Faktoren wie Leistungsfähigkeit und Wohlbefinden. Denn „Menschen definieren sich selbst durch ihren Beruf. Sie sind stolz auf manche Aspekte ihrer Tätigkeit und fühlen sich beschämt oder gekränkt, wenn andere ihren Beruf kritisieren.

Je stärker man sich identifiziert, umso wohler fühlt man sich und umso leistungsfähiger ist man" [11]. Dementsprechend soll mit der Initiierung der Kampagne die Einstellung der Zielgruppe zum Friseurhandwerk positiv beeinflusst werden, so dass das Interesse geweckt wird, sich mit diesem Berufsfeld stärker zu beschäftigen und im Idealfall die Ausbildung zum Friseur zu beschreiten.

Aus der negativen Ist-Situation – dem Ausbildungsmangel in der Friseurbranche – soll eine verbesserte Zukunftssituation mit einer deutlichen Mehrzahl an genutzten Lehrstellen entstehen und somit dem Fachkräftemangel in dem Berufsfeld des Friseurhandwerks entgegengewirkt werden. Da die Ist-Situation vor allem aus dem schlechten Ansehen und Vorurteilen in der Bevölkerung hervorgerufen wird, ist die *Imageverbesserung der Friseurbranche bei Jugendlichen und ihren Eltern* das oberste Ziel der Ausbildungskampagne.

Um den Gründen des rückläufigen Interesses entgegenzuwirken, ist eine umfangreiche, aufklärende Informationsverbreitung zu initiieren, die sich direkt an die Zielgruppe richtet und verständlich sowie eindeutig kommuniziert wird. Unterziele, die daraus resultieren, sind:

- Die Perspektiven und Facetten des Berufsfeldes sind glaubwürdig zu vermitteln.
- Die Attraktivität der Branche muss gesteigert und somit das Interesse in der Zielgruppe verstärkt werden, damit eine Vielzahl an Berufseinsteigern – Absolventen aller Schulformen, z. B. auch Abiturienten – für diese Ausbildungssparte gewonnen werden kann.
- Um potentiellen Auszubildenden die Suche zu vereinfachen, ist die Barrierefreiheit zwischen der Ausbildungssuche und dem Finden der idealen Stellen sicherzustellen. Es muss möglich sein, ganz einfach und schnell den passenden Ausbildungsplatz in der Branche und in der bevorzugten Umgebung zu finden und so eine Win-win-Situation für die potentiellen neuen Auszubildenden, aber auch für die Ausbildungs-Salons zu schaffen.

6.2.2 Umsetzung

6.2.2.1 Reale Karrierewege von Friseuren als Imageträger und Vorbilder

Wie sieht ein Arbeitstag im Leben eines Friseurs tatsächlich aus? Welche Herausforderungen müssen jeden Tag aufs Neue gemeistert werden? Und in welchen Bereichen können Karrierechancen und Weiterbildungsmöglichkeiten genutzt werden? Diese und andere Fragen bedarf es zu klären und die Antworten an die Bevölkerung weiterzutragen, um das Image der Branche zu verbessern und das Berufsbild so durch die Kommunikation von Vielfältigkeit attraktiver zu machen.

Im Mittelpunkt der Kampagne werden sehr unterschiedliche berufstätige Friseure gezeigt, die von ihrem Alltag und ihren Erfahrungen berichten sowie ihre Karrierewege vorstellen. Der Grundtenor, dem die Initiative folgt, lautet *Friseur: Ein Beruf – unzählige Möglichkeiten* und *So einzigartig jeder Einzelne von uns ist, so einzigartig ist auch der Beruf des Friseurs.* Mit seinen abwechslungsreichen Facetten und Aufgaben bringt das Berufsbild des Friseurs eine Vielzahl an Talenten und Entwicklungsperspektiven hervor. Das Herzstück der Kampagne bilden zwölf Charaktere, die einst als Schulabgänger auf der Suche nach ihrem Traumberuf waren und mit ihrer Berufswahl eine Entscheidung für ihre Zukunft getroffen haben. Alle zwölf haben in der Friseurbranche auf unterschiedlichen Wegen Karriere gemacht und bekleiden die verschiedensten Funktionen innerhalb der Branche. Berufsfelder, die im Rahmen der Kampagne aufgegriffen und vorgestellt werden, sind junge Saloninhaber respektive Filialleiter, international tätige Bühnenperformer sowie Bühnenperformer bei Fashion Weeks, Visagisten und Trainer in Friseurschulen.

Eine Kampagne mit Gesichtern und Geschichten

Temel Sakur, Topstylist und Trainer bei der Stuttgarter Unternehmensgruppe J.7, ist beispielsweise einer von ihnen. Für ihn kamen bei seiner Berufswahl unterschiedliche Alternativen in Frage. Letztendlich hat er sich gegen eine Karriere als Profi-Fußballer oder Lehrer und für einen Weg in der Friseurbranche entschieden. Der Rückblick zeigt, es war die richtige Entscheidung, da er seine persönlichen Vorstellungen, wie etwa die Vermittlung von Wissen an andere Menschen, die Beschäftigung mit Trends und Fashion in verschiedenen Städten sowie den Kontakt zu unterschiedlichen Menschentypen in seinem Tätigkeitsfeld vereinen kann.

Solche Vorbilder unterstützen den Grundgedanken, eine hohe Identifikation mit dem Berufsbild zu schaffen, denn für eine Identitätsentwicklung ist die Orientierung an anderen Menschen eminent wichtig [8].

Jugendliche benötigen positive, realitätsnahe und anfassbare Beispiele, die ihnen dabei helfen, sich zu orientieren. Diese Unterstützung wird durch die Darstellung der Charaktere möglich. Mit ihren persönlichen Erfolgsgeschichten stellen sie die vielen unterschiedlichen Karriereperspektiven des Berufsfeldes auf glaubwürdige Art und Weise dar. Es wird nicht in kompliziertem Fachjargon berichtet, sondern auf gleicher sprachlicher Ebene kommuniziert. Mittels dieser „echten“ Testimonials und ihrer Vorbildfunktion wird dem Berufsfeld auf authentische Art Persönlichkeit verliehen und eine Basis für Jugendliche geschaffen, sich mit diesen Charakteren zu identifizieren. Mit den beiden Absendern der Kampagne L'Oréal Professionelle Produkte und dem Zentralverband des Deutschen Friseurhandwerks wird zum einen eine große Markenwelt mit dem Absender Paris, bekannt für Lifestyle, Fashion und Trends, zum anderen auch eine nationale Branchen-Institution kommuniziert. Eine Kombination, mit dem zukünftige Auszubildende gleichzeitig Glamour und Vertrauen verbinden.

6.2.2.2 Corporate Identity als Garant für Einheitlichkeit und Wiedererkennung

Der Aufbau einer Corporate Identity ist ein weiterer wichtiger Bestandteil des Projekts *My Beauty Career*, denn diese bildet den Orientierungsrahmen und soll das Erkennen und Wiedererkennen der Kampagne in seiner Einzigartigkeit und Unverwechselbarkeit sicherstellen ([9], S. 70). Anhand eines ganzheitlichen Strategiekonzeptes wird das Erscheinungsbild des Kommunikationsauftritts unter Berücksichtigung aller zu verwendenden Maßnahmen geplant und entwickelt ([7], S. 246). Elemente der Corporate Identity sind Corporate Behaviour, Corporate Communication und Corporate Design ([5], S. 24 ff.).

Unter *Corporate Behaviour* wird die einheitliche Verhaltensweise aller an der Kampagne beteiligten Personen verstanden. Dies bezieht sich letztlich auf die Kampagnenmitglieder, die das Projekt nach außen hin wie etwa auf Messen oder in Schulen vertreten. Die Anforderung ist, die Zielgruppe im Sinne der Kampagnenaussagen argumentativ schlüssig und frei von Widersprüchen über das Berufsfeld zu informieren. Denn nur so können die Inhalte der Initiative glaubwürdig vermittelt und das Vertrauen der Empfänger gewonnen werden.

Das *Corporate Design* umfasst den einheitlich gestalteten Gesamtauftritt der Kampagne und spiegelt die Designstrategie, im Rahmen dessen Kampagnenfarbe, Kampagnenlogos, Gestaltungsformen oder Marketingmittel definiert werden, wider. Der Gestaltungsrahmen soll optisch einheitlich sein. Diese Einheitlichkeit spielt vor allem dann eine große Rolle, wenn es darum geht, sich an etwas zu erinnern. Je geschlossener die Initiative präsentiert wird, desto einprägsamer und glaubwürdiger kann sie vermittelt werden.

Das Element *Corporate Communication* oder auch Kampagnenkommunikation ist die in der Kommunikationspraxis umgesetzte Corporate Identity mit einer nach innen (auf die Kampagnenmitglieder) und einer nach außen (auf die Zielgruppe und die breite Öffentlichkeit) gerichteten Funktion. Es ist das strategische Dach sämtlicher aufeinander abgestimmter Kommunikationsmaßnahmen und vornehmlich dafür verantwortlich, die Zielsetzung und Akzeptanz der Kampagne zu sichern.

6.2.2.3 Das Logo als zentrales Kommunikationselement

Als Blickpunkt der Kommunikationsmittel und somit auch als Richtelement der restlichen Gestaltung gilt das Kampagnenlogo. Zielsetzung der gewählten Wort-/Bildmarke ist es, eindeutig aufzuzeigen, worum es sich bei diesem Konzept handelt. Darüber hinaus erfüllt das Logo die Anforderungen an Klarheit, einfache Verständlichkeit sowie leichte Einprägsamkeit. Der Kampagnenslogan *My Beauty Career* wurde im Logo integriert und wechselt sich im Online-Bereich mit dem Slogan *Friseur – mein Beruf fürs Leben* ab. Auf den ersten Blick vermittelt das Logo, dass es sich hier um die berufliche Laufbahn im Friseur-/Schönheitsbereich handelt. Die Botschaft ist eindeutig und kann nicht missverstanden werden. Das Logo wird stets auf einem Hintergrund platziert, auf dem unterschiedlich farbige Begriffe abgebildet werden, die mit dem Friseurberuf in Verbindung stehen: *Lifestyle*, *Fun*, *Fashion*, *Creativity* und *Glamour* deuten auf die Attribute des Berufes hin und vermitteln die Botschaft: Der Beruf ist spannend und vielfältig – ein Friseur schneidet nicht nur Haare.

Um die diversen Betätigungsfelder, die im Laufe einer Karriere erreicht werden können, aufzuzeigen, wurden weitere so genannte Sublogos kreiert (Abb. 6.3). Diese kommen

Abb. 6.3 *My Beauty Career* Hauptlogo und Sublogos

zum Einsatz, wenn die im Sublogo aufgeführte Funktion besprochen wird. Sie tragen meist die entsprechende Berufsbezeichnung (Ausnahme: Winner) und ähneln optisch dem Hauptlogo. So können die einzelnen Karrieremöglichkeiten deutlich voneinander getrennt und erneut die Vielfalt unterstrichen werden.

6.2.2.4 Kommunikationspolitische Maßnahmen

Im Hinblick auf die Initiative *My Beauty Career* wurde aus dem breiten Spektrum an Kommunikationsinstrumenten eine Auswahl an On- und Offline-Maßnahmen getroffen. Die Kommunikation über verschiedene Kanäle wurde gewählt. Die Kombination aus diversen Maßnahmen erlaubt eine ziel- und zielgruppengerechte Ansprache, da es im Zeitalter der hohen Informationsdichte schwierig ist, die Zielgruppe mit nur einem Instrument

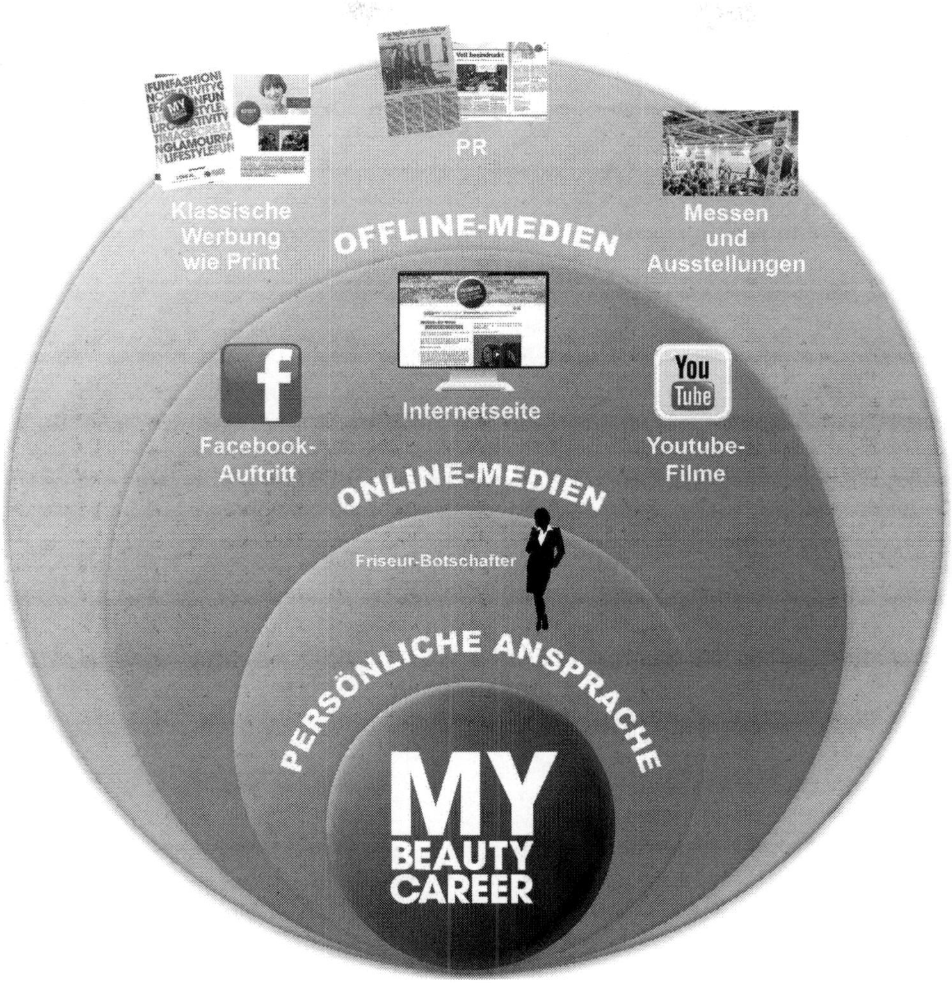

Abb. 6.4 Gewählter Kommunikations-Mix

zu erreichen. Um Streuverluste zu vermeiden, kommt insbesondere der Auswahl und Kombination von Instrumenten eine herausragende Bedeutung zu.

Zur Erreichung der definierten Zielgruppen (Schulabgänger und ihre Eltern) und der breiten Öffentlichkeit wurde der in Abb. 6.4 dargestellte Kommunikations-Mix ausgewählt:

Offline-Medien Den Rahmen der Marketingkampagne bildet die Broschüre in der Printversion, in der die zwölf Charaktere, allgemeine Informationen zum Beruf sowie der Einstieg in das Friseurtätigkeitsfeld beschrieben werden (siehe Abb. 6.5). Hieraus abgeleitet sind Flyer zur großflächigen Verteilung auf Veranstaltungen wie etwa Jobbörsen und zur Auslage in Friseursalons sowie Anzeigen, die regelmäßig in endverbraucherorientierten

Abb. 6.5 Auszug aus der *My Beauty Career*-Broschüre

Kundenmagazinen von Friseuren geschaltet werden. Um Friseurunternehmen respektive -gruppen für diese Kampagne zu gewinnen und damit eine Mikro-Durchdringung der Offensive zu erreichen, wird interessierten Unternehmen die Möglichkeit geboten, die Umschlagseiten (4 Seiten) der Broschüre mit ihren salonindividuellen Inhalten zu füllen. Dies ermöglicht das Herunterbrechen der Kampagne auf einzelne regionale Gebiete und zeichnet den einzelnen Salon als Unterstützer der Ausbildungsoffensive aus.

Mit einer Pressekonferenz im Rahmen der Fachmesse Hair & Beauty 2012 wurde das Projekt erstmalig der Friseurbranche vorgestellt. Zielgruppe war hier zunächst die Fachpresse (z. B. Top Hair, Clips), um die Kampagne innerhalb der Branche bekannt zu machen und Friseur-Botschafter zu gewinnen. Bereits kurz danach wurde aber vor allem in der Tagespresse über das Projekt berichtet und somit die Leserschaft außerhalb der Branche erreicht. In 2013 wurden insgesamt ca. 20 Million Kontakte in allen Medien (Print, TV und online) realisiert. Dieses war das erste Jahr, in dem insbesondere über die Berufe-Olympiade „World Skills Leipzig", die breite Öffentlichkeit erreicht wurde (vgl. Abb. 6.6).

Online-Medien Kernelemente der Online-Medien wiederum sind zum einen ein Film, in dem die zwölf Charaktere jeweils ihre berufliche Erfolgsgeschichte vorstellen, zum ande-

Abb. 6.6 Messestand *My Beauty Career* auf der World Skills Leipzig 2013

ren die Internetpräsenz www.ich-bin-friseur.de, die sämtliche Informationen zur Kampagne und zum Berufsbild enthält. Der in die Seite integrierte Ausbildungsplatzfinder bietet darüber hinaus die Möglichkeit, ohne großen Aufwand den passenden Ausbildungssalon in der Nähe zu eruieren. Weitere Online-Aktivitäten, die geschaltet werden, liegen im Bereich des Social Media und hier namentlich Facebook und YouTube. Durch den Einbezug der Online-Aktivitäten können schnell und einfach relevante Informationen aus einer Hand publiziert werden und die junge Zielgruppe kann sich auf einfachem und ihrer Verhaltensweise entsprechendem Wege über das Berufsbild informieren.

Eine Vernetzung der Offline- und Online-Medien erfolgt mittels des Abdrucks eines QR-Codes sowie der URL auf allen Print-Marketingmitteln.

Friseur-Botschafter Die Offline- und Online-Aktivitäten werden ergänzt durch die persönliche Ansprache von repräsentativen Botschaftern. Als Botschafter wurden Friseure respektive Mitarbeiter von Friseuren rekrutiert. Diese halten Vorträge vor Jugendlichen, welche in allgemeinbildenden Schulen, Berufsinformationszentren oder auch in L'Oréal Akademien stattfinden. Zielsetzung der Botschafter ist es, Schulabgänger von diesem Beruf zu begeistern und Informationen über das Tätigkeitsfeld aus erster Hand zu vermitteln. Dieser Weg der Informationsvermittlung ist sehr effektiv, denn über die persönliche Kommunikation können Rückfragen direkt beantwortet werden.

Ferner repräsentieren die Botschafter die Kampagne auch auf regionalen Jobmessen, im Rahmen spezieller Ausbildungsmessen von Schulen bzw. Innungen und Handwerkskammern oder auch beispielsweise am *boys day*. Im Regelfall besuchen die Jugendlichen diese aus freien Stücken, um sich über mögliche Karrierewege zu informieren. Je wissensbegieriger Interessenten sind, desto einfacher ist es, an sie heranzutreten und ihnen Vorteile und Perspektiven aufzuzeigen. Gerade für den negativ behafteten Friseurberuf sind solche Messen sehr bedeutend, denn hier können am besten wahrheitsgemäße Auskünfte vermittelt und das negative Image ins Positive umgekehrt werden.

Wesentlich für die Botschafter, die regelmäßig in der ihnen zugeordneten Region ein Unternehmen leiten, ist jedoch, dass diese über die Teilnahme an der Kampagne auf professionelle Art und Weise zukünftiges Personal für ihren eigenen Salon rekrutieren können.

Zudem wurden an 5 Standorten in ganz Deutschland im Rahmen des *My Beauty Career* Tages ca. 250 Berufsberater der Bundesagentur für Arbeit über den Friseurberuf und seine Vielfältigkeit informiert. Als Multiplikatoren und wichtige Personen im Rahmen der Berufswahl stellen die Berufsberater weitere wichtige Botschafter für den Beruf Friseur dar.

6.3 Fazit und Ausblick

Mitarbeiter sind der Schlüssel für eine erfolgreiche Branche, in der es insbesondere auf den persönlichen, „hautnahen" Kontakt mit dem Kunden ankommt. Umso wichtiger ist es, Jugendlichen eine gute Ausbildung unter optimalen Bedingungen zu bieten und sie auf ihrem Karriereweg nicht nur zu unterstützen, sondern vielmehr die individuellen Talente zu fördern.

Mit der Entwicklung der Basis-Kommunikation der Kampagne *My Beauty Career* wurde ein erster Schritt getan. Zwei bedeutende Unternehmen mit jeweils 500 bzw. 1.000 Salons in Deutschland nahmen die Kampagne auf und individualisierten sie für ihr Business. So wurden weitere Multiplikatoren gefunden. Ende 2013 haben sich in Deutschland knapp 400 Friseure als Botschafter bekannt und engagieren sich durch persönliche Präsenz in den Abschlussklassen schwerpunktmäßig in Haupt, Real- und Gesamtschulen. Mit einem Rückgang von nur 4 % bei den Verträgen für das erste Ausbildungsjahr 2013 ist erstmalig der überproportionale Rückgang gestoppt worden. Das lässt hoffen und bestärkt den Fortgang von weiteren Aktivitäten.

Mit der Kampagne *Unser Friseur-Star für SAO Paulo*, der Teilnahme an den Berufe Weltmeisterschaften 2015 in Brasilien im Rahmen der deutschen National-Mannschaft der World Skills Germany, wird ein weiterer Kommunikationsakzent gesetzt. Gesucht wird der beste deutsche Friseur (männlich/weiblich), der die Branche und Deutschland im hochkarätigen internationalen Wettbewerb vertritt. Friseure als junge Helden, Friseure so bekannt wie bedeutende erfolgreiche Sportler – ehrgeizig, kompetent, kreativ. Die Darstellung der Besten der Besten der Branche wirkt unterstützend auf den Imageaufbau der Branche.

Zusätzlich zu diesem innovativen Wettbewerb auf Top-Niveau geht es auch zukünftig weiter um die Arbeit an der Basis. Mehr Berufsberater müssen geschult, mehr Botschafter gewonnen werden. Die Zielsetzung liegt bei 600 Botschaftern, die 3 bis 5 Mal pro Jahr Informationsveranstaltungen vor Schulklassen durchführen sollen. Würde das gelingen, hätten weitere 60.000 bis 100.000 Berufsanfänger die Informationen rund um die Möglichkeiten des Friseurberufes erhalten.

Weitere Ziele sind, die Schüler und die Friseursalons schon früh zusammenzubringen und sie den Beruf testen zu lassen. Ein Pilotprojet in Zusammenarbeit mit Kommunen und Schulen in Nordrhein- Westfalen setzt hier an: Es geht darum, Schülern konkret Praktikumsplätze zu organisieren. Diese Kooperation beginnt in 2014.

L'Oréal Professionelle Produkte und der Zentralverband des Deutschen Friseurhandwerks machen mit der Initiative *My Beauty Career* deutlich, dass die Friseurbranche nichts zu verbergen hat. Ganz im Gegenteil, sie setzt sich für ihre Auszubildenden ein und versucht, einen optimalen Karriereweg mit vielen abwechslungsreichen Wegen zu ermöglichen. Langweilig ist der Friseurberuf in keinem Fall, er wartet mit vielen spannenden Möglichkeiten in der momentan so angesagten Lifestyle-Branche auf.

Friseure schneiden nicht nur Haare, sondern decken ein breites Betätigungsfeld ab. Insofern ist der Beruf Friseur nicht Begleiter eines bestimmten Lebensabschnittes, sondern kann zu *meinem Beruf fürs Leben* werden.

Literatur

1. Beicht, U. (2013). Tarifliche Ausbildungsvergütungen 2012 kräftig gestiegen, im bibb vom 24. Januar 2013. http://www.bibb.de/dokumente/pdf/a21_dav_internetfachbeitrag_azubiverguetungen-2012-kraeftig-gestiegen.pdf. Zugegriffen: 14. April 2014.
2. Buhse, M. (9. August 2012). Auf Azubisuche in Bulgarien. *Die Zeit*. www.zeit.de/wirtschaft/2012-08/lehrstellen-deutschland. Zugegriffen: 14. April 2014.
3. DHKT. (2013). Deutscher Handwerkskammertag, Berlin: Neu abgeschlossene Ausbildungsverträge 2013 – Erhebung des Bundesinstituts für Berufsbildung. http://www.zdh.de/daten-und-fakten/ausbildung-bildung/bibb-erhebung-30-september/neu-abgeschlossene-ausbildungsvertraege-2013-erhebung-des-bundesinstituts-fuer-berufsbildung.html. Zugegriffen: 14. April 2014.
4. Förderbank. (2014). Europäische Kommission: Definition der Kleinstunternehmen sowie der kleinen und mittleren Unternehmen (KMU-Definition). http://www.foerderdatenbank.de/Foerder-DB/Navigation/Foerderrecherche/suche.html?get=4aa561e46fff16fb87d819d09c769842;views;document&doc=2018. Zugegriffen: 14. April 2014.
5. Glöckler, T. (1995). *Strategische Erfolgspotentiale durch Corporate Identity.* Wiesbaden: Deutscher Universitätsverlag.
6. Kramprich, D. (2013). Attraktive Karrieremöglichkeiten durch marktgerechte Weiterbildungsoffensive, im: Zentralverband des Deutschen Friseurhandwerks am 6. Mai 2013. http://www.friseurhandwerk.de/presse-service_presse-texte,38_131&pressetext=321&suchbegriff=Auszubildende.html. Zugegriffen: 14. April 2014.
7. Meffert, H., Burmann, C., & Kirchgeorg, M. (2012). *Marketing – Grundlagen marktorientierter Unternehmensführung* (11., überarbeitete und erweiterte Aufl.). Wiesbaden: Gabler.
8. Mendel, H. (13–21. Januar 1998). An Vorbildern lernen – wozu und wie? *Kontakt*. http://wwws.phil.uni-passau.de/local_heroes/pdf_literatur/An%20Vorbildern%20lernen.pdf. Zugegriffen: 14. April 2014.

9. Merkle, W. (1993). *Corporate Identity für Handelsbetriebe*. Göttingen: GHS.
10. Siems, D., & Borstel, S. (31. August 2012). Selbst in großen Firmen herrscht Lehrlingsmangel. *Die Welt*. http://www.welt.de/wirtschaft/article108911160/Selbst-in-grossen-Firmen-herrscht-Lehrlingsmangel.html. Zugegriffen: 14. April 2014.
11. Van Dick, R. (2014). Berufsidentifikation: „Ich habe den schönsten Beruf der Welt". http://www.invocem.com/downloads/pdf/invocem_van%20Dick_Berufsidentifikation.pdf. Zugegriffen: 14. April 2014.

Dr. Andrea Grote geb. 1971 in Neuss, hat lange Jahre für den Konsumgüterhersteller L'Oréal Professionnel Deutschland in den Bereichen Marketing, Vertrieb und Personal gearbeitet, bevor sie als wissenschaftliche Mitarbeiterin an die Universität Duisburg-Essen ging. Dort fertigte sie ihre Dissertationsschrift ‚Zur Kompatibilität von Marken- und Vertriebsmanagement in der Konsumgüterindustrie' an. 2004 wechselte sie in die Geschäftsführung der Addways Werbeagentur in Lage/Lippe, die sich neben der Entwicklung und Umsetzung der Kommunikationsstrategie von Unternehmen auch auf die Betreuung von KMU spezialisiert hat.

Kerstin Lehmann geb. 1962 in Cloppenburg, studierte Betriebswirtschaftslehre an der Universität zu Köln und absolvierte anschließend eine Friseur-Ausbildung in Hamburg und Cloppenburg. Ihre Karriere startete sie 1987 bei L'Oréal in der Division der Luxus-Produkte, in 1989 wechselte sie zur Division der Professionellen Produkte. Zuerst war sie im Marketing verantwortlich für den Launch und die Förderung von friseurexklusiven Produkten. Danach übernahm sie die Leitung des Kommunikationsbereichs der Division und zeichnet sich für alle friseurexklusiven Events sowie die Entwicklung und Förderung der Friseur-Sparte von L'Oréal bzw. der Branche verantwortlich. Dazu zählt u. a. die Konzeption von Maßnahmen zur Mitarbeitergewinnung wie *My Beauty Career*.

Violetta Moch geb. 1987 in Polen-Malapane, hat erste Marketingerfahrungen als Mediengestalterin in einem Zeitungsverlag in Bielefeld gesammelt. Mit dem Wechsel in die Addways Werbeagentur vertiefte sie ihre Kenntnisse im Bereich Marketing und fokussierte sich auf die Betreuung von KMU. Berufsbegleitend bildete sie sich erfolgreich zur Fachkauffrau für Marketing mit Abschluss IHK weiter und unterstützte bis Juni 2014 die Agentur unter anderem im strategisch-konzeptionellen Bereich mit Schwerpunkt Markenführung.

Nach der Karriere ist vor der Karriere - Zur Entwicklung eines Arbeitsmarktes für Senioren

7

Andreas Heinecke und Susan Müller

Inhaltsverzeichnis

Zusammenfassung

Aufgrund gesunder Lebensführung, steigenden Bildungsniveaus der jetzigen und zukünftigen Generationen und des Fortschritts in der Forschung und Medizin ist davon auszugehen, dass nach dem Renteneintritt 20 weitere Jahre aktiv und unabhängig gelebt werden können. Dabei fühlen sich viele Menschen zu jung, um nicht mehr zu arbeiten. Gleichzeitig sind viele Menschen finanziell unabhängig und können sich nun in den Bereichen einbringen, die ihnen sinnvoll erscheinen. Für die Auswahl des Engagements spielen die Motive, etwas zurückgeben oder sich in der Gesellschaft einbringen und sinnvolle Dinge leisten zu wollen, eine wichtige Rolle.

Der Beitrag beleuchtet das Potential, das die heutigen und zukünftigen Senioren für die Zivilgesellschaft und den Dritten Sektor darstellen. Der Dritte Sektor leidet gemeinhin unter einem Fach- und Führungskräftemangel. Hier können die gut aus-

A. Heinecke (✉)
Dialogue Social Enterprise GmbH, Alter Wandrahm 5, 20457 Hamburg, Deutschland
E-Mail: andreas.heinecke@dialogue-se.com

S. Müller
Dufourstrasse 40a, 9000 St.Gallen, Schweiz
E-Mail: susan.mueller@unisg.ch

M. Hartmann (Hrsg.), *Rekrutierung in einer zukunftsorientierten Arbeitswelt*,
DOI 10.1007/978-3-658-05084-9_7

gebildeten Seniorengenerationen eine wichtige Rolle spielen. Um den Übergang zu gestalten, braucht es allerdings gezielte Übergangsprogramme, die dies ermöglichen.

7.1 Einleitung

Elfriede Brüning ist 101 Jahre alt. Es ist erstaunlich zu sehen, wie voller Energie sie ist und mit welcher Anteilnahme sie das aktuelle Geschehen verfolgt. Sie liest, schreibt, ist politisch aktiv und besitzt ein ausgeprägtes Erinnerungsvermögen. Befragt nach ihrem „Geheimnis" antwortet sie knapp: „Arbeit".

Beispiele dafür, dass Arbeit als ein Drehmoment für ein erfülltes und aktives Leben auch im sehr hohen Alter dienen kann, sind viele bekannt. Berthold Beitz ging auch mit 99 Jahren noch jeden Tag in sein Büro bei ThyssenKrupp, Helmut Schmidt ist 95 Jahre alt und fehlt als Herausgeber der Wochenzeitung „Die ZEIT" auf keiner Redaktionskonferenz. Schauspieler wie Bernhard Minetti (93 Jahre) oder Johannes Heesters (108 Jahre) standen bis kurz vor ihrem Tod auf der Bühne. Künstler wie der Schriftsteller und Theaterregisseur George Tabori (93 Jahre), der Cellist Pablo Casals (96 Jahre) oder Pablo Picasso (92 Jahre) belegen, welche Möglichkeiten selbst Hochbetagte haben. Letzterer schuf alleine in seinem letzten Lebensjahr über 200 Bilder. Diese Persönlichkeiten sind sicherlich Ausnahmen, denen es vergönnt war, auch mit neun oder zehn Lebensjahrzehnten noch die geistige und körperliche Konstitution zu besitzen, um Außerordentliches zu leisten. Doch immer mehr Menschen werden älter und erhalten ihre Schaffenskraft. Viele Vorstände von Familienunternehmen oder Aufsichtsräte von DAX-Konzernen sind Anfang/Mitte 70 und werden sicherlich noch lange ihrer Verantwortung nachkommen, so dass Beitz und Schmidt bald keine Ausnahmen mehr sein werden.

Fragen

Sind das nun gute oder schlechte Nachrichten?

Sollen wir uns auch im hohen Alter über die Arbeit definieren oder muss mit der Maloche nach 30 oder 40 Jahren Erwerbsleben und Lohnabhängigkeit nicht endlich Schluss sein?

Gönnen wir den Alten einen ruhigen Lebensabend oder versuchen wir, neue Arbeitsformen zu gestalten, die es auch älteren Menschen erlauben, eine dritte oder vierte Karriere zu starten?

Können wir es uns bei den demographischen Verschiebungen mit mehr Menschen über 65 als unter 17 Jahren überhaupt leisten, das Humankapital älterer Menschen links liegen zu lassen?

Deutschland und Westeuropa bilden schon lange nicht mehr das Epizentrum der Weltwirtschaft und Faktoren wie Fachkräftemangel und schrumpfende Bevölkerungszahlen können auch durch den Migrantenzustrom oder die Verlängerung der Lebensarbeitszeit nicht ausgeglichen werden. Brauchen wir also die Alten sogar, um im Wettbewerb zu bleiben?

Wie verändert sich unsere Arbeitswelt und welche Chancen und Möglichkeiten zur Potentialentfaltung ergeben sich hierbei für Menschen, die wir mit 65 oder spätestens mit 67 Jahren in den Ruhestand verabschieden?

Antworten auf diese Fragen und einen sehr guten Ausblick bietet die von der Robert Bosch Stiftung 2013 veröffentlichte Studie „Die Zukunft der Arbeitswelt – Auf dem Weg ins Jahr 2030" [17]. Eine Kommission unter der Leitung des ehemaligen Chefökonomen der Deutschen Bank, Prof. Norbert Walter, hat in mehrjähriger Arbeit die Frage verfolgt, inwieweit der demographische Wandel die Arbeitswelt und das Erwerbsleben in Deutschland verändert. Es wurde ein mehrdimensionaler Ansatz gewählt, um möglichst viele auf die Arbeitswelt einwirkende Aspekte wie Unternehmen, Sozialpartner, soziale Sicherung, Arbeitsrecht, Arbeitsmarkt und Bildung zu berücksichtigen. Auch Megatrends wie die Globalisierung, der gesellschaftliche Wertewandel, die Stellung der Frau, der Umgang mit Vielfalt oder der Übergang von einer Produktions- zu einer Wissensgesellschaft wurden einbezogen.

Die Studie liefert neben den Ergebnissen der theoretischen Auseinandersetzung auch sehr konkrete Handlungsanweisungen, wie Negativfolgen vermieden werden können. Sehr plastisch werden zum Beispiel die Folgen des demographischen Wandels beschrieben:

▶ Die bundesdeutsche Bevölkerung schrumpft stetig. 2030 wird es – nach einem in der Studie geschilderten Szenario – lediglich noch 78 Mio. Deutsche geben. 2060 könnten es sogar nur noch 68 Mio. sein. Das bedeutet, dass bis 2030 zwölf Prozent weniger Menschen im Erwerbsalter das Bruttosozialprodukt sichern. Parallel steigt jedoch die Zahl der über 65-Jährigen auf rund 30 %. Der Altenquotient (d. h. die Anzahl der über 65-Jährigen pro 100 Personen im Alter zwischen 20 bis unter 65 Jahren) könnte sich sogar von heute 34 auf 65 im Jahr 2060 verdoppeln ([17], S. 9).

Wie reagiert der Arbeitsmarkt auf diese demographischen Verwerfungen? Besteht etwa die Gefahr, dass „die Alten" die Arbeitsplätze für die nachfolgenden Generationen blockieren? Immerhin stellt die Jugendarbeitslosigkeit eine andere Herausforderung auf dem Arbeitsmarkt dar. Wo liegen die besonderen Kompetenzen von älteren Menschen mit Lebens- und Berufserfahrung? Und gibt es Arbeitsgebiete und Aufgabenfelder, wo diese im Besonderen benötigt werden? Wie kann der Übergang von der Berufstätigkeit in die Nacherwerbsphase gestaltet werden, um den Menschen, die weiter arbeiten wollen, hier Anschlussperspektiven auf dem Arbeitsmarkt zu eröffnen?

7.2 Der Dritte Sektor als zukünftiger Arbeitsmarkt für Senioren?

Der demographische Wandel in Deutschland birgt neben den Problemen, die er mit sich bringt, auch eine große Chance für die Zivilgesellschaft, wenn das Potential von älteren Arbeitnehmern erschlossen wird. Der Dritte Sektor, also derjenige, der dem Gemeinwohl verpflichtet ist, leidet gemeinhin unter einem Fach- und Führungskräftemangel. Absolventen von Wirtschaftsfakultäten oder Business Schools starten ihre Karriere bevorzugt in einem kommerziellen Umfeld, da dort „angemessene" Gehälter bezahlt werden und die Entwicklungsmöglichkeiten deutlich sind. Im Non-Profit-Bereich ist das Lohnniveau dagegen signifikant geringer und eine soziale Tätigkeit erscheint erst wieder interessant, wenn das rein auf monetäre Aspekte ausgerichtete Tun infrage gestellt wird, wie die Vermittlungsagentur Talents4Good zu berichten weiß.

Talents4Good unterstützt Fach- und Führungskräfte aus der Wirtschaft beim Einstieg in ein Beschäftigungsverhältnis in Sozialunternehmen (www.talents4good.org). Das kann vieles sein: von der Sekretärin bei Greenpeace über den Entwicklungshelfer bis zur Geschäftsführerin einer Stiftung.

- Es gibt einerseits Arbeitgeber, die unmittelbar auf das Gemeinwohl ausgerichtet sind, wie zum Beispiel Selbsthilfe- und Sozialverbände, Bildungs-, Umwelt- oder Hilfsorganisationen.
- Andererseits spielen aber auch in klassischen Unternehmen soziale Aspekte eine immer größere Rolle, sei es etwa über den Aufbau von CSR-Abteilungen oder das Betreiben eines Social Business. In diesem Falle werden die Marktmechanismen des Wirtschaftslebens genutzt, um einen sozialen oder umweltbezogenen Missstand zu beheben.
- Auch ergreifen immer mehr Einzelpersonen oder Teams die Initiative und gründen Sozialunternehmern, um gesellschaftlichen Herausforderungen unternehmerisch zu begegnen.

Laut einer Studie des „Global Entrepreneurship Monitor" sind in Deutschland 1,6 % der 18- bis 64-Jährigen Gründer eines Sozialunternehmens, das jünger als 42 Monate ist, oder gerade dabei, ein Sozialunternehmen aufzubauen [16]. Zum Vergleich: Die allgemeine Gründungsquote liegt in Deutschland bei ca. fünf Prozent (Anteil der 18- bis 64-Jährigen, die entweder Gründer junger Unternehmen sind oder sich in der Gründungsphase befinden) [15].

Sozialunternehmer versuchen, mit innovativen Lösungen der Zivilgesellschaft zu dienen. Dabei steht die zu erzielende soziale Wirkung im Vordergrund und nicht die Profitmaximierung. Kein einfaches Unterfangen, diese Balance zwischen einem sozialen Motiv und finanzieller Nachhaltigkeit zu halten und nicht zwischen den Mahlsteinen widerstreitender Interessen zerrieben zu werden. Bei der Aufgabe, dies zu meistern, spielen laut einer Untersuchung der Schwab Foundation for Social Entrepreneurship [7] die Finanzen jedoch nicht die entscheidende Rolle.

► Die größte Herausforderung besteht im Gewinnen und Halten von Fach- und Führungskräften, die bereit sind, für kleines Geld einen großen Beitrag zu leisten.

Diese Lücke kann durch Menschen geschlossen werden, die eine dritte oder vierte Karriere nach ihrem eigentlichen Berufsleben beginnen wollen. Das Potential ist riesig und die Zahlen sprechen für sich:

- Jede fünfte in Deutschland lebende Person ist über 65 Jahre alt ([14] Wert aus 2009, S. 7).
- Im Jahr 2012 wurden 20,6 Mio. Rentner gezählt ([3] Wert aus 2012, S. 17).
- 13 % der über 65-Jährigen, also mehr ca. 220.000 Senioren, haben einen akademischen Abschluss ([14] Wert aus 2009, S. 29).
- Das durchschnittliche Renteneintrittsalter liegt bei ca. 63 Jahren ([14] Wert aus 2012, S. 43).

Diese Generation der Rentner ist aktiv:

- Ca. ein Drittel der 45- bis 65-jährigen Erwerbstätigen und mehr als die Hälfte der 65- bis 75-jährigen Rentner können sich vorstellen, ihren Beruf auch nach der gesetzlichen Altersgrenze auszuüben [5].
- Aufgrund des wachsenden Bewusstseins für eine gesunde Lebensführung, des steigenden Bildungsniveaus der jetzigen und zukünftigen Generationen und des Fortschritts in Forschung und Medizin ist davon auszugehen, dass nach dem Renteneintritt 20 weitere Jahre aktiv und unabhängig gelebt werden können.
- Das Bild von alten Menschen als pflegebedürftigen und dahinvegetierenden Individuen entspricht nicht der Realität. 82 % der über 80-Jährigen sind nicht auf Betreuung und Pflege angewiesen und gerade 34 % der über 90-Jährigen leiden tatsächlich an Demenz [12].

Somit besteht ein großes Potential an Fachkräften, wenn Mittel und Wege gefunden werden, unsere statischen Vorstellungen vom Berufsleben zu überwinden. Nach den Phasen Kindheit, Ausbildung, Beruf und Familie kommt nicht automatisch der Ruhestand. Das Ende der Erwerbstätigkeit wird durchlässiger und immer mehr Menschen werden im Alter von über 60 Jahren eine dritte oder vierte Karriere starten, die es ihnen ermöglicht, ihre Erfahrungen und Potentiale optimal zu nutzen – eine Ressource, die gerade bei vielen ehrenamtlichen Engagements häufig fehlt. Worauf aber basiert der Optimismus, dass sich hier ein großes Humankapital verbirgt?

7.3 Engagement im Alter[1]

In ihrem Buch „Wir brauchen Euch“ fassen Roland Krüger und Loring Sittler die sich verändernden Einstellungen zum Thema Ruhestand wie folgt zusammen:

> „Bis in die 1960er Jahre betrachtete man den Ruhestand als Erholung vom harten Arbeitsleben, in den 1970ern als Belohnung für ein arbeitsames Leben und ab den 1980ern als

[1] Dieses Kapitel beruht im Wesentlichen auf von Eric Holst verfassten Teilen eines Abschlussberichtes von Heinecke et al. [8].

bezahlte Freizeit. Inzwischen begreift die Mehrheit der Bevölkerung die Zeit nach dem Erwerbsleben als Möglichkeitsraum, der nach individuellen Plänen aktiv gestaltbar ist" ([10], S. 12).

Die Menschen sind zwar im rentenfähigen Alter, besitzen aber noch immer eine hohe Leistungsfähigkeit und sind gesünder als ihre Vorgängergenerationen. Die 65- bis 85-Jährigen geben an, dass sie sich im Durchschnitt zehn Jahre jünger fühlen, als es dem tatsächlichen Lebensalter entspräche [4].

Allerdings erleben jene, die den Austritt aus dem Berufsleben vollziehen, häufig einen sozialen und psychischen Bruch zwischen den Lebensabschnitten, da zahlreiche Bedürfnisse (Selbstbestätigung, Ansehen, Verantwortung, Leitungsbefugnis, Gestaltungsfähigkeit) vom fehlenden Arbeitsleben nicht mehr befriedigt werden. Diesen Übergang erleben Senioren häufig als Prozess, in dessen Verlauf nach neuen Identitätsquellen, Struktur und Sinn gesucht wird [1].

Personen, die in die Rente eintreten und sich zuvor nicht konkret mit dem Thema Ruhestand auseinander gesetzt haben, erleben nach einer „Honeymoon-Phase", in der sie die gewonnene Freizeit positiv genießen, eine Ernüchterungsphase: Der Verlust von Arbeitsbeziehungen, Status und Bestätigung macht vielen Senioren zu schaffen. In der Neuorientierungsphase suchen viele sinnvolle und befriedigende Aufgaben, die ihr Leben (wieder) strukturieren. Falls die Betroffenen in dieser Phase keine befriedigende Orientierung erhalten, steigt die Gefahr, krank oder depressiv zu werden. Finden sie hingegen eine neue Tätigkeit, erreichen sie die Stabilitätsphase, in der sie sich neuen Aufgaben zuwenden [10].

Der Grund für die Suche: Mit zunehmendem Alter spürt man, dass man etwas Gutes tun möchte, um „Spuren" zu hinterlassen. In der Psychologie wird dies „Generativität" genannt. Ein Begriff, der den „Zukunftssinn" beschreibt. Während man sich für andere einsetzt, tut man zugleich etwas für sich und das eigene „Seelenheil" ([10], S. 58). Dabei entdecken viele Senioren bürgerschaftliches Engagement als Möglichkeit, um soziale Integration und Anerkennung zu erreichen sowie ihre Kompetenz und ihr Erfahrungswissen einzubringen. Die „gewonnenen" Jahre können so mit Zufriedenheit und Sinn gefüllt werden. Ein wichtiger Trend des Freiwilligensurveys aus dem Jahr 2009 bestand daher darin, dass sich Seniorinnen und Senioren durch freiwilliges Engagement und gemeinschaftliche Aktivität immer stärker in die Zivilgesellschaft einbringen. So stieg die Engagementquote der über 65-Jährigen von 23 % (1999) zunächst auf 26 % (2004) und schließlich auf 28 % (2009) [2]. Dabei spielt das Motiv, „etwas zurückgeben zu wollen", sicherlich eine große Rolle.

Dies wird auch in anderer Hinsicht deutlich. Alle Menschen sind Wechselfällen des Lebens ausgesetzt, erleben Tod oder Krankheit. Täglich sind wir mit Nachrichten konfrontiert, die über Katastrophen, Krisen, Ungerechtigkeiten oder Notstände berichten. Mit dem Alter steigen die soziale Verantwortung und die Bereitschaft, sich finanziell zu engagieren, wie die Bilanz des Deutschen Spendenrats belegt. Von den 22 Mio. Spendern in

Deutschland sind 65 % über 50 Jahre alt. 33 % der so genannten treuen Spender sind sogar über 70 Jahre alt [6].

7.4 Gerontologische Grundlagen zur Arbeit im Alter

Wir gehen von der Grundannahme aus, dass die im Alter gewonnenen Kompetenzen vor allem einen Gewinn für die Gesellschaft darstellen. So verfügen Senioren beispielsweise über „Daseinskompetenzen", also „Fähigkeiten, Fertigkeiten und Wissenssysteme [...], die Menschen im Lebenslauf ausgebildet haben und die sie in die Lage versetzen, mit den verschiedenen Anforderungen des Lebens verantwortlich und kompetent umzugehen. Zu diesen Anforderungen zählen jene in Beruf, im Alltag, in der zwischenmenschlichen Kommunikation und im Bereich der Ethik [...]" ([11], S. 42).

Dennoch steht die Frage im Raum, inwieweit eine gute mentale und körperliche Konstitution von Menschen selbst im hohen Alter als Humankapital anzusehen ist. Prof. Dr. Andreas Kruse vom Institut für Gerontologie der Universität Heidelberg erforscht mit seinem Team das weite Spektrum, welches mit dem Alterungsprozess einhergeht. Es ist wichtig, hier ein differenziertes Bild zu erhalten, welches über allgemeine Zuschreibungen wie „Erfahrung" oder „Weisheit" hinausgeht. So ergibt sich laut Kruse/Schmitt bezüglich der geistigen Leistungsfähigkeit im Alter ein äußerst vielschichtiges Panorama. Es gibt Bereiche, in denen Fähigkeiten und Fertigkeiten bestehen bleiben und andere, in denen Verluste zu verzeichnen sind. Die „im Lebenslauf erworbenen Denk-, Lern- und Gedächtnisstrategien" bleiben beispielsweise bestehen. Dagegen gibt es Verschlechterungen hinsichtlich kognitiver „Basisoperationen", wenn diese zu einem Großteil von neurophysiologischen Prozessen beeinflusst werden ([11], S. 43). Die Autoren fassen die Konsequenzen wie folgt zusammen:

„Alternsprozesse des Zentral-Nerven-Systems zeigen sich vor allem in der Abnahme der Geschwindigkeit und der Präzision der Erregungsübertragung zwischen Nervenzellen. Daraus resultieren altersbezogene Verluste in folgenden Leistungsbereichen:

- in der Geschwindigkeit der Informationsverarbeitung,
- in der Fähigkeit zur Lösung neuartiger kognitiver Probleme,
- im Arbeitsgedächtnis, das heißt im Prozess der Verschlüsselung und Übertragung des Materials in den Langzeitspeicher,
- sowie in der Kontrolle von Lernvorgängen (das Lernen im Alter ist störanfälliger)" ([11], S. 43).

Die Ausprägungen dieser Verluste hängen jedoch nicht nur vom Lebensalter ab. Sie sind zudem mit der Art und dem Umfang der kognitiven Beschäftigung in der Vergangenheit, mit der Qualität ausgebildeter Denk- und Lernstrategien, der Gesundheit im Alter und mit im höheren Lebensalter erhaltenen Anregungen zum Einsatz von Denk- und Lernstrategien zu erklären ([11], S. 44).

Die gerontologischen Grundlagen lassen sich für ältere Mitarbeiter wie folgt zusammenfassen:

- Expertenwissen und effektive Handlungsstrategien sind vorhanden.
- Es besteht häufig eine hohe Motivation, Identifikation und Loyalität gegenüber dem Arbeitgeber.
- Innerbetriebliche Netzwerke und Arbeitsabläufe sind bekannt.
- Beruf und Familie sind in vielen Fällen miteinander vereinbar.
- Es wurden Fähigkeiten zur psychischen Stabilität entwickelt.
- Ältere Menschen können in Alternativen denken und haben einen Sinn für das Machbare.
- Es besteht häufig zeitliche Flexibilität sowie finanzielle und geistige Unabhängigkeit.

Zudem handelt es sich bei der Generation der Babyboomer um die letzte prä-digitale Generation. Menschen, die vor 1960 geboren wurden, haben Wissen ohne Google aufgebaut, finden den Weg ohne GPS und Freunde ohne Facebook [9]. Die negativen Auswirkungen der Digitalisierung wie Konzentrationsschwächen, kurze Aufmerksamkeitsspannen, Multitasking oder die Schwierigkeit, sich in einer virtuellen und realen Welt parallel zu bewegen, sind bei ihnen nicht so ausgeprägt.

Ermutigend ist zudem die Erkenntnis, dass wichtige psychologische Faktoren, die für die Vorbereitung und Durchführung eines Engagements in der Nacherwerbsphase wichtig sind, positiv beeinflusst werden können. So konnte gezeigt werden, dass die Teilnahme an dem Programm „55 plus! – Perspektiven nach dem Berufsleben", das den Übergang vom Erwerbsleben in eine aktive Nacherwerbsphase begleitete, positive Auswirkungen auf die folgenden Faktoren hatte ([11], S. 55 ff.):

- *Tendenz zu einer aktiven Auseinandersetzung mit neuen Entwicklungsaufgaben:*
  Nach einer Phase des vorübergehenden Disengagements setzt eine Neuorientierung ein mit stärkerer Hinwendung zu neuen Aufgaben und anderen Menschen.
- *Internale Kontrollüberzeugung:*
  Die Überzeugung wächst, dass eigene Ziele erreicht und Bedürfnisse gestaltet werden können.
- *Sinnerfahrung:*
  Die Beschäftigung mit neuen Aufgaben und die Überzeugung, diese mit den eigenen Kompetenzen ausfüllen zu können, wirkt sich positiv auf die Sinnerfahrung aus.
- *Pläne und Vorhaben:*
  Das Ausmaß an Plänen und Vorhaben steigt durch die Teilnahme am Interventionsprogramm.
- *Subjektive Belastungen:*
  Das Gefühl der Belastungen, die mit dem Übergang in die Nacherwerbsphase verbunden sind, geht zurück.

Die Entwicklung und Erschließung des Potentials von Senioren ist also machbar und für die Gesellschaft sinnvoll.

7.5 Innovative Ansätze in der Personalentwicklung

Das Potential von älteren Menschen für den Arbeitsmarkt ist erkannt und verschiedene Organisationen versuchen bereits die Erfahrungen und das Wissen von Senioren für die Gesellschaft nutzbar zu machen:

- So bietet die Internetplattform MASTERhora (www.masterhora.de) Unternehmen die Möglichkeit, hoch qualifizierte Fach- und Führungskräfte zu finden, die bereits im Ruhestand sind, die sich aber gerne in Form von Projekten engagieren lassen möchten.
- Die Organisation Gründer 50plus (www.gruender50plus.de) bietet Beratung und Coaching für Existenzgründer 50plus.
- Der „Senioren Experten Service" ermöglicht es Menschen im Ruhestand, sich ehrenamtlich auf Projektbasis bei klein- und mittelständischen Unternehmen oder für Organisationen wie die Deutsche Gesellschaft für Internationale Zusammenarbeit (GIZ) zu engagieren. Die Einsatzorte sind auf der ganzen Welt verteilt. Die Einsatzlänge variiert und kann von drei Wochen bis zu sechs Monaten dauern.
- Der Thinktank powerAge Foundation in Basel (www.poweraging.org) will ganz bewusst die Stärken und Pluspunkte des Älterwerdens in den Vordergrund stellen und das Erfahrungskapital tausender Babyboomer, die täglich in Westeuropa in den Ruhestand eintreten, nutzbar machen.

Durch das Engagement dieser Organisationen sollen sich die Altersperspektiven in Wirtschaft und Gesellschaft ändern, um das Erfahrungswissen von älteren Experten zu gewinnen, zu sichern, zu nutzen und in einem intergenerativen Dialog weiterzugeben.

Großunternehmen entdecken das Potential der Älteren jedoch erst langsam. Zwar ist ihnen der drohende Mangel an Fachkräften bewusst. Die Potentiale ihrer „Ruheständler" werden häufig jedoch nur dann genutzt, wenn es zu verhindern gilt, dass Wissen durch den Weggang von Mitarbeitenden unwiederbringlich verloren geht oder dringend Experten für Projekte oder Spitzenauslastungen gebraucht werden. Senioren werden dann auf Projektbasis zurückgeholt. So beschäftigt das Unternehmen „Bosch Management Support" nach eigenen Angaben fast 900 ehemalige Bosch-Mitarbeiter, die als Senior-Experten bei Engpässen kurzfristig einspringen können. Damit kommen Erfahrungen und Wissen, das sich die Mitarbeiter über einen langen Zeitraum angeeignet haben, dem Unternehmen zugute.

Was in der Unternehmenswelt noch weitgehend fehlt, sind Angebote, die gezielt dabei helfen, die Übergangsphase vom Erwerbsleben in den Ruhestand zu gestalten. Dabei könnten Angebote sowohl arbeitszeitliche Modelle als auch konkrete Programme zur Vorbereitung auf die Zeit nach der „normalen" Erwerbsarbeit beinhalten. Hinsichtlich der

Arbeitszeit wären gleitende Übergänge in den Ruhestand denkbar und sinnvoll, anstatt die Arbeitsleistung von einem Tag auf den anderen komplett herunterzufahren.

Letzteres passiert selbst bei Altersteilzeitmodellen sehr häufig, nämlich dann, wenn als Variante der Altersteilzeit das „Blockmodell" anstatt die „kontinuierliche" Altersteilzeit genutzt wird. Das Blockmodell unterteilt die Altersteilzeit in eine „Arbeitsphase" und eine „Freistellungsphase". In der „Arbeitsphase" geht der Arbeitnehmer weiterhin seiner Arbeit nach, mit der gleichen Arbeitszeit wie bisher. In der „Freistellungsphase" ist der Arbeitnehmer komplett freigestellt. Zwar wird dadurch die Arbeitszeit insgesamt reduziert, aber die Idee eines gleitenden Übergangs in die Rente geht dadurch verloren.

Dabei gibt es ausreichend Ideen für die Gestaltung eines gleitenden Übergangs: So schlagen Krüger und Sittler beispielsweise einen Ausstieg durch so genannte Zeitwertkonten vor. Dabei sparen Arbeitnehmer Gehaltsbestandteile wie Weihnachtsgeld, Resturlaubstag oder Boni auf einem Wertkonto an, was ihnen später die Reduzierung der Arbeitszeit auf dem Weg in den Ruhestand erlaubt ([10], S. 117). Dabei kann die freie Zeit zur Gesundheitsförderung, zur Schaffung von Freiräumen für berufliche Qualifizierungen, zur Pflege von Angehörigen oder als Vorbereitung auf die zweite Karriere in der Rente bzw. zur Förderung einer Vorbereitung auf nachberufliche Tätigkeiten im bürgerschaftlichen Engagement genutzt werden ([13], S. 90).

Hinsichtlich inhaltlicher Angebote zur Vorbereitung auf die Zeit nach der „normalen" Erwerbsarbeit gibt es derzeit noch wenige Vorschläge. Und wenn es sie gibt, scheinen sie sich – nach unserem Kenntnisstand – meist auf Informationsangebote zu ehrenamtlichen Engagement-Möglichkeiten in der Nacherwerbsphase zu beschränken. Wir denken, Unternehmen, Senioren und Arbeitnehmer könnten davon profitieren, wenn gezielt Angebote entwickelt würden, die die Senioren auf kreative und verantwortungsvolle Positionen in der Nacherwerbsphase vorbereiten würden. Dabei sollten Senioren zum einen Möglichkeiten aufgezeigt bekommen, wie sie ihre *vorhandenen* Erfahrungen, Fähigkeiten und Fertigkeiten einsetzen können. Zum anderen sollte es jedoch auch Angebote geben, die die Chance bieten, sich *Neues* anzueignen. Gerade Senioren, die finanziell abgesichert sind, haben in der Nacherwerbsphase nochmals die Chance, endlich das zu tun, was sie wirklich, wirklich wollen – etwas, das bei der jetzigen Rentnergeneration während des eigenen Berufslebens vielleicht nicht immer möglich war.

Ein sinnvolles Weiterbildungsprogramm könnte darin bestehen, Senioren am Ende ihrer Erwerbstätigkeit die Möglichkeit zu bieten, sich auf ein selbstbestimmtes sozialunternehmerisches Engagement vorzubereiten. Dies würde dem Willen der Senioren, sich sinnvoll in die Gesellschaft einzubringen, Rechnung tragen und könnte zudem dazu beitragen, dem sozialwirtschaftlichen Sektor Fach- und Führungskräfte zur Verfügung zu stellen. Wie oben erwähnt, braucht gerade dieser Sektor dringend Verstärkung. Diese Idee wurde von einem Team der European Business School und Ashoka Deutschland[2] im Rahmen einer Machbarkeitsstudie, die im Auftrag des Bundesministeriums für Familie, Senioren, Frau-

[2] Ashoka ist das bedeutendste Netzwerk von Sozialunternehmern weltweit. http://germany.ashoka.org/.

en und Jugend (BMFSFJ) durchgeführt wurde, bereits näher betrachtet [8]. Darin wurde die Bereitschaft von Unternehmen und Senioren untersucht, eine Weiterbildungsmaßnahme zum Thema „Sozialunternehmertum“ zu unterstützen bzw. daran teilzunehmen. Die grundsätzliche Machbarkeit, der Bedarf seitens der Unternehmen und das Interesse von Senioren konnte durch die Machbarkeitsstudie bestätigt werden:

- Die Unternehmen versprechen sich von einer aktiven Unterstützung „ihrer“ Senioren an einem solchen Weiterbildungsprogramm konkrete Vorteile. Sie erhoffen sich eine Stärkung der Loyalität und Engagementkultur, Reputationsgewinn sowie Kontakte zu erfahrenen Fachkräften auch nach der Betriebszugehörigkeit. Ein Übergangsprogramm wird begrüßt, da den Mitarbeitenden damit interessante Perspektiven aufgezeigt werden und Unternehmen einen gesellschaftlichen Beitrag leisten können.
- Senioren zeigen ein großes Interesse und haben gute Ideen für ein selbstbestimmtes Engagement: Ein im Rahmen der Machbarkeitsstudie durchgeführter Pilotworkshop zum Thema „Sozialunternehmerisches Engagement im Ruhestand“ mit 20 Teilnehmern hat das grundsätzliche Interesse von Senioren sowie die Bereitschaft, sich zu engagieren, gezeigt: Insgesamt gab es 40 Anmeldungen (zehn Prozent aller Eingeladenen). Alle Teilnehmer zeigten eine hohe Engagementbereitschaft für den sozialen Sektor und einige Senioren konnten sich vorstellen, in einem Sozialunternehmen mitzuarbeiten bzw. eigene Ideen umzusetzen.
- Das Programm sollte sich sowohl an Senioren in der Erwerbsphase als auch in der Nacherwerbsphase richten und einen Umfang von ca. 20 % der Jahresarbeitszeit umfassen. Ein Großteil der Senioren möchte sich frühzeitig mit verschiedenen Möglichkeiten zur Gestaltung des Ruhestands auseinander setzen und kann sich gut vorstellen, die letzten Jahre oder Monate des Erwerbslebens für eine gezielte Vorbereitung auf den Ruhestand zu nutzen. Zudem zeigt sich bei vielen Senioren im Ruhestand, dass sie nach einer „Honeymoon-Phase“, in der sie den Ruhestand genießen, wieder aktiv werden möchten.

Ein Weiterbildungsprogramm, das der Vorbereitung auf eine sozialunternehmerische Tätigkeit dient, könnte somit eine wichtige Lücke schließen: Das Potential von Senioren könnte einem Bereich zugeführt werden, der auf Unterstützung zwingend angewiesen ist. Dabei würde eine Wertschöpfung auf der persönlichen Ebene (für die Senioren), der organisatorischen Ebene (für das Sozialunternehmen) und der gesellschaftlichen Ebene (für Benachteiligte) entstehen und zu einem signifikanten sozialen Wandel führen.

Literatur

1. Atchley, R. (1976). *The sociology of retirement*. Hoboken: Wiley.
2. Bundesministerium für Familie, Senioren, Frauen und Jugend. (2009). Hauptbericht des Freiwilligensurveys 2009. Berlin.

3. Bundesministerium für Arbeit und Soziales. (2013). Bericht der Bundesregierung über die gesetzliche Rentenversicherung, insbesondere über die Entwicklung der Einnahmen und Ausgaben, der Nachhaltigkeitsrücklage sowie des jeweils erforderlichen Beitragssatzes in den künftigen 15 Kalenderjahren gemäß § 154 Abs. 1 und 3 SGB VI. Rentenversicherungsbericht 2013.
4. Generali Deutschland Holding AG. (2012). *Generali Altersstudie 2013. Wie ältere Menschen leben, denken und sich engagieren*. Frankfurt a. M.: FISCHER Taschenbuch.
5. Generali Zukunftsfonds. (2013). Länger Leben – Länger Arbeiten? Daten und Fakten zum Thema Lebensarbeitszeit. Köln.
6. GfK und Deutscher Spendenrat e. V. (2013). Bilanz des Helfens. http://www.spendenrat.de/filearchive/9fedafe910992ce219fa31f8ac65654a.pdf. Zugegriffen: 6. März 2014.
7. Heinecke, A., Kloibhofer, M., & Krzeminska, A. (im Druck). Leadership in Social Enterprises, Genf – Schwab Foundation for Social Entrepreneurship.
8. Heinecke, A., Müller, S., Hinze, K., Höll, R., & Holst, E. (2013). Machbarkeitsstudie zum Programm Erfahrungsunternehmerinnen und Erfahrungsunternehmer, Oestrich-Winkel: EBS Business School.
9. Koper, T. (2013). Game over – press reset. Basel.
10. Krüger, R., & Sittler, L. (2011). *Wir brauchen Euch. Wie sich die Generation 50plus engagieren und verwirklichen kann*. Hamburg: Murmann Verlag Gmbh.
11. Kruse, A., & Schmitt, E. (2011). 55 plus! – Perspektiven nach dem Berufsleben. Ein Projekt im Rahmen der „Initiative Zweite Lebenshälfte" von Boehringer Ingelheim Pharma KG und der Stadt Weinheim, Ingelheim am Rhein 2011.
12. Lehr, U. (2012). Der demographische Wandel. Herausforderungen und Chance für Individuen und die Gesellschaft. Heidelberg. Vortrag Age as Asset Konferenz, EBS Business School. Zugegriffen: 25. April 2012.
13. Lorenz, F., & Schneider, G. (2008). *Alternsgerechtes Arbeiten: Der demografische Wandel in den Belegschaften*. Saarbrücken: VSL.
14. Statistisches Bundesamt. (2011). Blickpunkt. Ältere Menschen in Deutschland und der EU. https://www.destatis.de/DE/Publikationen/Thematisch/Bevoelkerung/Bevoelkerungsstand/BlickpunktAeltereMenschen1021221119004.pdf?__blob=publicationFile. Zugegriffen: 9. August 2014.
15. Sternberg, R., Vorderwülbecke, A., & Brixy, U. (2012). Global entrepreneurship monitor. Unternehmensgründungen im weltweiten Vergleich, Länderbericht Deutschland 2012, London, Global Entrepreneurship Research Association (GERA).
16. Terjesen, S., Lepoutre, J., Justo, R., & Bosma, N. (2009). Global entrepreneurship monitor – 2009, Report on social entrepreneurship, London, Global Entrepreneurship Research Association (GERA).
17. Walter, N., Fischer, H., Hausmann, P., Klös, H., Lobinger, T., Raffelhüschen, B., Rump, J., Seeber, S., & Vassiliadis, M. (2013). Die Zukunft der Arbeitswelt – Auf dem Weg ins Jahr 2030. Stuttgart. Verlag: Robert Bosch Stiftung

Prof. Dr. Andreas Heinecke hat zahlreiche soziale Unternehmen begründet und betreibt seit mehr als 20 Jahren die Ausstellung „Dialog im Dunkeln". Hierdurch entstanden weltweit Arbeitsplätze für blinde Menschen und ein wesentlicher Beitrag konnte geleistet werden, um eine rein auf Defizit ausgerichtete Wahrnehmung behinderter Menschen zu überwinden. Er ist der erste Ashoka-Fellow in Deutschland und Westeuropa und hat zahlreiche Auszeichnungen erhalten. Er lehrt Social Business als Honorarprofessor an der EBS Business School und stellt das Potenzial älterer Menschen für das Gemeinwohl in den Mittelpunkt seiner Arbeit.

Dr. Susan Müller arbeitet am Schweizerischen Institut für Klein- und Mittelunternehmen der Universität St. Gallen. Dort promovierte sie 2009 zum Thema Gründungsausbildung. In ihrem Habilitationsprojekt beschäftigt sie sich derzeit mit den Themen Soziales Unternehmertum und Gründungsausbildung.
Von April 2012 bis August 2014 arbeitete Susan Müller am World Vision Center for Social Innovation an der EBS Universität für Wirtschaft und Recht. Dort war sie Projektleiterin des vom Bundesministerium für Bildung und Forschung (BMBF) geförderten Projekts „Soziale Innovationen in Deutschland". Zudem führte sie gemeinsam mit Andreas Heinecke und einem Team von Ashoka Deutschland eine Machbarkeitsstudie im Auftrag des Bundesministeriums für Familie, Senioren, Frauen und Jugend (BMFSFJ) durch. Die Studie sollte prüfen, inwiefern ein Übergangsprogramm zur Vorbereitung von Senioren auf eine selbstbestimmte, sozialunternehmerische Tätigkeit in der Nacherwerbsphase von Senioren und Unternehmen angenommen werden würde.

Teil III
Mitarbeiter zur Wertschöpfung führen

Arbeitgeberattraktivität – Ein Erfolgsbeispiel aus der Süßwarenindustrie

8

Oliver Schindler

Inhaltsverzeichnis

Zusammenfassung

In einem eher strukturschwachen Gebiet in Mecklenburg-Vorpommern gelegen, stellt sich die Suche nach neuen Mitarbeitern für die Sweet Tec GmbH zumeist relativ schwierig dar. Viele Betriebe der Lebensmittelindustrie haben sich nach der Wende in der Region niedergelassen und werben nun um die hartumkämpften Fachkräfte. Oliver Schindler hat in seinen Unternehmen einiges unternommen, um als Arbeitgeber *Anders als alle Anderen* zu sein und so einen Wettbewerbsvorteil bei der Mitarbeitergewinnung und -bindung aufzubauen.

O. Schindler (✉)
Sweet Tec GmbH, Lindhorst 4, 19258 Boizenburg, Deutschland
E-Mail: info@sweet-tec.de

M. Hartmann (Hrsg.), *Rekrutierung in einer zukunftsorientierten Arbeitswelt*,
DOI 10.1007/978-3-658-05084-9_8

8.1 Von 0 auf 100 – Mitarbeitersuche extrem

Mit dem Schritt in die Selbständigkeit vor mehr als zehn Jahren und dem Startschuss der ersten Süßwarenproduktion bestand eine ganz wesentliche Herausforderung am Standort Boizenburg in Mecklenburg-Vorpommern darin, ausreichend Mitarbeiter[1] für das Unternehmen zu finden. Drei Jahre später, mit Gründung des Schwesterunternehmens Sweet Tec GmbH – die Bonbonfabrik –, wurde die Suche nach ausgebildeten Fach- und Führungskräften noch schwieriger. Um die strukturschwache Region zu stärken und dem hohen Bedarf an qualifizierten Mitarbeitern gerecht zu werden, wurden daher zum Betriebsstart über 90 % der offenen Positionen mit Arbeitslosen – im Speziellen vor allem Jugendarbeitslose – besetzt, die dann angelernt und weitergebildet wurden.

Mehrere Faktoren machten die Arbeitskräftesuche nicht nur zum Zeitpunkt der Unternehmensgründung zu einer großen Herausforderung, sondern stellen fortwährend besondere Ansprüche an das Unternehmen und die Region:

- Der Bereich der Süßwarenindustrie ist ein hart umkämpfter Markt, in dem es für neue Unternehmen schwer ist, sich zu etablieren. Sowohl für den Unternehmer als auch für die Angestellten birgt die Branche enorme Risiken und es ist äußerst schwierig, sich im Markt durchzusetzen. Daher ist es nicht immer leicht, ausreichend qualifizierte Mitarbeiter zu finden.
- Die Region West-Mecklenburg ist insgesamt eher strukturschwach und durch eine vergleichsweise hohe Arbeitslosigkeit geprägt. Durch das allgemein etwas niedrigere Lohnniveau pendelt eine große Zahl an Arbeitnehmern täglich in die benachbarten Bundesländer Schleswig-Holstein und Niedersachsen sowie nach Hamburg. Die starke Abwanderung der Arbeitskräfte in andere Bundesländer führt wiederum zu einer weiteren Reduktion und Schwächung des ohnehin begrenzten Arbeitskräftepotentials.
- Es herrscht eine hohe Konkurrenz in der Region. Zahlreiche Unternehmen der Lebensmittelindustrie haben sich nach der Wende in der Region niedergelassen und werben nun um die vorhandenen Fachkräfte. Der Arbeitskräftemarkt ist daher hart umkämpft und besondere Maßnahmen sind gefordert, um sich als attraktiver Arbeitgeber am Markt zu positionieren und zu profilieren.

Vor diesem Hintergrund gilt es, Wettbewerbsvorteile im Hinblick auf die Personalrekrutierung und Fachkräftesicherung zu entwickeln und diese konsequent einzusetzen. Und hier sei angemerkt: Ein angemessenes Lohnniveau ist in diesem Zusammenhang Grundvoraussetzung, reicht aber bei weitem nicht aus, um Arbeitskräfte für sich zu begeistern und diese langfristig an das Unternehmen zu binden.

Im Laufe der vergangenen Jahre wurden im Unternehmen verschiedene Maßnahmen ergriffen und weiterentwickelt, um die Suche nach neuen Mitarbeitern effektiver und effizi-

[1] Anmerkung: Der einfacheren Lesbarkeit halber ist in diesem Beitrag von Mitarbeitern die Rede. Selbstverständlich sind hiermit auch die zahlreichen Mitarbeiterinnen im Unternehmen gemeint.

enter zu gestalten. So wird auf alle verfügbaren Kanäle zugegriffen, um ein möglichst breites Kandidatenfeld zu erreichen. Die klassische Stellenanzeige in der Tageszeitung steht dabei genauso im Vordergrund wie die Personalsuche in diversen Online-Jobbörsen. Auch die eigene Homepage bietet potentiellen Bewerbern immer einen Anlaufpunkt und die Möglichkeit, sich direkt beim Unternehmen zu bewerben. Sämtliche Berufs- und Ausbildungsmessen in der Region werden besucht, um auch dort die Bekanntheit des Unternehmens zu steigern und frühzeitig Kontakte mit möglichen zukünftigen Bewerbern aufzubauen.

Moderner Messestand als Anziehungspunkt für potentielle Bewerber

Mit einem modern und auffällig gestalteten Messestand werden potentielle Bewerber auf das Unternehmen aufmerksam gemacht. Der firmeneigene Imagefilm bietet dann in Kürze alle notwendigen Informationen über das Unternehmen, seine Produkte und die Besonderheiten, die den Mitarbeitern geboten werden. Somit ist meist schnell ein idealer Gesprächseinstieg gefunden.

Auch die Aus- und Weiterbildung im Unternehmen liefert einen wesentlichen Beitrag zur kontinuierlichen Fachkräftesicherung. Hier werden regelmäßig interne und externe *Fortbildungsmaßnahmen* durchgeführt, um auch das Fachwissen der Mitarbeiter immer an aktuelle Trends und Entwicklungen anzupassen. Dabei geht es nicht nur um fachspezifische Informationen im Bereich der Süßwarentechnik oder Hygiene. Vermehrt werden auch Mitarbeiter für soziale Angelegenheiten geschult, wie beispielsweise als Mobbinglotsen.

Neben der Fortbildung spielt auch die *Ausbildung* eine besondere Rolle. Das Unternehmen bietet ein breites Spektrum an Ausbildungsberufen, um so möglichst vielen jungen Leuten eine Möglichkeit zum Berufseinstieg zu bieten. Die Spanne reicht von Tätigkeiten in der Verwaltung über Produktionstätigkeiten bis hin zu technischen Berufen. Die Ausbildungsquote liegt dabei schon seit vielen Jahren über zehn Prozent. Auch die Übernahmequote ist mit etwa 80 % besonders hoch und ermutigt junge Leute so, eine Ausbildung im Unternehmen aufzunehmen.

Die Sweet Tec GmbH setzt sich auch außerhalb des Standortes für die Nachwuchsförderung und Fachkräftesicherung ein. Dies wird sowohl durch Partnerschaften mit verschiedenen Bildungseinrichtungen als auch durch Mitgliedschaften in zahlreichen Verbänden und Institutionen erreicht. Ziel ist hierbei nicht nur, potentielle Arbeitskräfte für das eigene Unternehmen zu finden, sondern insgesamt die Region zu stärken und jungen Menschen eine berufliche Perspektive aufzuzeigen und zu bieten. Um langfristig und nachhaltig ein gewisses stabiles Fachkräftepotential in der Region anzusiedeln und zu halten, ist es von besonderer Bedeutung, junge Menschen für einen Beruf in der Lebensmittelbranche zu begeistern und sie zu fördern.

Um sich als attraktiver Arbeitgeber in der Region zu positionieren, hat sich das Unternehmen schon früh dem Motto *Anders als alle Anderen* verschrieben. Dieses erklärte Unternehmensleitbild findet sich nicht nur im alltäglichen Betriebsablauf wieder, sondern prägt auch die Suche nach neuen Arbeitskräften.

8.2 Die Erfolgsfaktoren des Unternehmens

Die Geschäftsführung hat schon früh relevante Erfolgsfaktoren definiert, die zur Erreichung der Gesamtziele sowie zum Fortbestehen der Sweet Tec GmbH von zentraler Bedeutung sind. Ein wesentlicher Erfolgsfaktor ist erstens der *Mitarbeiter*, woraus Anforderungen im Hinblick auf die Belegschaft abgeleitet werden können (und müssen). Als weiterer erfolgsrelevanter Faktor gilt zweitens das *Nachhaltigkeitsprinzip*, das konsequent in die Unternehmensführung eingebettet sein muss.

Damit diese erfolgsrelevanten Faktoren verwirklicht werden können, sind hieraus Anforderungen an die Mitarbeiter bzw. an das Unternehmen abgeleitet worden. Diese Anforderungen sind im Sinne von Eckpunkten zu verstehen, die immer wieder zu hinterfragen und weiterzuentwickeln sind.

(1) Anforderungen an die Belegschaft Die Anforderungen an die Belegschaft prägen sowohl die Suche nach neuen Arbeitskräften als auch den unternehmerischen Arbeitsalltag.

- Zunächst ist es wichtig, qualifizierte Mitarbeiter zu finden, die gleichzeitig lernfähig, lernbereit und hoch motiviert sind, um sich auch im Laufe ihrer Tätigkeit ständig fortzubilden und sich neuen Erkenntnissen nicht zu verschließen. Dabei ist es in zunehmendem Maße wichtig, auch die so genannten Soft Skills zu fördern, um das betriebliche Miteinander zu erleichtern und das Unternehmen nachhaltig am Markt zu etablieren.
- Das schnelle Wachstum des Unternehmens und der hart umkämpfte Markt im Bereich der Süßwarenindustrie verlangt von den Mitarbeitern ein hohes Maß an Begeisterungsfähigkeit und Leidenschaft für neue Aufgaben, Produkte und Technologien. Insbesondere im Zuge der Neuproduktentwicklung ist es wichtig, dass alle Mitarbeiter an eine Idee glauben und möglichst schlanke Prozesse bei der Herstellung eingehalten werden.
- Da sich im Bereich der Fast Moving Consumer Goods nur etwa 10 % aller neuen Produkte am Markt durchsetzen, ist ein hohes Maß an Innovationsbereitschaft und -fähigkeit unerlässlich.
- Nicht jede Entscheidung oder Entwicklung kann vorausschauend geplant werden, ein Wandel stellt sich häufig abrupt ein, völlig andere Lösungen werden notwendig. Um am Markt langfristig bestehen zu können, muss häufig flexibel und dennoch mit größter Disziplin, Wachsamkeit und Sorgfalt gehandelt werden. Unternehmerische Entscheidungen werden oft kurzfristig getroffen und müssen dann innerhalb kürzester Zeit erfolgreich umgesetzt werden. Das zwingt die Belegschaft nicht nur zu Höchstleistungen im laufenden Geschäft, sondern stellt darüber hinaus hohe Anforderungen an deren Veränderungsfähigkeit. Denken in Alternativen und aus unterschiedlichen Perspektiven sowie nicht zuletzt auch ein hohes Commitment der Mitarbeiter sind hier unabdingbar.
- In diesem Zusammenhang ist auch ein ausgeprägter Teamgeist vonnöten, der die Zusammenarbeit zwischen den einzelnen Abteilungen vereinfacht. Aufgrund der hohen Geschwindigkeit im Produktentwicklungsprozess ist eine reibungslose Zusammenarbeit und klare Kommunikation innerhalb und außerhalb einzelner Arbeitsbereiche besonders wichtig.

- Trotz – oder gerade wegen – der flachen Hierarchien im Unternehmen ist Führungskompetenz ein weiterer wichtiger Aspekt. Das dynamische Marktumfeld und das schnelle Wachstum des Unternehmens verlangen eine geregelte Struktur und einen verlässlichen Rahmen, die die nötigen Veränderungen zulassen und beherrschbar machen. Alle Führungskräfte tragen hier die Verantwortung, Mitarbeiter „mitzunehmen", individuelle Verantwortungen zu stärken, Mitarbeiter zu fordern und gleichzeitig zu fördern und dabei immer ein Gespür für den Zustand im Inneren des Unternehmens zu haben.

(2) Anforderungen an das Unternehmen Ein starkes Wachstum alleine reicht nicht aus, um die Existenz des Unternehmens zu sichern. Vielmehr ist eine nachhaltige Unternehmensführung geboten, die wichtige Verantwortungsbereiche des Unternehmens und die gesellschaftlichen Konsequenzen unternehmerischen Handelns berücksichtigt. Auch die Personalrekrutierung ist vom Nachhaltigkeitsgedanken betroffen, da dessen Einhaltung (oder Ignoranz) das Arbeitgeberimage beeinflusst und den Umgang mit den Mitarbeitern prägt.

Die Sweet Tec GmbH ist sich ihrer gesellschaftlichen Verantwortung gegenüber der Region, ihren Menschen und insbesondere gegenüber ihren Mitarbeitern sehr bewusst. Diese Verantwortung gliedert sich in fünf Teilbereiche, denen man sich Tag für Tag aufs Neue verpflichtet:

1. Der erste Bereich umfasst die *ökonomische Verantwortung*. Sie umfasst einerseits das erfolgreiche und nachhaltige Wirtschaften mit den am Markt angebotenen Produkten und Dienstleistungen sowie andererseits den bewussten Umgang mit den eingesetzten Ressourcen, so auch den Mitarbeitern. Dies ist nicht nur grundlegende Voraussetzung für die Sicherung des Unternehmensfortbestandes, sondern auch Grundlage für die weiteren Verantwortungsbereiche.
2. Die *ökologische Verantwortung*, die das Unternehmen trägt, beinhaltet den umweltbewussten und schonenden Umgang mit natürlichen Ressourcen. Insbesondere auch in der Lebensmittelindustrie ist man zur Herstellung hochwertiger Produkte auf nachwachsende Rohstoffe und regenerative Energien angewiesen.
3. Die *gesetzliche Verantwortung* des Unternehmens beschreibt die Einhaltung von internen Regeln, Normen und relevanten Gesetzen in allen Bereichen des täglichen Handelns und stellt eine Selbstverständlichkeit dar. Nicht nur die Unternehmensführung, sondern jeder einzelne Mitarbeiter muss sich dieser Verantwortung bewusst sein, sein Handeln fortwährend daraufhin ausrichten und Interessenkonflikte vermeiden.
4. Die *ethische Verantwortung* bezieht sich auf den fairen Umgang miteinander. Jeder Mitarbeiter verdient den gleichen Respekt und die gleiche Anerkennung, unabhängig von seiner Herkunft, Ausbildung oder Position im Unternehmen.
5. Der fünfte Teilbereich ist schließlich die *soziale Verantwortung*, die ein kreatives gesellschaftliches Engagement für die Mitarbeiter und den Standort fordert. Dieser Bereich ist keinesfalls zu vernachlässigen, auch wenn er außerhalb des eigentlichen Geschäftszweckes liegt. Ihr Einfluss hat mittelbaren Charakter, denn durch die Übernahme der sozialen Verantwortung verankert sich die Sweet Tec GmbH positiv im Bewusstsein der Bevölkerung, was zu positiven Effekten für das (Arbeitgeber-)Image des Unter-

nehmens führt und so wiederum zum Aufbau eines Wettbewerbsvorteils gegenüber konkurrierenden Unternehmen bei der Suche nach geeigneten Arbeitskräften beiträgt.

In allen fünf Bereichen werden permanent Maßnahmen initiiert, durchgeführt und kommuniziert, die auch über den alltäglichen Produktionsablauf hinausgehen. Nur so kann sich ein Unternehmen wie Sweet Tec am Standort und im Markt etablieren und langfristig erfolgreich weiterentwickeln.

8.3 Erklärte Unternehmensphilosophie: Anders als alle Anderen

Die erklärte Unternehmensphilosophie ist immer wieder sichtbar. Beim Gang durch die Betriebsstätte fallen viele Dinge auf, die so nicht unbedingt üblich sind. Ganz gleich, ob es nun die ergonomischen, höhenverstellbaren Schreibtische, die zahlreichen Pokale der Betriebs-Fußballmannschaft oder der firmeneigene Fitnessraum sind: Es ist immer ein bisschen *Anders als alle Anderen.*

Um sich langfristig einen Wettbewerbsvorteil gegenüber anderen Arbeitgebern zu verschaffen und Fachkräfte im Unternehmen zu halten, wurden zahlreiche Maßnahmen implementiert, die zu einer guten Zusammenarbeit und einer ausgeglichenen Work-Life-Balance beitragen sollen. Nachfolgend seien nur beispielhaft die bedeutendsten dieser Maßnahmen näher erläutert.

(1) Wir-Kultur Während in vielen anderen deutschen Betrieben standardmäßig gesiezt wird, herrscht in der Bonbonfabrik eine Wir-Kultur. Es gibt keinen Sie-Zwang und das Unternehmen ist durch flache Hierarchien geprägt. Dadurch existiert ein offener und direkter Dialog zwischen allen Mitarbeitern, sowohl in der Produktion als auch in der Verwaltung. Probleme, Wünsche und Anregungen können so direkt an die Geschäftsführung kommuniziert werden. Es herrscht eine faire Kommunikation, die jeden zu Wort kommen lässt, alle hört und somit auch frische und kreative Ideen zulässt und fördert. Die Gemeinsamkeit und das Wir-Gefühl machen das Unternehmen stark, innovativ und flexibel.

Die typische Abgrenzung zwischen Mitarbeitern in Produktion und Verwaltung wird durch die Wir-Kultur minimiert. Sowohl während der beruflichen Tätigkeit als auch in den Pausen sehen sich alle Mitarbeiter untereinander als gleich an. Somit können Probleme in der Gemeinschaft diskutiert und schneller gelöst werden. Die gefühlte Hürde im Kontakt zu den Vorgesetzten ist relativ gering, wodurch es den Mitarbeitern leichter fällt, Verbesserungsvorschläge zu machen oder Schwierigkeiten aufzuzeigen.

(2) Immer in Bewegung Betritt man den Verwaltungsbereich, fallen sofort die hellen Büros mit den – meist offenen – Glastüren ins Auge. Auch dies ist ein Anzeichen der offenen Kommunikation, die im Unternehmen herrscht. Die Büros sind mit modernster Technik ausgestattet und verfügen allesamt über höhenverstellbare Schreibtische, wodurch jeder Arbeitsplatz individuell und ergonomisch angepasst werden kann. So ist das Arbeiten im Sitzen und im Stehen möglich und jeder Mitarbeiter kann seinen Arbeitsplatz entsprechend seiner persönlichen Bedürfnisse gestalten.

Auch der firmeneigene 180 m^2 große Fitnessraum mit modernsten Cardiogeräten ist immer gut besucht. Er steht den Angestellten rund um die Uhr zur Verfügung und bietet so einen gesunden Ausgleich zur täglichen Arbeit.

Im Sommer werden auf dem Beachvolleyballfeld vor der Fabrik auch gerne Turniere zwischen den Mitarbeitern ausgetragen, sofern die Betriebs-Fußballmannschaft nicht gerade bei einem spannenden Spiel ist. Dies fördert nicht nur den sportlichen Ausgleich zur beruflichen Tätigkeit, sondern verstärkt auch gleichermaßen das Gemeinschaftsgefühl zwischen den Mitarbeitern.

(3) Betriebsnaher Kindergarten Das Durchschnittsalter der Belegschaft liegt bei gerade einmal 35 Jahren, der Frauenanteil bei etwa 46 %. Dies zeigt, dass zum einen viele junge Leute eingestellt werden, die meist noch nicht an Familienplanung denken, zum anderen aber auch jungen Müttern und Vätern der Wiedereinstieg in das Berufsleben nach der Elternzeit ermöglicht wird. Um junge Eltern zu unterstützen, wurde daher 2009 in Zusammenarbeit mit dem Deutschen Roten Kreuz eine Kindertagesstätte im Ort eröffnet.

Auch diese betriebsnahe Kindertagesstätte ist *Anders als alle Anderen.* Sie bietet verlängerte Öffnungszeiten, die an die Betriebszeiten der örtlichen Unternehmen angepasst sind, und ermöglicht es so auch berufstätigen Eltern, ihre Kinder ganztägig betreuen zu lassen.

Einmal im Monat wird durch eine Mitarbeiterin der Sweet Tec GmbH eine Ernährungsberatung mit den Kindern durchgeführt. Dabei gilt es nicht nur, gemeinsam einzukaufen und zu kochen, sondern dann auch die selbst gemachten Köstlichkeiten gemeinsam zu essen. Auf diese Weise lernen die Kinder schon von klein auf einen bewussten Umgang mit gesunden Lebensmitteln und tragen so ebenfalls zu einer nachhaltigen Lebensweise bei.

(4) Individuelle Arbeitszeitmodelle Um möglichst vielen Menschen einen ansprechenden Arbeitsplatz zu bieten, werden die verschiedenen Lebenssituationen der Mitarbeiter in großem Maße berücksichtigt. Beispielsweise werden im Verwaltungsbereich Gleitzeitmodelle angeboten, so dass sich Familie und Beruf optimal koordinieren lassen. In einigen Bereichen ist auch Teilzeitarbeit möglich, die beispielsweise einen Wiedereinstieg in den Beruf nach der Elternzeit unterstützt.

In Verbindung mit dem betriebsnahen Kindergarten wird vor allem jungen Eltern somit eine bessere Koordination von Beruf und Familie ermöglicht. Durch die Kombination von verlängerten Öffnungszeiten der Kindertagesstätte mit Teilzeit- bzw. Gleitzeitmodellen können zahlreiche Möglichkeiten genutzt werden, um auf die individuellen Bedürfnisse der Mitarbeiter einzugehen.

(5) Unterstützung sozialer Initiativen Insbesondere zur Wahrnehmung ihrer ökologischen und sozialen Verantwortung unterstützt die Sweet Tec GmbH unter anderem die Initiative Plant-for-the-Planet (www.plant-for-the-planet.org). Erklärtes Ziel ist es, bis zum Jahr 2020 weltweit 1000 Mrd. Bäume zu pflanzen, um so dem Klimawandel entgegenzutreten. Das Unternehmen unterstützt diese Initiative nicht nur finanziell, sondern richtet

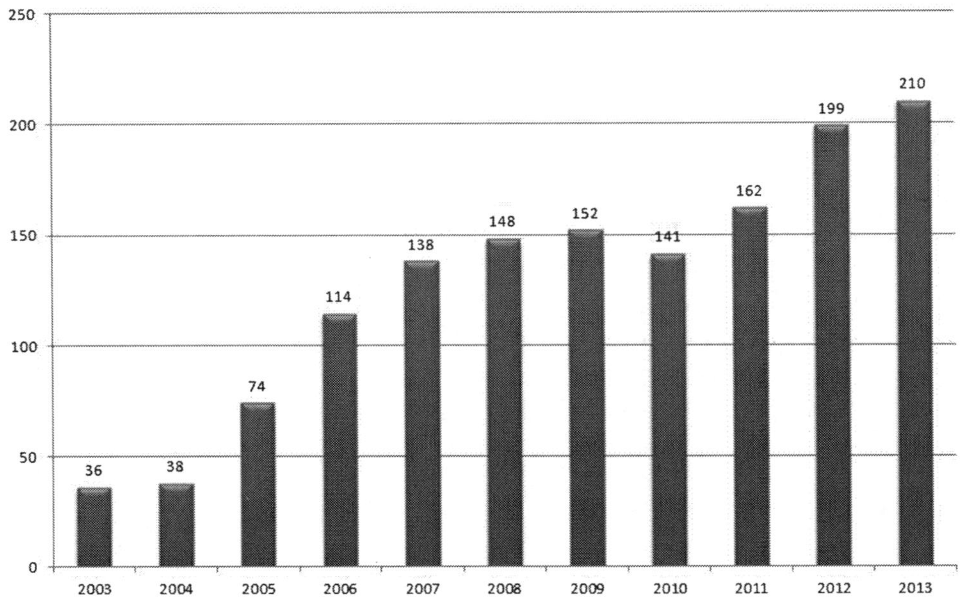

Abb. 8.1 Entwicklung der Mitarbeiterzahl der Sweet Tec GmbH

auch regelmäßig so genannte Kinderakademien aus, bei denen bereits zahlreiche Bäume auf dem Betriebsgelände gepflanzt wurden. Durch das Pflanzen der Bäume werden nicht nur natürliche Ressourcen geschaffen und das entsprechende Bewusstsein dafür gefördert, sondern es wird auch dem Flächenausgleich genüge getan, der aufgrund des Ausmaßes der Produktionshallen nötig ist.

8.4 Herausforderung: Schattenseiten des schnellen Wachstums überwinden

In den ersten zehn Jahren des Unternehmens hat sich die Mitarbeiterzahl mehr als verfünffacht (Abb. 8.1). Zunächst wurde zum Produktionsstart eine eher kleine Zahl an Mitarbeitern eingestellt. Im Laufe der Jahre wurden im Zuge der Produktions- und Portfolioausweitung permanent weitere Arbeitskräfte mit unterschiedlichen Qualifikationen benötigt.

Ein solch schnelles Wachstum bringt auch Schattenseiten mit sich. Trotz familiärer Unternehmenskultur ohne Hierarchiedenken entstehen insbesondere Kommunikationsprobleme. Diese treten sowohl innerhalb der einzelnen Abteilungen als auch zwischen den Abteilungen und der Geschäftsführung auf. Das schnelle Wachstum stellt die Führungskräfte immer wieder neu vor die Herausforderung, Ansprechpartner für alle Mitarbeiter zu sein und die individuellen Wünsche und Anregungen umzusetzen, ohne dabei die zahlreichen weiteren Aufgaben zu vernachlässigen.

In Zusammenarbeit mit einer Universität wurde eine Mitarbeiterbefragung zum Thema „Arbeitsbeziehungen in mittelständischen Unternehmen“ entwickelt, die die Situation im

Unternehmen und vor allem auch die bestehenden Probleme innerhalb der Belegschaft aufdecken sollte. Auf dieser Basis konnten dann in einem nächsten Schritt gemeinsam Lösungsansätze entwickelt und umgesetzt werden.

8.4.1 Mitarbeiterbefragung

Zwei verschiedene Fragebögen, deren Inhalte an die Bedürfnisse und Arbeitsbereiche der Führungskräfte und Mitarbeiter angepasst waren, wurden entwickelt. Einige der abgefragten Themen sind beispielhaft in der folgenden Übersicht dargestellt.

Ausgewählte Themenbereiche der Mitarbeiterbefragung:

- Zufriedenheit mit den Arbeitsbedingungen
- Zufriedenheit mit Vorgesetzten
- Zufriedenheit mit der Bezahlung
- Einbeziehung der Mitarbeiter bei Entscheidungen
- Betriebsklima
- fachliche Kompetenz von Kollegen und Vorgesetzten
- Erwartungen

Die Befragung wurde daraufhin einige Wochen auf freiwilliger Basis anonym im Unternehmen durchgeführt und anschließend ausgewertet. In einem ersten Schritt wurden die Ergebnisse zunächst mit der Geschäftsleitung analysiert und bewertet, bevor diese Auswertung dann im nächsten Schritt an sämtliche Führungskräfte und an die gesamte Belegschaft kommuniziert wurde. Zu diesem Zweck wurde die gesamte Belegschaft zu einer ganztägigen Schulungsveranstaltung eingeladen, in deren Rahmen die Ergebnispräsentation stattfand.

Die Mitarbeiterbefragung lieferte erstaunliche Ergebnisse. Vor allem wurde sehr schnell deutlich, dass sich die kritischen Bereiche allesamt auf das Thema Kommunikation bezogen.

Zunächst wurden die *positiven Ergebnisse* der Befragung erläutert, die diverse Themenfelder abdeckten. Hier wurden von der Belegschaft übereinstimmend die pünktliche Gehaltszahlung, das Vorhandensein eines sicheren Arbeitsplatzes, das kollegiale Miteinander und die diversen Sportmöglichkeiten, die das Unternehmen bietet, genannt. Das war ein klares Zeichen dafür, dass die Unternehmensphilosophie *Anders als alle Anderen* von den Mitarbeitern geschätzt und gewürdigt wird und damit zur Profilierung im Wettbewerb am Arbeitsmarkt gegenüber anderen Arbeitgebern geeignet und erfolgreich ist.

Bei den *Themenbereichen mit Verbesserungspotential* wurden leichte Differenzen zwischen den Produktions- und den Verwaltungsbereichen festgestellt. Für beide Unternehmensbereiche wurden relevante Themenbereiche identifiziert, bei denen neue Lösungsansätze geboten waren. Als besonders kritischer Bereich wurde das Thema interne Kommunikation aufgedeckt: Sowohl im Hinblick auf die Kommunikation der Mitarbeiter untereinander sowie jene zwischen Mitarbeitern und Führungskräften offenbarte sich Handlungsbedarf.

Hier wurden zwei wichtige Anknüpfungspunkte für eine grundlegende Verbesserung der Kommunikation definiert: Erstens muss der Informationsfluss ausgebaut werden, um eine höhere Transparenz über Geschehen, Abläufe und Prozesse im Unternehmen sicherzustellen. Zweitens ist das Feedback an die Mitarbeiter zukünftig deutlich zu intensivieren und sehr zeitnah zu gestalten, um damit die Mitarbeiter noch stärker in das Unternehmensgeschehen einzubinden.

Im Rahmen der ganztätigen Schulungsveranstaltung wurden die Mitarbeiter in die Suche nach neuen Lösungen zur nachhaltigen Verbesserung der Kommunikation im Unternehmen unmittelbar einbezogen. In zufällig zusammengesetzten Kleingruppen wurden aktiv verschiedene Lösungsansätze entwickelt und konkrete Maßnahmen definiert, die in Zukunft für eine noch bessere Zusammenarbeit sorgen sollen.

8.4.2 Interne Kommunikation: *Anders* durch firmeneigene App

Aus den Ergebnissen der Befragung sowie der Gruppenarbeiten wurde ein Lösungsvorschlag erarbeitet, der den Mitarbeitern von der Geschäftsführung an dem Schulungstag präsentiert wurde.

Diverse Studien zeigen, dass sich das Kommunikationsverhalten in der Gesellschaft in den letzten Jahren enorm verändert hat. Durch die Zunahme von Internetnutzung und mobilen Endgeräten wurde auch die Kommunikation stark digitalisiert. So zeigt der Digital-Index der Initiative D21, Netzwerk der Digitalen Gesellschaft, auf, dass mittlerweile bereits über 95 % der Personen unter 30 Jahren und noch knapp 79 % der Personen zwischen 50 und 59 Jahren das Internet nutzen ([1], S. 22).

Daher leitete die Geschäftsführung folgende logische Konsequenz ab: Auch die interne Kommunikation kann digitalisiert werden, um so den gewachsenen Anforderungen der Mitarbeiter an Informationsgehalt, Informationsmenge und Informationsgeschwindigkeit gerecht zu werden.

Die Lösung ist eine eigens für die Sweet Tec GmbH entwickelte *App*, die den Mitarbeitern in verschiedenen Bereichen die Möglichkeit bietet, Informationen über das Unternehmen zu erhalten, Kritik zu äußern und sich auszutauschen. Dazu wurden umgehend die technischen Voraussetzungen geschaffen: Zum einen wurde jedem Mitarbeiter ein Tablet PC ausgehändigt. Zum anderen erfolgte im gesamten Unternehmen die Installation von W-Lan, um so jederzeit die Möglichkeit zur Nutzung der App zu haben.

Die eigens entwickelte Firmen-App, die auch nur aktuellen Mitarbeitern des Unternehmens zugänglich ist, verfügt über verschiedene Funktionen, die eine strukturierte Kommunikation sicherstellen.

Besonders wichtige und häufig genutzte Funktionen sind direkt auf der Startseite abrufbar (Abb. 8.2). Weitere Themenbereiche können zudem über ein zusätzliches Menü genutzt werden.

Abb. 8.2 Die firmeneigene App

Direkt auf der Startseite der App sind aktuelle Unternehmensinformationen zu finden. Hier werden von der Geschäftsleitung regelmäßig besonders wichtige Themen angesprochen oder Hinweise auf weitere Informationen gegeben. Alle Mitarbeiter können so auf einen Blick sehen, ob es wichtige Neuerungen gibt.

Das „Herzstück" der App ist der Fabrikfunk. Dieser ermöglicht den Mitarbeitern einen direkten Austausch mit Kollegen und Vorgesetzten. Jeder kann hier den Dialog aufnehmen, seine freie Meinung äußern, Fragen stellen, auf Probleme hinweisen oder Verbesserungsvorschläge einbringen. Dadurch entstehen nicht nur konstruktive Diskussionen, sondern es können auch unmittelbar Lösungsansätze entwickelt und bearbeitet werden. Die Geschäftsführung steht dadurch in einem ständigen Dialog mit allen Mitarbeitern und überwindet so zeitliche und räumliche Distanzen.

Neben der Diskussionsplattform bietet die App auch einen Bereich für Unternehmensinformationen. Hier werden beispielsweise Schichtpläne veröffentlicht, neue Mitarbeiter vorgestellt oder es wird auf externe Informationen hingewiesen, wie etwa aktuelle Fernsehberichte oder Zeitungsartikel über das Unternehmen.

Die quartalsweise erscheinende Mitarbeiterzeitschrift wurde ebenfalls digitalisiert. Auch diese ist über die App abrufbar und kann jederzeit auch offline gelesen werden. Hier werden verschiedene ausgewählte Themen in kurzer Form verständlich für alle Mitarbeiter aufbereitet. Auch gemeinsame Freizeitaktivitäten wie beispielsweise Turniere der firmeneigenen Fußballmannschaft finden hier die verdiente Würdigung.

Durch die Einführung der firmeneigenen App sind alle Mitarbeiter permanent miteinander vernetzt. Insbesondere auch in den Fällen, in denen Mitarbeiter auf Geschäftsreise, im Urlaub oder krankheitsbedingt für längere Zeit nicht vor Ort sind, wird ein aktueller und lückenloser Informationsfluss gewährleistet.

Die hohe Akzeptanz der App hat es nahe gelegt, weitere Nutzungs- bzw. Entwicklungsmöglichkeiten in Gang zu setzen. Im nächsten Schritt wird ein Ausbau der App zur *innerbetrieblichen Weiterbildung* erfolgen. Es wird ein E-Learning-System implementiert, in dem sowohl verpflichtende Schulungen als auch freiwillige Lernmöglichkeiten angeboten werden. Das E-Learning-System ermöglicht es, Schulungsunterlagen unabhängig von Raum und Zeit zur Verfügung zu stellen: Jeder Mitarbeiter kann entsprechend seiner individuellen Bedürfnisse Präsentationen noch einmal anschauen und Informationen nachlesen. Mitarbeiter können online an Schulungsveranstaltungen teilnehmen, auch wenn sie aus besonderen Gründen nicht persönlich vor Ort sind.

Des Weiteren können verschiedene Tests zur Überprüfung des Lernerfolges und des individuellen Wissensstandes durchgeführt werden. Jeder Mitarbeiter kann eigenverantwortlich entscheiden, zu welchem Zeitpunkt er sich bereit fühlt, die gestellten Fragen zu beantworten. So wird auch sichergestellt, dass die durchgeführten Schulungen und Fortbildungsmaßnahmen den gewünschten Erfolg bringen und nicht nur aus Pflichtgefühl besucht werden.

Fazit: Durch die firmeneigene App bzw. deren inhaltliche Umsetzung können umfassende Verbesserungspotentiale genutzt werden, was letztlich wiederum dazu beiträgt, dass den weiter oben dargelegten Erfolgsfaktoren noch besser Rechnung getragen werden kann. Insbesondere folgende Aufgaben können durch die App bzw. die dadurch erreichte interne Kommunikation besser wahrgenommen werden:

- *Informationsaufgabe*: Durch die App wird nicht nur dem in der Mitarbeiterbefragung offenbarten Wunsch der Mitarbeiter nach mehr Information und einem reibungslosen Informationsfluss Rechnung getragen. Darüber hinaus wird auch ein kontinuierlicher Prozess des internen Know-how-Transfers in Gang gesetzt. Wichtig in diesem Zusammenhang war und ist vor allem auch eine gezielte Selektion der Informationsinhalte, um einer Informationsüberflutung entgegenzuwirken.
- *Motivationsaufgabe*: Die Wahrnehmung der informatorischen Aufgabe ist immer auch unter Motivationsaspekten zu sehen. Die firmeneigene App hat dazu geführt, dass Entscheidungen und Verhaltensweisen für die Mitarbeiter transparenter werden. Auf diese Weise kann ein stärkeres Commitment seitens der Mitarbeiter erreicht und so die Bereitschaft, Veränderungsprozesse im Unternehmen zu unterstützen, erhöht werden.
- *wirtschaftliche Aufgabe*: Nicht zuletzt führt die App zu einer Stärkung der Wissensbasis in der Bonbonfabrik. Unkomplizierter Informationsfluss und Dialog münden in einen kontinuierlichen Lernprozess und führen immer wieder dazu, dass Wissen im Unternehmen verteilt und weiterentwickelt wird. Hier ist zu betonen, dass auf diese Weise ein Lernprozess unterstützt wird, der auf Eigeninteresse und Freiwilligkeit der Mitarbeiter beruht. Ein besonderer Vorzug der gewählten technischen Umsetzung durch Tablets bzw. die App unterstützt diesen „Automatismus" des Lernens, da die klassische Trennung zwischen Arbeit und Lernen und je nach App-Zugriff auch zwischen Privatleben und Lernen aufgelöst werden kann.
  Der Ausbau von Wissen wird durch die Integration des E-Learning-Systems zukünftig weiter verstärkt werden: Qualifikationen können zielgruppen- und kompetenzorientiert weiter ausgebaut, Nachwuchskräfte entwickelt und gefördert, Zusatzqualifikationen zur Anpassung an veränderte Anforderungen an den Arbeitsplätzen oder auch als Grundlage einer größeren Flexibilität beim Personaleinsatz vermittelt werden.

All diese bereits umgesetzten und zukünftig geplanten Maßnahmen tragen letztlich wiederum zu einer weiteren Motivation der Mitarbeiter bei, da die Chancen zur Selbstverwirklichung durch anspruchsvollere Aufgaben erhöht werden. Vor allem wird auch der Bestand an Fach- und Führungskräften besser gesichert, das Potential für internes Recruiting erweitert sowie eine größere Unabhängigkeit vom externen Arbeitsmarkt erreicht. Durch die Erhöhung von Handlungskompetenzen auf Seiten der einzelnen Mitarbeiter wird letztlich eine bessere Anpassungsfähigkeit des Unternehmens an Marktveränderungen und -herausforderungen erreicht – ein Aspekt, der im Hinblick auf das anvisierte weitere Wachstum der Bonbonfabrik eine große Rolle spielt.

8.5 Zusammenfassung

Die Sweet Tec GmbH konnte in den zehn Jahren ihres Bestehens ein enormes Wachstum verzeichnen und die Zahl der Angestellten mehr als verfünffachen. Die Geschäftsführung ist sich ihrer wirtschaftlichen und sozialen Bedeutung und Verantwortung in der Region um Boizenburg bewusst. Durch zahlreiche Maßnahmen wird das Engagement in diesem Bereich konsequent fortgesetzt. Dadurch gewinnt das Unternehmen nicht nur an Attraktivität für potentielle Arbeitskräfte, sondern bringt sich auch aktiv ins Ortsgeschehen ein.

Beispielsweise erfolgte beim Bau des Unternehmens die Vergabe der Aufträge im Bereich Bau zu 77 % und im Bereich Produktion zu 40 % an Unternehmen aus den neuen Bundesländern. Durch die Errichtung des betriebsnahen Kindergartens wurde dazu beigetragen, den allgemeinen Mangel an Betreuungsplätzen zu reduzieren. Das Unternehmen unterstützt regelmäßig die Stadt und ortsansässige Vereine bei Veranstaltungen durch Warenspenden. Als Hauptsponsor des örtlichen Sportvereins werden insbesondere die Fußballabteilung und die Jugendarbeit gefördert. Auch die Freiwillige Feuerwehr wird durch finanzielle Beteiligung an neuen Einsatzfahrzeugen und durch Warenspenden für Veranstaltungen unterstützt.

Durch die permanente Präsenz im Ortsgeschehen und die vielfältige Unterstützung im sozialen Bereich hat sich das Unternehmen fest im Bewusstsein der Bevölkerung und somit der potentiellen Arbeitskräfte verankert. Das Unternehmen fällt nicht nur durch die bloße Größe der Produktionshalle auf, sondern auch regelmäßig durch sein soziales Engagement. Dadurch konnte nicht nur ein gutes Unternehmensimage aufgebaut, sondern auch ein mittlerweile hoher Bekanntheitsgrad im nahen als auch im weiteren regionalen Umfeld erreicht werden.

Die in nur 10 Jahren erreichte Position der Sweet Tec GmbH im Markt ist der Nachweis, dass die vielzähligen Aufgaben im Rahmen des Wachstums zielorientiert verknüpft und Wettbewerbsvorteile gegenüber konkurrierenden Unternehmen aufgebaut werden konnten. Wie anhand der vorangegangenen Ausführungen deutlich geworden sein dürfte, ist die Gewinnung und Sicherung von Mitarbeitern keine separate Herausforderung, sondern Teil eines Bündels von unternehmerischen Aufgaben, die in Wechselwirkung zueinander stehen.

Bedenkt man die zunehmende Innovationsgeschwindigkeit, Technologiezyklen, Diskontinuitäten am Markt und die damit einhergehende schnellere Veralterung von Wissen, ist die Qualität der Mitarbeiter und deren Lernfähigkeit eine notwendige Bedingung für eine zukünftig erfolgreiche Marktposition. Die Sweet Tec GmbH hat schnell erkannt, dass sie sich bei der Gewinnung und Bindung von qualifizierten Mitarbeitern quasi als Nachfrager immer wieder auf dem Markt bemühen muss.

Auf diesem Weg wird das Unternehmen auch zukünftig konsequent auf seine Philosophie *Anders als alle Anderen* setzen. Herausragende Alleinstellungsmerkmale, wie sie das Unternehmen bis heute erreicht hat, sind dabei konsequent umzusetzen, weiterzuentwickeln und auch zu kommunizieren. Nur so wird auch zukünftig die Mitarbeiterqualität im

Unternehmen vorhanden sein, die das angestrebte nachhaltige Unternehmenswachstum erst möglich macht.

Literatur

1. Initiative D21 e. V. (2013). D21-Digital-Index – Auf dem Weg in ein digitales Deutschland?! Berlin.

Oliver Schindler Jahrgang 1965, ist erfolgreicher Unternehmer in der Süßwarenindustrie. Gewissermaßen bereits mit einem Bonbon im Mund geboren, stieg er nach einem erfolgreich absolvierten Studium der Betriebswirtschaftslehre an der Ludwig-Maximilians-Universität München 1993 in den väterlichen Betrieb ein. Im Jahr 2002 wagte er den Schritt in die Selbständigkeit und gründete in Boizenburg an der Elbe sein erstes eigenes Unternehmen in der Süßwarenindustrie. Wenige Jahre später folgte dann das zweite Unternehmen, die Sweet Tec GmbH. Auch heute prägt Oliver Schindler mit seinen Firmen das Boizenburger Ortsgeschehen und ist mittlerweile der größte Arbeitgeber im Ort.

9 Erfolgreich arbeiten in gelebter Balance: Leben & Arbeiten bei Sanofi – Anstöße für Unternehmenskultur und Arbeitgeberattraktivität

Emmanuel Siregar

Inhaltsverzeichnis

Zusammenfassung

Auch für das Pharmaunternehmen Sanofi in Deutschland ging es in den vergangenen Jahren darum, die eigene Arbeitgeberattraktivität deutlich zu verbessern, um junge Talente wie erfahrene Quereinsteiger mit ihren Potentialen erfolgreich anzusprechen.

Der folgende Artikel beschreibt den zurückgelegten Weg. Wesentlich für den Erfolg waren die einstimmige Akzeptanz des Themas in der Geschäftsführung und die Bildung einer gemeinsamen paritätischen Kommission mit dem Sozialpartner. Ausgangspunkt war die verbesserungswürdige Chancengleichheit zwischen Frauen und Männern. Entstanden ist daraus mit „Leben & Arbeiten bei Sanofi" eine kulturstiftende Plattform, auf der viele soziale Themen und Unternehmensprozesse ihren Ausgangspunkt finden. „Leben & Arbeiten bei Sanofi" wird so zu einem Leuchtturm für eine glaubwürdig gelebte und erlebbare Unternehmenskultur, die von externen Bewerberinnen und Bewerbern als ganzheitlich arbeitgeberattraktiv wahrgenommen werden kann.

E. Siregar (✉)
Alte Höh 52, 42579 Heiligenhaus, Deutschland
E-Mail: esidoc@live.de

M. Hartmann (Hrsg.), *Rekrutierung in einer zukunftsorientierten Arbeitswelt*,
DOI 10.1007/978-3-658-05084-9_9

9.1 Einführung: Paradigmenwechsel in der Wahrnehmung von Unternehmen

Sanofi ist eines der weltweit führenden Gesundheitsunternehmen. Mehr als 110.000 Mitarbeiter stehen in mehr als 100 Ländern im Dienst der Gesundheit. Sie erforschen, entwickeln und vertreiben therapeutische Lösungen, um das Leben der Menschen zu verbessern. Deutschland ist, nach den USA und dem Heimatmarkt Frankreich, einer der wichtigsten Standorte des Unternehmens. Sanofi deckt hierzulande die vollständige Wertschöpfungskette der Arzneimittelindustrie ab und forscht und produziert in bedeutendem Umfang.

Standorte der Sanofi-Aventis Deutschland GmbH sind Frankfurt-Höchst und Berlin. In Berlin arbeiten rund 1200 Mitarbeiter im Innen- und Außendienst an der Vermarktung und dem Vertrieb von innovativen Therapien und bewährten Arzneimitteln von Sanofi und der Generikamarke Zentiva (Winthrop Arzneimittel GmbH). Frankfurt-Höchst ist Sitz und größter Standort von Sanofi in Deutschland. Etwa 6900 der deutschlandweit rund 8100 Mitarbeiter arbeiten hier in Forschung und Entwicklung, Produktion und Fertigung sowie in der Verwaltung.

Sanofi stand wie alle Unternehmen unter zunehmendem Druck, im vielfach beschworenen „War for Talents" zu bestehen und möglichst viele und die besten Nachwuchskräfte für das Unternehmen zu begeistern. Damit hatte sich auch der Schwerpunkt in Personalauswahlprozessen und dem damit verbundenen Außenauftritt des Unternehmens deutlich verschoben. Auch für Sanofi in Deutschland ging es nun darum, die eigene Arbeitgeberattraktivität deutlich und kontinuierlich zu verbessern, um junge Talente wie erfahrene Quereinsteiger mit ihren Potentialen zu entdecken, zu überprüfen und erfolgreich anzusprechen. Das galt im Übrigen nicht nur für den externen Auftritt, sondern auch für die interne Kommunikation und Selbstdarstellung, denn die wichtigsten und authentischsten Botschafter eines Unternehmens sind nach den Kundinnen und Kunden immer noch die eigenen Mitarbeiterinnen und Mitarbeiter. Auch die Aufmerksamkeit der Geschäftsführung hatte sich in den letzten Jahren neu fokussiert: „People-Management" war nicht mehr nur Angelegenheit des Personalwesens, sondern wurde zur primären Chefsache. Mitarbeiterinnen und Mitarbeiter, aber auch Bewerberinnen und Bewerber vom eigenen Unternehmen zu begeistern, ist eine der wichtigsten und wesentlichen Führungsaufgaben und liegt in der Verantwortung der jeweiligen Führungskraft.

- Studienabgängerinnen und Studienabgänger fragten seit einigen Jahren nicht mehr so pointiert nach individueller Karriere und persönlichem Erfolg im Berufsleben, sondern suchten schon von Anfang an nach konkreten Gestaltungsmöglichkeiten bezüglich einer möglichst durchgängigen Vereinbarkeit von Beruf und Familie.
- Job-Lebensläufe wurden immer weniger als Karriereleitern mit Nachfolgeszenarien nach Senioritätsprinzip und vordefinierter Sprossenfolge empfunden, sondern ähnelten weitestgehend einer schlecht vorhersehbaren Kletterfolge an einer Karriere-Kletterwand, bei der es galt, durchaus auch einmal seitwärts oder sogar abwärts gerichtete

Schritte zu gehen und bewusst eingebaute Hängepartien und lebensphasenorientierte Pausen einzulegen.

- Der persönliche Blick auf die Jobs weitete sich zunehmend. Es ging nicht nur um die eigene Job-Passgenauigkeit in einer isolierten Sicht von fachlicher Funktionalität, sondern um eine ganzheitliche Sicht auf das ganze Arbeitsumfeld: auf die Angebote aus dem Gesundheitsmanagement, auf den Nachweis nach gelebten Unternehmenswerten, eine weit gefächerte menschenfreundliche Unternehmenskultur, auf multiple Möglichkeiten der Vereinbarkeit von Beruf und Familie in unterschiedlichen Lebensphasen – beispielsweise mit der arbeitgeberseitigen Gewährung von Pflegezeiten für Familienangehörige – oder auf die Möglichkeit des Umwandelns von Zeit in Geld und Geld in Zeit über die Einrichtung von Langzeitkonten.

Für eine zudem sozialpartnerschaftlich ausgerichtete Unternehmenskultur bedeutete dies vielerorts und branchenübergreifend ein Umdenken in der Validierung eigener Arbeitgeberattraktivität. Selbstwahrnehmung und Fremdwahrnehmung differierten hier gewaltig, eine Neubesinnung war vonnöten.

Der folgende Rückblick mag in kurzen Zügen skizzieren, welchen Weg Sanofi in Deutschland in den letzten drei Jahren gegangen ist, um das gesamte Arbeitsumfeld seiner Mitarbeiterinnen und Mitarbeiter neu zu verstehen, gemeinsam mit dem Sozialpartner neu zu strukturieren und Themenfelder prominent zu besetzen, die bislang eher ein vereinzeltes Schattendasein in einer verstaubten Sozialecke des Unternehmens führten.

9.2 Sanofi Paris – Ein erster Anstoß: Chancengleichheit zwischen Frauen und Männern

Während der Vorbesprechungen im Umfeld einer Aufsichtsratssitzung der Sanofi-Aventis-Deutschland GmbH im Frühsommer 2012 wurde von den beteiligten Gremien recht vehement die Frage diskutiert, ob und warum im außertariflichen Bereich der Sanofi Deutschland die Gehälter von Frauen und Männern Unterschiede aufzeigen würden. Parallel zu ersten Erkenntnissen über eine vermutlich nachweisbare Ungleichbehandlung und dem erklärten Willen, den Sachverhalt sowohl zu analysieren als auch den Missstand dezidiert anzugehen, berichtete die interne Kommunikation des Konzerns aus Paris seit einigen Wochen von Chris Viehbacher, dem Vorstandsvorsitzenden von Sanofi, der sich schon seit geraumer Zeit in Sachen Gender Balance zunehmend engagierte: Chancengleichheit zwischen Frauen und Männern sollte nicht nur als eines von vielen gesellschaftlichen Problemfeldern formal andiskutiert und dann als scheinerledigt ad acta gelegt werden, sondern wurde von ihm proaktiv zur Chefsache erklärt.

Anlässlich des Women's Forum in Deauville gründete Chris Viehbacher schon drei Jahre zuvor, also im Jahre 2010, konzernintern das *Women's Leadership Council Promoting Gender Balance*. Mitglieder des Gremiums wurden aus dem damaligen Vorstand und Top-Management rekrutiert. Das Gremium besteht bis heute. Sein Ziel war es, in diesem Themenkreis Fragen und Bedürfnisse der gesamten Belegschaft aufzunehmen und neue Initiativen zur Etablierung einer gelebten Chancengleichheit zwischen Frauen und Männern zu lancieren. Parallel wurde auch ein internationales Frauennetzwerk gegründet: SWAN (*Sanofi Women Affinity Network*).

Im Jahre 2012 proklamierte dann Chris Viehbacher die so genannten *Sanofi Gender Balance Prioritäten*: Erfolgreiche Frauen im Konzern sollten stärker bekannt gemacht, weibliche Talente mit Potentialen exakter identifiziert und gefördert werden. Managementleistungen von Frauen sollten stärker herausgehoben und wertgeschätzt werden als bisher. Allerdings musste dafür Chancengleichheit im Unternehmen nicht nur emotional, sondern vor allem strukturell institutionalisiert werden. Sehr schnell wurde klar, dass es nicht nur um die betrieblich erfassbare Arbeitsleistung gehen konnte. Ziel der Personalpolitik musste es sein, für Frauen systematisch und strukturelle Möglichkeiten der Vereinbarkeit von Beruf und Privatleben unternehmensweit zu bieten und zu fördern. Zukünftig sollten deswegen Aktivitäten (Projekte) und Entwicklungen (Prozesse) mit dem Thema Chancengleichheit im Unternehmen nicht nur kommuniziert, sondern auch strategisch und per Controlling überwacht werden.

So ergaben sich zwei Handlungsebenen:

- Auf einer ersten Ebene musste ein neuer, breit angelegter kommunikativer Impuls für unternehmensweite Chancengleichheit die Kultur von Sanofi grundlegend prägen und an entscheidenden Stellen spürbar und erkennbar verändern: Ein stärkeres Problembewusstsein sollte geschaffen werden.
- Zu diesen eher weichen Faktoren gesellte sich die Notwendigkeit, handlungsleitende Prozesse von Grund auf neu in Frage zu stellen und gegebenenfalls zu verändern: Frauen sollten von nun an schneller in Führungspositionen gebracht und die Vereinbarkeit von Familie und Beruf strukturell stärker ermöglicht werden.

Dieser Vorstoß der Konzernführung aus Paris verband sich nun auf Länderebene in Deutschland mit einer inhaltlich identischen Anfrage der Arbeitnehmerseite des Aufsichtsrats (Betriebsräte wie Gewerkschaft).

9.3 Sanofi Deutschland – Ein zweiter Anstoß: Bildung einer paritätischen Kommission

Zunächst zu den Grunddaten: In der Gesamtheit des Stammpersonals waren zum Stichtag des 31.12.2011 innerhalb der Sanofi-Aventis Deutschland GmbH 61 % des Personals Männer und 39 % des Personals Frauen, wobei in den drei unterschiedlichen Funktionsbereichen Frauen zu folgenden Prozentsätzen vertreten waren: 48 % in Forschung und Entwicklung, 30 % in der Produktion und 45 % im Vertrieb, sicherlich auch den spezifisch vertretenen Berufsbildern geschuldet, allerdings in Forschung und Entwicklung und im Vertrieb über die Jahre gesehen mit steigender Tendenz.

Positiv gesehen belegte eine eigene Vergleichsstudie mit Daten des Bundesarbeitgeberverbandes Chemie (BAVC) aus dem Jahre 2012, dass Sanofi in Deutschland gerade im Bereich der außertariflichen und der leitenden Mitarbeiterinnen relativ und deutlich stärkere Steigerungsraten zu verzeichnen hatte als der vergleichbare Rest der Branche.

Negativ gesehen wurde im Management und Top-Management der Firma klar, dass nach je höherer Kategorie im firmeninternen IVR-Level (Individual Variable Remuneration) Frauen zunehmend schwächer vertreten waren. Konnte man insgesamt beim Stammpersonal noch von 39 % Frauenanteil ausgehen, waren nur noch 26 % der Belegschaft im IVR4–Level Frauen, 18 % im IVR3–Level, 13 % im IVR2–Level und 9 % im IVR1-Level. Damit schnitt Sanofi nach externem Vergleich noch im Jahr 2012 etwas schlechter ab als der Rest der Branche.

Folgerichtig setzte sich die Geschäftsführung der Sanofi-Aventis Deutschland GmbH im Sommer 2012 zusammen, um im August des Jahres 2012 eine eigene neue Leitlinie zu kommunizieren:

Leitlinien der Sanofi-Aventis Deutschland GmbH

Die Geschäftsführung der Sanofi-Aventis Deutschland GmbH tritt ein für ein Arbeitsumfeld in Vielfalt, Chancengleichheit, Gesundheit und Arbeitssicherheit sowie Achtung und Wertschätzung.
Dazu gehört auch, dass Frauen und Männer gleichberechtigt angesehen und wertgeschätzt werden, dass sie sich chancengleich entwickeln und in Führungspositionen gelangen können.
Die Geschäftsführung fördert Maßnahmen und Projekte mit dem Ziel der Gleichberechtigung von Frau und Mann. Sie verfolgt weiterhin das Prinzip der gleichen Entlohnung von Frau und Mann, die Ausgewogenheit in Personalauswahlprozessen und die Einhaltung der Werte, wie sie in unserem Ethikkodex beschrieben werden.
Die Geschäftsführung schlägt vor, eine paritätische Arbeitskommission einzurichten, die das Thema der Chancengleichheit von Frau und Mann zukünftig nachhaltig und kontinuierlich begleiten soll.
Frankfurt am Main, 13. August 2012

Die Einrichtung der in dieser Leitlinie geforderten paritätischen Kommission war ein Glücksfall für den weiteren Prozess: Vier Frauen, vier Männer, vier auf Arbeitnehmerseite, vier auf Arbeitgeberseite (darunter zwei aus der Geschäftsführung) repräsentierten seit Mitte 2012 in dieser doppelt paritätisch besetzten Form die Gesamtinitiative, sammelten die eingebrachten Ergebnisse von ernannten Teilprozessleitern und trugen die Ergebnisse über den Arbeitsdirektor in der Geschäftsführung und im Aufsichtsrat vor.

Die Installierung eines solchen Prozesses an prominenter Stelle, nämlich exakt zwischen Geschäftsführung und Aufsichtsrat, sowie in paritätischer Besetzung mit dem Sozialpartner machte nicht nur prozessual Sinn, sondern war der entscheidende strukturelle Faktor, der die weiteren Entwicklungen ermöglichte und durchsetzbar machte. Das so genannte „buy-in“ der entscheidungsrelevanten Gremien war nichts anderes als die Bedingung für ein breit angelegtes Umsetzen und internes Vermarkten von sozialen Themen und „Diversity“-Ansätzen.

Eine der ersten Entscheidungen bei Gründung der paritätischen Kommission, die sich zur Aufgabe gemacht hatte, die entstehenden Prozesse und Initiativen zu begleiten, war der handlungsleitenden Erkenntnis geschuldet, dass es sich bei der Mehrheit der Themen nicht um Projekte mit naturgemäßer zeitlichen Begrenzung handeln konnte, sondern um das Erarbeiten neuer zeitlich unbegrenzter Regelprozesse bzw. der notwendigen Korrektur bislang tolerierter Abläufe. Damit standen nicht übergangsweise Projektleiter im Fokus, sondern von Anfang an die operativen Managementlinien, die für das operative Geschäft zuständig waren. Die paritätische Kommission konnte nun ihre koordinierende und moderierende Aufgabe antreten.

9.4 Die paritätische Kommission: Identifizierte Handlungsfelder und Teilprozessgruppen

Eine einheitliche Datenbasis Die im Jahre 2012 identifizierten Handlungsfelder ergaben sich aus den Nachfragen, die der Sozialpartner aufgeworfen hatte. Erarbeitet wurde in den Prozessgruppen eine einheitliche Datenbasis, auf die zukünftig in einem regelmäßigen Berichtswesen zurückgegriffen werden konnte. Allen Beteiligten war bewusst, dass nicht wirkungslose Willensbekundungen, sondern weitere strukturelle Veränderungen in den Personalauswahlregeln und in der Talentförderung notwendig waren. Eine Analyse der Mitarbeiterkennzahlen nach Geschlecht, Alter, Job-Family, Betriebszugehörigkeit, Teilzeit-Vollzeit führte ebenfalls zu neuen und detaillierteren Erkenntnissen.

Glaubte man zunächst, die Gleichbehandlung als ethisches Postulat könnte als ein rein weicher Faktor abgetan werden, wurde erste Kritik an einer vielleicht sogar systematischen Diskriminierung laut. Ein gewisses Maß an Misstrauen in die eigene Personal- und zumal Entlohnungspolitik entstand. Allen wurde auch deutlich, dass eine leistungsgerechte Entlohnung zwischen Frauen und Männern nicht strukturell vorzugeben war, sondern im Letzten von der Umsetzungstreue und -entschlossenheit der jeweiligen Führungskraft abhing, und damit kontinuierlich und neutral überprüft werden musste.

Man einigte sich darauf, an der vorgestellten einheitlichen Datenbasis zu arbeiten, sie neu und fokussierter zu strukturieren und nach einem Jahr ein Berichtswesen zu etablieren, das Managementerfolge messbar machen und klare Aussagen zu vergleichbaren Daten auf Zeitschiene treffen konnte.

Chancengerechte Personalauswahl und -entwicklung Ein ähnliches Phänomen ergab die genauere Betrachtung aller Auswahl- und Besetzungsprozesse im Unternehmen. Eine externe Studie, die so genannte Universum-Studie, gab in den Jahren 2011 und 2012 im Hinblick auf die Attraktivität von Sanofi als Arbeitgeber in Deutschland deutliche Hinweise auf dringliches Verbesserungspotential. Wurde in der Retrospektive der Personalentwicklung der Firma durchaus schon Beachtliches – beispielsweise im Thema Gender-Balance – geleistet (Speed-Networking, cross-funktionales Mentoring, Evolve,

Profi, Junior-Committee), fielen der Prozessgruppe Talent-Management einige neue Fragen auf:

Wie sollte man zukünftig sinn- und wirkungsvoll die Teilnahmequoten von Mitarbeiterinnen mit Potentialen in den verschiedenen Talent-Management-Programmen erhöhen?

Was benötigen Frauen, die einmal als Talente identifiziert wurden, zur weiteren Unterstützung?

Was ist überhaupt mit der Definition von Karriere für Frauen wie für Männer? Gibt es da Unterschiede aufgrund unterschiedlicher Erwartungen, Lebensziele und Rahmenbedingungen? Wollen Frauen gegebenenfalls sogar, dass sich hier gar nichts und schon gar nichts über Quotenregelungen verändern soll, oder ist auch das wieder eine taktische Ausrede der Männer?

Zielgrößen im so genannten Talent-Management-Prozess wurden aufgestellt sowie nach Ausgewogenheit in der Aufstellung von Kandidaten- und Auswahllisten nach Geschlecht und Funktion gesucht. Überprüft wurde nicht nur allgemein das Auswahlverfahren innerhalb der deutschen Sanofi. Überprüft wurde auch die Option, sich darauf zu verständigen, bei allen Auswahlverfahren eine weibliche Kandidatin bis in die letzte Auswahlrunde zu nominieren.

Mit entscheidend als Basis war der Aufbau des Netzwerkes „Frauen im Beruf bei Sanofi", bei dem die Geschäftsführung als Sponsor fungierte. Externe Trainings wurden angeboten. Man entschloss sich dazu, regelmäßig Austauschforen stattfinden zu lassen, um sich über das oft differierende Menschenbild auszutauschen. Diskutiert werden sollten Unternehmenswerte, aber auch Schlagwörter wie Selbstbild, Toleranz, Freiheit, all dies mit internen wie externen Impulsgebern. Ebenso klar war, dass man die ursprünglich angestrebte Initiative und Stoßrichtung des Vorstandsvorsitzenden von Sanofi aufnehmen wollte. Die eigentliche Schubkraft dabei entstand durch das erklärte und gelebte Engagement der gesamten Geschäftsführung: Gesucht wurden fortan auch auf Deutschlandebene vermehrt Vorbilder, erfolgreiche Frauen, oftmals weibliche Führungskräfte aus der Produktion (Industrial Affairs), der Forschung und Entwicklung (Research and Development) oder dem Vertrieb (Commercial Operations). Ausschau gehalten wurde auch nach Meisterinnen, Teamleiterinnen in der Fertigung und grand-prix-chimique Gewinnerinnen.

Die schon bestehenden Mentoring-Programme wurden quantitativ wie qualitativ ausgebaut (nicht mehr nur innerhalb der Funktionseinheiten des Unternehmens, sondern „crossfunktional" über alle Standorte, Funktionen und Divisionen hinweg), Plattformen für Diskussionen und Austausch wurden geschaffen (zum Beispiel zum Thema Gesundheit und Pflege), um zusätzliches Problembewusstsein zu schärfen und eine breitere Öffentlichkeit zu generieren. Die Art der Kommunikation wurde zum Schlüsselfaktor zukünftigen Erfolgs. Eine konzertierte Kommunikationsoffensive in den Firmenmedien zur Chancengleichheit gab erste Anstöße und provozierte ein breites Echo. Allen Beteiligten war bewusst, dass vor allem entscheidungsbefugte und teamvorgesetzte Manager zu Themen wie „Vereinbarkeit von Beruf und Familie" angesprochen, geschult und sensibilisiert werden mussten. Ebenso machte man sich daran, Gesamtbetriebsvereinbarungen aus der jüngsten und älteren Vergangenheit zu überarbeiten. All diese Maßnahmen hatten eine sofortige

Wirkung auf den Personalauswahlprozess: Hochschul-Management und das Management, das für die Unternehmenspräsentationen auf Bewerbermessen unterschiedlichster Couleur zuständig war, konnte entscheidend reagieren und mit wachsendem Selbstbewusstsein erste Schritte eines tatsächlich funktionierenden und nicht nur angekündigten Paradigmenwechsels kommunizieren. Fazit: Gender-Balance und Vereinbarkeit von Beruf und Familie sind ein „Muss" in der Bewertungsskala moderner Arbeitgeberattraktivität.

Rückkehrerinnen und Rückkehrer aus der Elternzeit Auch für Elternzeitrückkehrerinnen und –rückkehrer sollte das Prinzip der gleichen Entlohnung validiert und gegebenenfalls korrigiert werden. Eine erste Analyse des Verhältnisses von Gehaltsdaten zu Marktdaten im außertariflichen und im IVR-Bereich erbrachte erste Erkenntnisse. Wichtig erschien, den Status Quo in der Vorbereitung für die Regulierungsrunde im März 2013 zu erheben und eine eventuelle Korrektur in der Struktur vorzunehmen. Auffällig schien nach ersten Untersuchungen, dass vor allem Mitarbeiterinnen im außertariflichen Bereich und im IVR-Bereich nach längerer Abwesenheit ungleich reguliert wurden, nämlich zu 30 %. Auch nach längerer Beobachtung ergab dies selbst bei Leistungsgleichheit zwischen Frauen und Männern einen nahezu uneinholbaren Vorsprung auf Jahre hin.

Die Geschäftsführung von Sanofi in Deutschland entschied im Jahre 2013 auf Basis dieser Analyse, Elternzeitrückkehrer – gleich welchen Geschlechts – künftig zu 100 % zu regulieren. Eine Investition in Richtung gleicher Entlohnung und gerechten Umgangs mit Mitarbeiterinnen und Mitarbeiter, ein erster Schritt in die richtige Richtung. Weitere Schritte mussten folgen. Denn weil Regulierung und Wiedereingruppierung im Wesentlichen aus der Abstimmung zwischen dem Management und der Personalabteilung erfolgte, galt es, über die so genannten HR-Business-Partner die Vorgesetzen zum Thema „Equal-Pay" fortlaufend und zunehmend zu sensibilisieren.

Logib-D (Lohngleichheit im Betrieb – Deutschland) Eine weitere, rechnerisch und statistisch nachvollziehbare Objektivierung des Problemkontextes sollte zudem die Bewerbung für die Teilnahme von Sanofi an Logib-D ergeben. Logib-D (Lohngleichheit im Betrieb – Deutschland) ist ein Programm, mit dessen Hilfe Unternehmen Verdienstunterschiede zwischen Frauen und Männern in ihrem Betrieb auf freiwilliger Basis untersuchen können und Hinweise für eine faire Bezahlung erhalten. Durch Logib-D wurde für das Unternehmen eine detaillierte Entgeltanalyse durchgeführt, die auf der Methode der statistischen Regressionsanalyse basierte. Logib-D berechnete den Entgeltunterschied von Frauen und Männern, der um personen- und arbeitsplatzbezogene Merkmale der Beschäftigten bereinigt wurde. Dies bedeutete, dass der prozentuale Entgeltunterschied zwischen Frauen und Männern ermittelt werden konnte, der sich bei gleicher Anzahl an Ausbildungs-, Dienstjahren und gleicher (potenzieller) Berufserfahrung sowie gleichem Anforderungsniveau und gleicher beruflicher Stellung ergeben würde. Im Ergebnis kann der Einfluss des Merkmals „Geschlecht" auf die Entgelthöhe bestimmt werden, der unter sonst gleichen Bedingungen verbleibt. Daraus ergab sich der bereinigte Entgeltunterschied.

Außerdem wurden Personal- und Entgeltstrukturen unter Geschlechtergesichtspunkten aufbereitet, Ursachen analysiert und Ansatzpunkte zur Verbesserung der Entgeltgleichheit aufgezeigt. Verantwortlich für die Konzeption und die Beratung zu Logib-D war die Baumgartner & Partner Management Consultants GmbH, für die technische Umsetzung und die Qualitätssicherung die PMSG Personal Markt Services GmbH. Dieses Vorhaben wurde im Rahmen des Projektes „Beratungsgestützte Einführung von Logib-D" des Bundesfamilienministeriums gefördert.

Die Ergebnisse gegen Ende 2013 machten Mut. Sanofi bewegte sich im Vergleich zur Branche und auch branchenübergreifend qualitativ weit über dem Durchschnitt der knapp 200 untersuchten Unternehmen. Die Gesamtdaten weisen eine unbereinigte Entgeltdifferenz von −11,4 % auf. Das erschien zunächst viel. Im Detail zeigte das Ergebnis der statistischen Analyse, dass ein Anteil von 10,1 Prozentpunkten der Entgeltdifferenz durch personen- und arbeitsplatzbezogene Merkmale erklärt und bereinigt werden musste. Ein Erklärungsbeitrag des Geschlechts von −1,3 % verblieb trotzdem (bereinigte Entgeltdifferenz). Dieser Wert für die bereinigte Entgeltlücke wurde als klein eingestuft. Trotzdem gab es auch hier Verbesserungspotential: Logib-D schlug deswegen vor, die Vereinbarkeit von Beruf und Familie unternehmensweit zu fördern (Ermöglichen von Führung in Teilzeit), Aus- und Weiterbildungsangebote für Frauen auszubauen, die Erwerbserfahrung intensivierend zu begleiten und die Betriebszugehörigkeitsdauer von Frauen zu steigern.

Vereinbarkeit von Beruf und Familie Sehr schnell wurde offensichtlich, dass Lohngleichheit nur eine, wenn auch wichtige Facette in der Gesamtanforderungskette Chancengleichheit darstellte. Weitere Anzeichen ergaben nämlich, dass schon recht viel, aber immer noch sehr vereinzelt und isoliert Ideen zur Vereinbarkeit von Beruf und Familie in Projekten angestoßen wurden. Mit dem neuen Ansatz gebündelter Fragestellungen und Maßnahmen für eine bessere Chancengleichheit zwischen Frauen und Männern sollte eine stärkere Schubkraft entwickelt werden. Eine professionelle und ebenfalls gebündelte Kommunikationsstrategie musste her. Das Thema sollte alle Mitarbeiterbereiche und -schichten erfassen.

Der bislang zurückgelegte Weg war wichtig und notwendig. Im Vergleich und im Unterschied zu vielen anderen CSR- oder Diversity-Ansätzen vieler Unternehmen und Konzerne machte bei Sanofi die strukturelle Einbindung in den Entscheidungsgremien den Unterschied aus. Sowohl der Vorstand in Paris als auch der Aufsichtsrat, die Geschäftsführung in Deutschland sowie die in diesem Zusammenhang gebildete Paritätische Kommission definierten das Ziel, vereinbarten gemeinsam die nächsten notwendigen Schritte, moderierten die Prozesse.

Hinzu kam nun eine wesentliche Ausweitung zu einer strukturierten Gesamtstrategie des ursprünglich eher allein „gender-balance"-fokussierten Gedankens. Gemeinsam mit dem Sozialpartner wurde ja ein Weg zurückgelegt, der deutlich gemacht hatte: Die Gleichstellung von Frauen und Männern ist nur ein Teilaspekt einer gesamtsozialen Verantwortung, der sich beide Sozialpartner gemeinsam stellen wollten. Diese neue Plattform wurde im Sommer des Jahres 2013 „Leben und Arbeiten bei Sanofi" genannt.

Beide Partner erklärten nun:

> Wir möchten gemeinsam unsere Unternehmenskultur nachhaltig und zum Wohle des Unternehmens und unserer Mitarbeiterinnen und Mitarbeiter vielfältig gestalten. Damit geht Sanofi Deutschland auch einher mit dem Wittenbergprozess. Wir bekennen uns zu einer aktiven, gestaltenden und gelebten Sozialpartnerschaft.

Einbindung in den Wittenbergprozess Der so genannte Wittenbergprozess ist ein breit angelegtes Dialogforum der Chemie-Sozialpartner mit dem Ziel, verantwortliches Handeln in der Sozialen Marktwirtschaft zu fördern. Zentrales Ergebnis ist ein bislang einmaliger Ethik-Kodex, der im Sommer 2008 in Anwesenheit des damaligen Bundespräsidenten unterschrieben wurde. Mit dieser Vereinbarung gibt es erstmals für die gesamte Chemische Industrie gemeinsam formulierte ethische Grundsätze. Die folgenden fünf Leitlinien wurden im Sommer 2007 in einer Workshop-Reihe in der Lutherstadt Wittenberg erarbeitet:

- Soziale Marktwirtschaft braucht nachhaltigen unternehmerischen Erfolg.
- Nachhaltigkeit braucht eine vernünftige Balance von Ökonomie, Ökologie und Sozialem.
- Gute Arbeit braucht Respekt, Fairness, Vertrauen und Verantwortung.
- Globalisierung braucht Fairness.
- Nachhaltiger Erfolg braucht Qualifikation und Engagement.

Gestaltet wird dieser Prozess vom Arbeitgeberverband BAVC, dem CSSA (Chemie-Stiftung Sozialpartner-Akademie) und dem Wittenberg-Zentrum für Globale Ethik. Ziel des Prozesses ist eine Veränderung der Unternehmenskultur in den am Prozess beteiligten Unternehmen, hin zu einem besseren Miteinander.

9.5 Eine neue Plattform: Leben und Arbeiten bei Sanofi

Wittenbergprozess bei Sanofi hieß zunächst Chancengleichheit zwischen Frauen und Männern. Aber Diversity meinte viel mehr als „nur" Gender-Balance. So entstand nun mit dem Titel „Leben und Arbeiten bei Sanofi" eine neue Plattform, auf der alle Diversity-Themen und -Anliegen ihren Platz und ihre Ausgangsbasis finden sollten (Abb. 9.1). Damit konstruierte das Unternehmen eine Kommunikations- und Schaltzentrale zum Beispiel auch für alle Themen, die Corporate-Social-Responsibility-relevant waren. Eine sowohl inhaltliche als auch strukturelle Bündelung war nun möglich, und damit auch eine dynamische Schubkraft im Organisieren und Managen dieser Themen:

Die so weiter gefasste Diversity-Plattform war eine viel größere als bisher angenommen. Weitere Initiativen und kleinere Projekte wie die Ermöglichung von Mobilem Arbeiten und Home-Office bedeuteten eine sinnvolle Ergänzung zur Vereinbarkeit von Beruf und Familie. Führungskräfteentwicklung, Talent-Management und Ausbildung gehörten

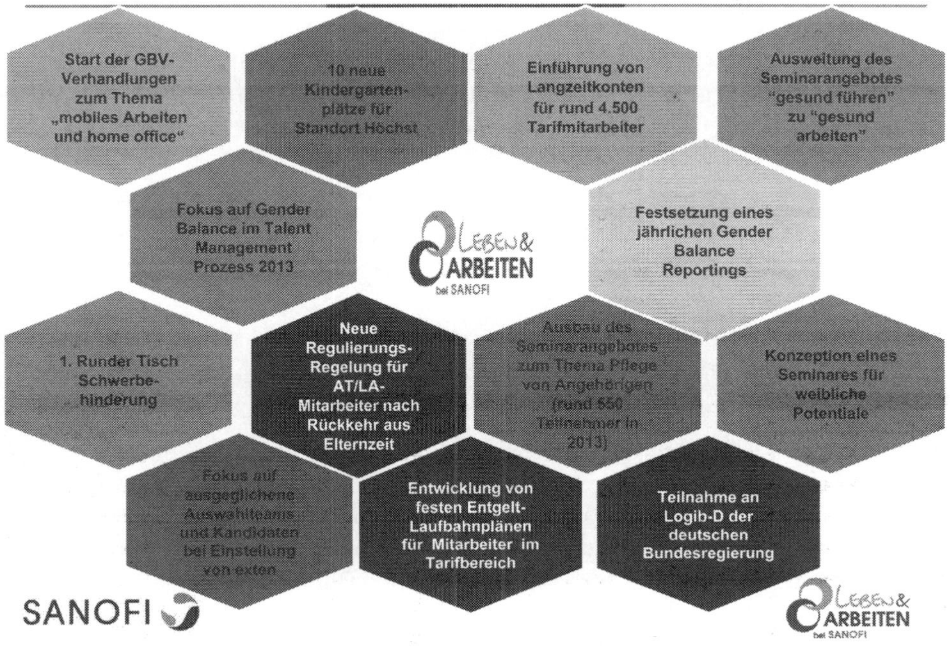

Abb. 9.1 Leben und Arbeiten bei Sanofi. (Stand Oktober 2013)

untrennbar zusammen und die Suche nach festen Entgeltlaufbahnen für Tarifmitarbeiter verhalf sehr schnell zu einer höheren Transparenz im Thema gleicher Entlohnung.

Auch schwerbehinderte Mitarbeiterinnen und Mitarbeiter fanden über einen etablierten Runden Tisch, an dem sich Geschäftsführung und Sozialpartner, Gesundheitsmanagement und Personalabteilung regelmäßig zusammensetzten, stärker Gehör im Management. Schwerbehinderung sollte aus der immer noch tabuisierten Ecke des Negativen in die Normalität der Arbeitsabläufe aller Mitarbeiterinnen und Mitarbeiter gezogen und zu einem festen Bestandteil kollegialer Gemeinsamkeit werden.

Leben & Arbeiten bei Sanofi wurde im Jahre 2013 zu einer kulturstiftenden Plattform, auf der jegliches soziales Engagement, jeglicher Prozess und jegliches Projekt seinen Ausgangspunkt finden sollten. Für die internen wie externen Personalauswahlprozesse bedeutete diese Plattform eine Steilvorlage für das eigene Marketing, Employer-Branding und Hochschulmarketing konnten mit einer ganz anderen Stoßkraft auftreten.

Aus der Betrachtungsposition einer externen Bewerberin oder eines externen Bewerbers begegneten diese einer ganzen Fülle sozialer Leistungen und Angebote, die unternehmensseitig gesteuert und sozialpartnerschaftlich begleitet wurden, wie im vorangegangenen Schaubild ersichtlich.

Offene Fragen und nächste Schritte Noch ist viel zu tun. Vor allem die Objektivierung der Entwicklung der einzelnen Prozesse auf Basis eines einheitlichen und nachvollziehbaren Monitorings soll nun zukünftig helfen, einen nüchternen und vor allem auf Zeitschiene entwicklungskritischen Blick auf eingespielte Initiativen und Prozesse zu bewahren. Konstruktiv struktureller Druck entsteht allein schon durch die regelmäßige Platzierung des Themas im Aufsichtsrat der Sanofi-Aventis-Deutschland GmbH, durch regelmäßige Sitzungen der paritätischen Kommission und die Entscheidungsvorlagen in der Deutschland-Geschäftsführung von Sanofi.

Ein erster Schritt ist getan. Auf allen genannten Ebenen wird die Plattform Leben & Arbeiten bei Sanofi als wertvoller Beitrag für den Unternehmenserfolg im Kontext eines gemeinsam gestalteten aktiven und dynamischen sozialen Friedens wertgeschätzt und akzeptiert.

Eine vorbereitete Kommunikationsstrategie wird ab 2014 dazu führen, diesen wichtigen „Mind-shift" über die Gremien in die ganze Belegschaft zu transportieren.

Erste positive Rückläufe seitens der Konzernzentrale in Frankreich, vor allem aber seitens der Belegschaft und zusätzliche externe Einschätzungen dokumentieren, dass wir auf dem richtigen Weg sind.

Für die eigene Arbeitgeberattraktivität ist es zukünftig wichtig, soziale Elemente der Unternehmenskultur nicht allein auf Glanzfolien zu ziehen und mehr oder weniger halbherzig zu leben, sondern authentisch und effektiv, und damit statistisch und rechnerisch nachweisbar Veränderungen zu vollziehen. Nur so wird „Leben & Arbeiten bei Sanofi" zu einem Leuchtturm für eine glaubwürdig gelebte und erlebbare Unternehmenskultur, die von externen Bewerberinnen und Bewerber als ganzheitlich arbeitgeberattraktiv wahrgenommen werden kann.

Dr. Emmanuel Siregar ist seit 2011 Geschäftsführer Personal und Organisation sowie Arbeitsdirektor der Sanofi-Aventis Deutschland GmbH. Zugleich leitet er das Personalwesen des Länderclusters Deutschland-Österreich-Schweiz bei Sanofi. 1982 begann Emmanuel Siregar ein Studium der Humanmedizin und Katholischen Theologie an der Westfälischen-Wilhelms-Universität Münster. Von 1984 an verbrachte er insgesamt zehn Jahre in Rom, wo er an der Päpstlichen Universität Gregoriana 1994 zum Doktor der Theologie promoviert wurde. Nach einer Station als Unternehmensberater und Trainer arbeitete Dr. Siregar von 1997 an beim Augenoptik-Unternehmen Fielmann, wo er 2004 zum Personalvorstand aufstieg. Von 2007 bis 2011 leitete Emmanuel Siregar als Mitglied der Geschäftsführung bei der Karstadt Warenhaus GmbH den Personalbereich und war in dieser Funktion auch Arbeitsdirektor.

Small but beautiful: Angewandte Kultur-Praxis im Mittelstand (am Beispiel der Bremer Hachez Chocolade GmbH & Co. KG)

10

Hasso G. Nauck

Die Mitarbeiter der Firma verkörpern deren wichtigstes Kapital.

Inhaltsverzeichnis

Zusammenfassung

Die Bremer Hachez Chocolade GmbH & Co.KG. ist im wahrsten Sinne des Wortes ein mittelständischer Spezialist für besonders edle Schokoladenartikel mit einer langen familiären Tradition. Der Markt wird allerdings von sehr viel größeren Spielern dominiert. Um in diesem Wettbewerb bestehen zu können, spielt die in dem Unternehmen gelebte Unternehmenskultur eine besonders wichtige Rolle. Bei der Auswahl geeigneter Mitarbeiter ist daher besonders auf deren Potential zur Eingliederung in diese Kultur zu achten, um erstens die Kultur aufrechterhalten zu können bzw. nicht zu zerstören und zweitens die neuen Mitarbeiter nicht daran scheitern zu lassen. Dazu braucht es Methoden und Kriterien bei der Auswahl interessanter Kandidaten, die zunächst unorthodox erscheinen mögen, die aber für diese Art von Unternehmen entscheidend zum Erfolg beitragen. Sowohl die Kulturelemente als auch die Methoden werden – teils mit konkreten Beispielen untermauert – in dem Beitrag beleuchtet.

H. G. Nauck (✉)
Mühlenweg 35a, 28355 Bremen, Deutschland
E-Mail: hasso@nauck-bremen.de

M. Hartmann (Hrsg.), *Rekrutierung in einer zukunftsorientierten Arbeitswelt*,
DOI 10.1007/978-3-658-05084-9_10

10.1 Hachez: Ein Spezialist im Markt der Großen

Der Name der Bremer Hachez Chocolade GmbH & Co. KG. stammt von dem Firmengründer Joseph E. Hachez, der das Unternehmen im Jahre 1890 gründete. Seit Gründung befindet sich das Unternehmen in Familienbesitz. Die Geschäftsführung hat sich stets mittelbar oder unmittelbar aus dem Kreis der jeweiligen Inhaberfamilien rekrutiert.

Das zweite besondere und differenzierend charakterisierende Element des Unternehmens ist seine spezifizierte Produktion. Das Unternehmen gehört zu den ganz wenigen der Branche, in denen noch von der Reinigung der Kakaobohnen bis zur Herstellung des Fertigproduktes alle Arbeitsschritte unter eigenem Dach stattfinden. Das schafft Qualitätsunterschiede, die man gegenüber Wettbewerbern sichtbar erleben und auch schmecken kann. So werden keinesfalls Produkte hergestellt, die auf Basis „geilen Geizes" verkauft werden, sondern es entsteht Spezialistentum, bei dem jeder Mitarbeiter stolz darauf ist und sein darf, Teil einer besonderen Wertschöpfungskette zu sein. Und das gilt für alle Ebenen des Geschäftssystems, vom gewerblichen Mitarbeiter bis hin zum Geschäftsführer.

Wie allgemein bekannt, stellt der Mittelstand ganz besondere Anforderungen an seine Macher und Manager, um im Dschungel der Herausforderungen und des Wettbewerbs bestehen zu können. Dies macht den Mittelstand spannend und sympathisch zugleich. Es sind aber noch weitere positive Facetten mit dem Mittelstand verbunden. So gilt er beispielsweise als Wirtschaftsmotor für Beschäftigung oder trägt durch seinen hohen Anteil an Ausbildungsstellen zu einer niedrigeren Jugendarbeitslosenquote bei.

Vor diesem Hintergrund verwundert es nicht, dass sich viele Unternehmen selbst gerne zu dieser Kategorie „Mittelstand" zählen. Betrachtet man beispielsweise die Süßwarenbranche, so befinden sich innerhalb dieser Gruppe ‚Mittelstand' Unternehmen wie Bahlsen mit etwa 500 Mio. € Umsatz oder die Firma Storck mit ca. 2 Mrd. € Umsatz, nur weil sich diese Unternehmen im Familienbesitz befinden.

Hachez dagegen bewegt sich auch im Hinblick auf Zahlen und Fakten innerhalb der klassischen Mittelstandsgrenzen und ist im Vergleich folglich bedeutend kleiner – auch wenn die Firma insgesamt 425 Mitarbeiter beschäftigt. Umsatzzahlen wären an dieser Stelle wenig erklärend, denn aufgrund der individuellen Sortiments- und Wertschöpfungsniveaus fehlt die relevante Vergleichsbasis. Über Umsätze soll nicht geredet werden, sie werden lieber gemacht. Auch dieses Verhalten ist im Übrigen ein Kennzeichen dafür, dass hier tatsächlich über klassische KMUs gesprochen wird, so wie sie im Amtsdeutsch genannt werden.

Es ist also der Wettbewerb zwischen Großen und Kleinen, zwischen Schnellen und Langsamen und zwischen Generalisten und Spezialisten, der das Lebenselixier von Hachez bestimmt. Und es ist im Sinne von „share of stomach" der Wettbewerb mit allen, die etwas zu essen oder zu genießen anbieten. Die Herausforderung besteht also darin, die Rolle von Hachez als Spezialist in dem knapp 3,5 Mrd. € Umsatz großen Markt der Süßwaren und Schokoladen auch weiterhin zu behaupten sowie auszubauen.

Ein besonderer Erfolgsbeitrag leisten hierbei die Mitarbeiter. Mit Blick auf den hohen Qualitätsanspruch von Hachez einerseits sowie die zunehmenden Verschiebungen am Arbeitsmarkt andererseits stellt sich nun die Frage, wie das Unternehmen von den aktuellen und zukünftigen Mitarbeitern wahrgenommen wird und wie es auch in Zukunft gelingen kann, Hachez als attraktiven Arbeitgeber zu positionieren. Die Rekrutierung neuer qualifizierter Mitarbeiter gestaltet sich nicht zuletzt im Hinblick auf folgende Überlegungen als äußerst anspruchsvoll:

1. Viele Bewerber haben die Mittelstandsbetriebe bei Auswahl ihres potentiellen Arbeitgebers leider nicht immer primär im Blick.
2. Personalgewinnung bei gleichzeitiger Personalbindung und Entwicklung der eigenen Kompetenzen erfordert Ressourcen und Kompetenzen, die in mittelständischen Betrieben nicht immer ausreichend zur Verfügung stehen.

Für Hachez steht außer Frage, dass Mitarbeiterrekrutierung nicht nur den Personalbeschaffungsprozess und die Mitarbeiter in Personalabteilungen betrifft. Vielmehr muss eine Grundphilosophie im Unternehmen verankert sein, die im Hinblick auf die Mitarbeiter erstens eine Aufmerksamkeit von „ganz oben" sicherstellt und zweitens den gleichen Qualitätsanspruch erfüllt, der auch an die Produkte gestellt wird.

10.2 Die Unternehmensphilosophie von Hachez

Um in dem oben skizzierten Wettbewerb erfolgreich bestehen zu können, braucht es eine Unternehmenskultur[1]([1], S. 2 f.), 1) an der sich alle am Prozess Beteiligten orientieren und 2) zu der sie selbst beitragen können. Diese Unternehmenskultur wird quasi zur DNA oder zum Fingerabdruck des Unternehmens. Mit ihr verbünden sich bestehende und neue Mitarbeiter und sie ist für die Akquisition und Auswahl neuer Mitarbeiter von entscheidender Bedeutung. Auch dies gilt für alle Beteiligten des Geschäftssystems, vom Gewerblichen bis hin zum Geschäftsführer.

Eine ganz zentrale Devise von Hachez lautet: *„Think small, but beautiful"*. Damit grenzt sich das Unternehmen von vielen anderen ab, die sich unserer Zeit der großen Gebilde und Fusionen eher zu einem größeren Ganzen zusammenschließen. Das gilt nicht für Hachez, denn hier gelten nicht die Gesetze der Großen, sondern jene der Spezialisten.

Damit ist ein sehr wichtiges Kriterium für die Mitarbeiter von Hachez definiert, die sich mit diesem Gedanken identifizieren und ihn mittragen können – das bestimmt ihr Selbstbewusstsein und schafft Stärke. Anders als die Großen ist das Unternehmen dabei frei von zentralen Stabstellen, die für alles und jedes beratend, planend und exekutionsbegleitend zur Stelle sind – wenn man sie braucht oder auch nicht. Gerade ohne diese Art kreativer Bremsklötze ist es Hachez möglich, Prozesse entstehen zu lassen und nutzbringend durchzuführen, die für die wirtschaftliche Entwicklung des Unternehmens so wichtig sind. Und dies gilt wiederum sowohl für die Führungsebene als auch für die Administration und die Mitarbeiter in der Produktion. So werden die Eigenverantwortlichkeit, die Freiheit in der

[1] Nach einer Definition von McLean und Marshall ist Organisationskultur die „collection of traditions, values, policies, beliefs and attitudes that constitute a pervasive context for everything we do and think in an organisation".

jeweiligen Position und nicht zuletzt auch die unmittelbare Spürbarkeit von Ergebnissen aus der eigenen Tätigkeit gestärkt.

Das Ergebnis dieser Anstrengungen kann sich sehen lassen: Einerseits bestehen Produkte im Sortiment seit über 80 Jahren, andererseits wird mehr als ein Drittel des Geschäftes mit Produkten realisiert, die jünger als 5 Jahre sind (der Leser berücksichtige, dass es sich um die Lebenszyklen von Lebensmittelprodukten und nicht jene in der Computerbranche handelt). Der so beschriebene Spannbogen zwischen Tradition und Moderne, den es immer wieder aufs Neue zu überbrücken gilt, kennzeichnet also die mittelständische und marktorientierte Unternehmensphilosophie von Hachez.

Im Zuge dieser Philosophie hat sich Hachez von drei Illusionen befreit:

- Illusion der Eindeutigkeit
- Illusion der Methode
- Illusion der Ausschließlichkeit

Diese Illusionen betreffen Klischees, mit denen vor allem die Rahmenfacetten und die Arbeitsweisen vieler Großer beschrieben werden und an denen sich auch viele Menschen auf der Suche nach neuen Tätigkeitsfeldern auf dem Arbeitsmarkt allzu gerne unkritisch orientieren. Diese drei Illusionen werden im Folgenden aufgegriffen und im Zusammenhang mit marketing- und personalpolitischen Überlegungen kritisch beleuchtet.

10.2.1 Das grundlegende Marketingverständnis

Unternehmen bewegen sich heute in Märkten, die vielzählige Herausforderungen mit sich bringen. Als Beispiele seien angeführt: Wandlungsprozesse des Käuferverhaltens, schwaches, stagnierendes oder gar rückläufiges Marktwachstum, Aufhebung herkömmlicher Branchengrenzen, verkürzte Produktlebenszyklen, weltweiter Wettbewerb oder auch technologischer Wandel. Eine klare, ganzheitliche Ausrichtung aller Funktionen im Unternehmen am Markt und am Kunden ist daher ein Muss, um Existenz und Erfolg nachhaltig zu sichern.

Trotzdem kommt es in der Unternehmenspraxis immer wieder zu Irritationen hinsichtlich des Marketingverständnisses und der zur Verfügung stehenden Marketinginstrumente. Marketing scheint noch immer von Werbung dominiert zu werden. Anstelle eines ausgewogenen Marketingmix sind die Interessen einseitig gelagert („wenn ich im Marketing arbeite, will ich Werbung machen…").

Die Eindeutigkeit dieser Vorstellung scheint im Sinne der „Illusion der Eindeutigkeit" unerschütterlich, so als hätten die Funktionsträger im Marketing allein die schillernde Welt der Werbung vor Augen, wenn sie ihre Arbeitspensen abarbeiten. Dabei wird leider verdrängt, dass im Marketing im Sinne einer konsequenten Kunden- und Marktorientierung ein viel breiteres und auch anspruchsvolles Marketinginstrumentarium zur Verfügung steht. Zweifellos geht es nicht ohne Produkt, es geht auch nicht ohne Preis und es geht nicht ohne Distribution. Aber es geht – zumindest theoretisch und oftmals eben auch praktisch, wenn es an den notwendigen Budgets fehlt – ohne Werbung. Im Umkehrschluss gewinnen die ersten drei Marketinginstrumente in diesem Fall automatisch an Bedeutung – und dies wiederum stellt besondere Anforderungen an die Mitarbeiter, die in diesen Bereichen tätig sind oder zukünftig tätig werden wollen und sollen. Ein auf dieser Erkenntnis aufbauendes Führungskonzept fordert, die ungerechtfertigte Dominanz der Werbung zu überwinden und eine angemessene Bündelung aller Marketinginstrumente zu erreichen.

Das muss sich auch in den Anforderungsprofilen der Funktionsträger im Marketing widerspiegeln: Sie müssen in der Lage sein, strategisch zu denken und zu handeln, sie müssen zielgruppenorientierter arbeiten sowie fundiertes Wissen über die Strategien, Aufgaben und Prozesse mitbringen.

Aus diesem Komplex wird deutlich,

- dass dem Spezialisten die „Illusion der Eindeutigkeit" nicht weiterhilft und
- dass dieser Umstand wegen bestehender Vorstellungsbilder und Erwartungen bei den Interessierten und potentiellen Mitarbeitern verdeutlicht werden muss.

Dies kann einerseits über das erlebbare Außenbild der Firma entstehen, andererseits durch Mund-zu-Mund-Propaganda gegenüber externen Interessierten kommuniziert werden. In der Mitarbeiterrekrutierung spielen zudem entsprechende Briefings an involvierte Personaldienstleister und klare und überzeugende Darstellungen in Personalanzeigen eine wichtige Rolle. Nur potentielle Mitarbeiter, die fern der „Illusion der Eindeutigkeit" engagiertes Marketing betreiben können und wollen, werden nachhaltig zum Erfolg des Unternehmens beitragen können. Dazu gehört die Liebe zum Detail ebenso wie die Fähigkeit zur Kreativität. Beides müssen potentielle Kandidaten mitbringen. Bewerber mit Wunsch nach einem Umgang mit Werbeagenturen nach der Devise „the wonderful world of advertising" im Sinne einer ausgeprägten Extrovertiertheit und dem Bedürfnis nach Selbstdarstellung werden den Weg in Richtung Wandel und Anpassung des Unternehmens an neue Erfordernisse nicht begleiten können. Alle an der Rekrutierung beteiligten Personen müssen auf diese Facetten von Anfang an sensibel achten.

10.2.2 Entscheidungsfindung

Der Glaube an die Ersetzbarkeit von Entscheidungen durch die Auswertungen von Marktforschungsergebnissen und Computer-Analysen basiert auf der „Illusion der Methode". Die Methodenillusion baut also auf der Feststellung auf, dass die Forscher der Märkte, des Marketing und auch der Personalanalyse uns immer umfassendere Erkenntnisse zum Verhalten von Konsumenten und Bewerbern und zu den Möglichkeiten, mit ihnen umzugehen, liefern. Menschen und Märkte scheinen aus der Datenfülle und den Analysemöglichkeiten heraus durchschaubar, planbar, kontrollierbar. Praktische Geschäfts- sowie die Marketing- und Personalpolitik scheinen mechanisierbar zu sein, quasi als eine Funktion ausgewählter Parameter.

Dabei gerät in Vergessenheit, dass die eigentliche Herausforderung darin besteht, auf der Grundlage von Analyseergebnissen eine unternehmerische Interpretation von Chancen und Risiken vorzunehmen, die Relevanz geplanter Entscheidungen unternehmerisch zu überprüfen bzw. zu übersetzen und deren Auswirkungen zu beurteilen.

Besonders im Zusammenhang mit Personalentscheidungen erweckt die Fülle standardisierter Auswahlverfahren und PC-gestützter Methoden den Eindruck, als würden in Unternehmen rationale Sachentscheidungen gefällt. Leicht und oft wird zu schnell über die Auswahl des richtigen Kandidaten für eine offene Position durch Computeranalysen gejubelt. Das Verfahren scheint einfach und sicher zu sein. Die Entscheidung bzw. die Auswahl relevanter Bewerber wird dem Computer überlassen, die Verantwortung somit abgegeben.

Dieses Missverständnis ignoriert jedoch, dass Forschungs- bzw. Analysemethoden entsprechend der Methodenillusion stets nur das hervorbringen können, was das jeweilige Verfahren innerhalb seiner Grenzen zulässt. Der Computer ermittelt statistische Durchschnittswerte für alle und alles. Die daraus gewonnenen Informationen können bestenfalls eine Hilfestellung für weitere Überlegungen bieten, aber keinesfalls Entscheidungen ersetzen. Derart standardisierte und zu einfach getroffene Personalentscheidungen kompensieren also allenfalls die eigene Entscheidungsunfähigkeit und leiten Verantwortung um, was keinesfalls der Unternehmenskultur eines wahren Mittelständlers entsprechen dürfte.

Betrachtet man die emotionale Kompetenz, so werden die Grenzen standardisierter Auswahlmethoden schnell deutlich. Das Gefühl für Emotionen, z. B. die emotionalen Positionen zur gelebten und bestehenden Unternehmenskultur, sind durch die meisten Tests kaum erfassbar. Denn vielen Menschen fällt es schwer bzw. es ist ihnen unmöglich, ihre Emotionen in den Rastern der Forscher auszudrücken – gerade weil es keine rationalen Argumente sind. Und was nicht in die Raster der Methoden passt, kann nicht erfasst werden und existiert folglich nicht. Aber: Keine Mitarbeiterin und kein Mitarbeiter kann angesichts individueller Bedürfnisse, Wahrnehmungen, Lebensstile oder Werte auf typisch weibliche oder typisch männliche Stereotypen im Unternehmen reduziert werden.

Der irrational emotionale Bereich der Personalauswahl beginnt, wenn die Gegenüberstellung von Stellen- und Bewerberprofil beendet ist. Hier können Standardverfahren und Computer keine weitreichende Hilfestellung leisten. Vielmehr werden intensive Gespräche erforderlich. Dabei geht es vor allem um folgende Fragen: Stimmt die Chemie bzw. können die menschlichen Charaktere miteinander auskommen? Kann die Kandidatin oder der Kandidat die wahrzunehmenden Aufgaben erfüllen und passt sie oder er als Teamplayer in das Team bzw. in die Unternehmenskultur?

Es empfiehlt sich, potentielle Kandidaten zunächst von der Personalabteilung bezüglich notwendiger Mindestanforderungen analysieren zu lassen (Ausbildung, Werdegang, bisherige Tätigkeiten etc.). Danach sollte die entsprechende Fachabteilung, für die der Kandidat ausgewählt werden soll, die Gespräche fortführen. Hierbei geht es im ersten Schritt darum, spezifische Fähigkeiten und Neigungen zu überprüfen. Im zweiten Schritt spielt natürlich auch die Frage nach der passenden Chemie eine Rolle. Sind beide Fachbereiche positiv gestimmt, sollte ein abschließendes Gespräch mit der Geschäftsführung stattfinden. Auf dieser Ebene geht es weniger oder gar nicht mehr um fachspezifische Themen, sondern vielmehr allein um Persönlichkeitsmerkmale und die Überprüfung des organisationalen Commitments des Kandidaten. Letzteres rückt die Unternehmenskultur von Hachez in den Fokus. Erst wenn der Kandidat sich mit diesen kulturellen Ansprüchen identifizieren kann, wird ihm ein Angebot unterbreitet.

Bei Hachez hat sich Folgendes gezeigt: Obwohl die Qualifikationen wie auch die Fähigkeiten eines Kandidaten vollends positiv beurteilt wurden, haben in Einzelfällen letztlich konzerngeprägte Hintergründe und Charakteristika des Kandidaten eine Einstellung verhindert. Dabei war es unerheblich, auf welcher Ebene die Beweggründe für diese Entscheidung entstanden waren: 1) aus der Bewertung der bisherigen Tätigkeitsfelder oder 2) der Art, wie diese vom Kandidaten beschrieben wurden, oder 3) aus der Diskussion „weicher" Facetten. Im Übrigen gehört es zum guten Ton von Hachez, dass alle Bewerber auch im Falle einer Absage eine schriftliche Antwort auf ihre Bewerbung bekommen.

Gleichermaßen zeigt die Erfahrung, dass eine hohe Akzeptanz der Unternehmenskultur mit einer schnelleren Integration neuer Mitarbeiter sowie einer Senkung des Fluktuationsrisikos einhergeht.

Kommt es zur Vertragsunterzeichnung, werden neue Mitarbeiter von Hachez mit einem von der Geschäftsführung bzw. den Inhabern persönlich unterschriebenen Brief im Unternehmen begrüßt. Außerdem werden die Namen der neuen Mitarbeiter am Tag des Arbeitsbeginns in der Eingangshalle auf der News-Tafel annonciert. So werden die „Neuen" direkt in die „Unternehmens-Familie" im Sinne der Unternehmenskultur aufgenommen.

Abschließend bleibt anzumerken: Alle Kulturelemente müssen natürlich konsequent von oben nach unten gelebt und vorgelebt werden. Die Geschäftsführung verkörpert so gesehen das nötige Leitbild für die Mitarbeiter – durch ihr eigenes Verhalten und ihre Integrität, die die Unternehmenskultur widerspiegelt. Der Fisch fängt auch in diesem Fall am Kopf an zu stinken. Also muss der Kopf die notwendigen Leitbildfunktionen verkörpern bzw. vorleben. Nur so entsteht Orientierung an und Nähe zu den Mitarbeitern. Gleichzeitig kann nur so die notwendige Penetration auf alle Ebenen des Geschäftssystems erreicht werden.

10.2.3 Qualitätsverständnis

Die dritte Illusion ist die „Illusion der Ausschließlichkeit" und sie bezeichnet die eindimensionale Interpretation von Begriffen, in dem hier diskutierten Zusammenhang vor allem des Qualitätsbegriffs. Noch immer hört und liest man: Qualität ist, wenn der Kunde zurückkommt – und nicht das Produkt. Doch reicht das aus, um den Qualitätsbegriff zu erfassen? Geht Qualität nicht viel weiter darüber hinaus, indem neben kunden- oder ökonomischen Überlegungen vor allem auch ökologische und gesellschaftliche Aspekte berücksichtigt werden und damit auch Verantwortung für heutige und zukünftige Generationen übernommen wird?

Für den Spezialisten im Markt der Großen ist eine mehrdimensionale Betrachtung unverzichtbar, denn die generellen Erwartungshaltungen lassen Qualität zunehmend zu einer Selbstverständlichkeit werden. Sie wird zum Normalen und immer weniger zum Außergewöhnlichen. Sicherlich ist ein fertigungsbezogener Ansatz zu berücksichtigen, mit dem eine auf ISO, DIN, IFS, HACCP oder anderen Normen definierte Qualität gemeint ist. In diesem Sinne liegt Qualität vor, wenn ein Leistungsangebot in der Lage ist, konkret definierte Anforderungen zu erfüllen.

Vor allem Premiumqualität ist aber weit mehr als das, da nicht nur faktische oder technische Elemente erfüllt werden sollten, sondern vor allem auch emotionale Bedürfnisse Berücksichtigung finden müssen. Diese Qualitätsbeurteilung spielt im Kaufentscheidungsprozess oftmals die entscheidende Rolle. Der Kunde wägt nicht nur ab, wie gut die Übereinstimmung von Anspruchsprofil und Verwendungseignung eines Produktes im Sinne des Leistungsprofils ist. Er legt darüber hinaus vor allem auch subjektiv fest, welche emotionalen Facetten kaufentscheidende Faktoren werden (z. B. Qualitätskriterien wie Gesundheit, Nachhaltigkeit, gesellschaftlicher Fortschritt) und somit in die Qualitätsprüfung einfließen. Dieses Element der Qualitätsprüfung stellt oftmals sogar das entscheidende selektive Element dar.

Diese kurze Betrachtung zu den mehrdimensionalen Aspekten des Qualitätsbegriffes macht deutlich, dass Qualität viele Dimensionen hat. Die Illusion der Ausschließlichkeit ist nichts als eine irreführende Vereinfachung.

Es liegt vor allem auch nahe, derartige Überlegungen auf Rekrutierungsentscheidungen bzw. auf die Einschätzung von Mitarbeiterqualitäten zu übertragen.

Einerseits ist die Perspektive (potentieller) Mitarbeiter relevant: Sie wägen nicht nur ab, wie gut die Übereinstimmung von Anforderungs- und eigenem Leistungsprofil ist. Sie urteilen vor allem auch subjektiv darüber, ob ein Unternehmen im Hinblick auf weiche, emotionale Faktoren zum relevanten Set der potentiellen Arbeitgeber zählt.

Umgekehrt haben sich alle (potentiellen) Mitarbeiter diesen hohen Qualitätsansprüchen zu stellen. Zur Sicherung und Weiterentwicklung von Qualität gehören verlässliches Wissen, Engagement und Gestaltungswille. Im Hause Hachez zieht sich das Qualitätsbewusstsein über die Gesamtheit aller Leistungen und Leistungsebenen des Unternehmens. Dazu gehören neben der Qualität der Produkte auch die Qualität aller Abteilungen des Unternehmens sowie aller einzelner Mitarbeiter in den Abteilungen. Wichtig ist dabei, dass sich alle an den Unternehmensprozessen beteiligten Mitarbeiter als integrativer Bestandteil der Verfahren und als Mitverantwortliche des Qualitätsversprechens von Hachez verstehen. Ziel ist es, durch straffe Organisationsabläufe und kurze Wege ein offenes Miteinander und Teamgeist zu erhalten bzw. zu entwickeln. Erfolg hat bekanntermaßen meist viele Väter und es spielt aus Unternehmenssicht letztlich keine Rolle, von wem eine einzelne gute Idee stammt. Viel wichtiger ist, dass sie als solche erkannt und aufgenommen wird.

Diesen Kulturgeist müssen die bestehenden und neuen Mitarbeiter verkörpern und glaubhaft leben, um sich letztlich von der großen Masse abheben zu können. Daraus resultieren nicht nur ganz spezifische Ansprüche an Rekrutierungsentscheidungen bzw. an die Selektion von Kriterien bei der Mitarbeiterauswahl. Auch die Entscheidungsträger in Personalauswahlverfahren haben diesem Verständnis Rechnung zu tragen.

Kandidaten, die sich aus Gründen der persönlichen Absicherung lieber an objektiv beweisbaren Elementen des Qualitätsbegriffes orientieren als an jenen, die eher emotional behaftet sind, werden stets auch in anderen Bereichen eher auf Sicherheit als auf unternehmerische Intuition setzen. Dies trifft tendenziell vor allem für Kandidaten zu, die sich bislang hinter festen Strukturen verstecken konnten. Spezialisten wie Hachez brauchen hingegen Mitarbeiter, die Freiräume nutzen, individuell Verantwortung übernehmen, Antworten haben auf Veränderungen, aktuelle Geschäftspotentiale erkennen und gleichzeitig neue Geschäftsideen mitgestalten sowie letztlich ihre Zugehörigkeit nicht nur über den Arbeitsvertrag verstehen.

10.3 Schlussbemerkungen

Die Quintessenz aus den vorangegangenen Ausführungen lautet:

a. Die Kultur eines Unternehmens ist einer der wichtigsten Werte, die ein Unternehmen hat. Mit dieser Kultur wird das Geschäft betrieben, sie beschreibt und unterstreicht das Spezialistentum und das Besondere des Mittelständlers.
b. Die Macher eines Unternehmens müssen ein Credo verinnerlichen, das sie im Sinne eines Leitbildes für alle am Wertschöpfungsprozess Beteiligten personifiziert verkörpern und vorleben.
c. Unternehmen und potentielle Arbeitgeber müssen eindeutig positioniert sein und zwar sowohl in faktischen wie auch in emotionalen Dimensionen.
d. Unternehmerische Intuition sowie der Mut, diesen Intuitionen nachzugehen und entsprechende Entscheidungen zu treffen, sind der Treibstoff für zukunftsgerichtete, teils durchaus unorthodoxe Wege der Unternehmensführung, insbesondere beim Spezialisten im Markt.
e. Erfolg basiert auf einer Reihe klarer Prinzipien, die es zu formulieren und einzuhalten gilt – auch wenn nicht alle diese Prinzipien in Lehrbüchern zu finden sind.

Der Erfolg von Hachez in der Vergangenheit bestätigt die hohe Bedeutung dieser Überlegungen. Ausdruck für die Akzeptanz der bestehenden Unternehmenskultur bei den aktuellen Mitarbeitern von Hachez ist deren ausgesprochen hohe Loyalität zu ihrem Unternehmen. Das spiegelt sich 1) in ihrem hohen Engagement für die Firma wider sowie 2) in der langjährigen Zugehörigkeit der Mitarbeiter zum Unternehmen. Wenn diese Kriterien auch zukünftig verfolgt und dauerhaft umgesetzt werden (sollen), sind Mitarbeiterinnen und Mitarbeiter zu rekrutieren, die bereit und fähig sind, sich diesen hohen Anforderungen zu stellen.

Im Rahmen einer vorausschauenden Nachfolgeregelung und zur Absicherung des Fortbestandes sowie der langen Tradition von Hachez wurde das Unternehmen kürzlich an eine Stiftung als neuer Unternehmenseigner verkauft. Ob es gelingt, die beschriebenen Kulturelemente auch in Zukunft zu erhalten, bleibt abzuwarten. Es ist bereits absehbar, dass das neue Eignerunternehmen zwar ebenfalls mittelständisch ist, aber doch eher nach internationalen und konzernorientierten Grundsätzen und Kulturelementen geführt wird, was die Gefahr einer höheren Anonymität in sich birgt. Sollen auch in Zukunft mit den richtigen Mitarbeitern die angestrebte Qualität realisiert und damit der Gewinn nachhaltig gesteigert werden, darf nicht vergessen werden:

- Ein people-orientiertes Unternehmen und seine Kulturelemente lassen sich langfristig nicht mit starren Systemen managen.
- Fehlentwicklungen sind vorprogrammiert, wenn sich die Entscheider allein auf Strategie und Struktur ihrer Organisation fokussieren.
- Wer Einstellungen und Verhaltensweisen der Mitarbeiter ignoriert, vergisst Werte und unternehmerische Verantwortung und wird schnell durch Widerstände ausgebremst.
- Die personifizierte Verkörperung und das Vorleben des Unternehmensleitbildes durch die oberen Führungskräfte bleibt ein ganz wesentliches Erfolgskriterium bei der Erhaltung und weiteren Entwicklung des Unternehmens.

Literatur

1. Marshall, J., & McLean, A. (1985). Exploring organisation culture as a route to organisational Change. In V. Hammond (Hrsg.), *Current research in management* (S. 2–20). London: MCB UP Ltd.

Hasso G. Nauck war bis 2013 und knapp 25 Jahre lang Geschäftsführer und Inhaber der Bremer Hachez Chocolade GmbH & Co. KG. und der Feodora Chocolade GmbH & Co. KG., beide in Bremen. Nach einer kaufmännischen Lehre studierte er Betriebswirtschaftslehre in Münster und München. Anschließend war er in den USA als Account Manager in großen internationalen Werbeagenturen tätig, bevor er bei Kraft Jacobs Suchard als Marketing Direktor Milka Schokolade und als Geschäftsführer der Zuckerraffinerie Tangemünde Fr. Meyers Sohn GmbH (verantwortlich für die Bremer Hachez Chocolade GmbH & Co. KG. und die Feodora Chocolade GmbH & Co. KG) fungierte. Als Mehrheitseigentümer und Managing Director der Bremer Hachez Chocolade GmbH & Co. KG und der Feodora Chocolade GmbH & Co. KG hat er sich stets in der Rolle des Außenministers seiner Firma verstanden, was primär die Linienfunktionen Marketing und Öffentlichkeitsarbeit sowie nationaler und internationaler Vertrieb beinhaltete. Strategische Herausforderungen, deren konzeptionelle Umsetzung sowie die Koordinierung der angrenzenden Funktionsfelder bilden und bildeten die Schwerpunkte seiner Tätigkeit. Sein Wissen bringt er zudem in den Beiräten verschiedener mittelständischer Unternehmen ein.

Interim Management – von der Nische zur Königsdisziplin

11

Samir Jajjawi

Inhaltsverzeichnis

Zusammenfassung

Der Markt für Interim Management wächst kontinuierlich. In 2013 war laut Dachgesellschaft Deutsches Interim Management e. V. (DDIM) (Dachgesellschaft Deutsches Interim Management e. V. (DDIM) 2014) zum ersten Mal ein Milliardenumsatz zu verzeichnen. Für 2014 wird ein Wachstum um mehr als 15 % auf 1,4 Mrd. € prognostiziert. Doch wie ist Interim Management überhaupt inhaltlich definiert? Welche Unterschiede existieren zur Zeitarbeit oder zur klassischen Managementberatung? Welche Akteure stehen hinter diesem Marktvolumen und welche Leistungen werden erbracht? Diese Fragen bedürfen klarer Antworten, um das Verständnis und die Akzeptanz von Interim Management in der Praxis zu stärken.

S. Jajjawi (✉)
Aurum Interim GmbH, Hafenstraße 1, 40213 Düsseldorf, Deutschland
E-Mail: s.jajjawi@aurum-interim.de

M. Hartmann (Hrsg.), *Rekrutierung in einer zukunftsorientierten Arbeitswelt*,
DOI 10.1007/978-3-658-05084-9_11

11.1 Interim Management – deutlich mehr als Vakanzüberbrückung

Es existiert eine Vielzahl von Flexibilisierungs- und Dienstleistungskonzepten im Personalbereich. Zur Abgrenzung von Interim Management können zunächst einige geläufige Definitionen herangezogen und auf ihre Gemeinsamkeiten untersucht werden.

- Gemäß DDIM lässt sich Interim Management „als [...] der befristete Einsatz externer Führungskräfte zur Überbrückung von Vakanzen sowie die Übernahme temporärer Managementaufgaben" bezeichnen.
- Bruns und Kabst umschreiben Interim Management ebenfalls als den kurzfristigen, zeitlich befristeten Einsatz von externem Managementpersonal in hohen Führungspositionen eines Unternehmens [7].
- Im Fokus steht bei diesem Einsatz in der Regel, so Bollinger, die „Durchführung einer konkreten [...] Aufgabe" ([6], S. 151), für welche der Interim Manager mit bestimmten Machtbefugnissen ausgestattet wird.
- Auch ist Interim Management für Unternehmen vor allem in Zeiten von permanenten Veränderungen und zunehmender Flexibilisierung entscheidend, denn es „verschafft Unternehmen kurzfristigen Zugang zu Führungskräften mit den für die Durchführung organisationaler Veränderungen erforderlichen Kompetenzen" ([6], S. 14).

Aus diesen Definitionen ergeben sich einige entscheidende, übereinstimmende Charakteristika:

► Interim Management impliziert den befristeten Einsatz eines externen, über die dem Unternehmen fehlenden Skills oder Kapazität verfügenden Managers. Dabei werden dem Interim Manager in der Regel alle Rechte und Fähigkeiten zugesprochen, die er zur Lösung bestimmter Unternehmensprobleme benötigt.

Auch in Bezug auf das Einsatzgebiet des Interim Managers sind die Definitionen eindeutig (s. Tab. 11.1). Die Aufgabenebene eines Interim Managers beschränkt sich in der Regel auf Geschäftsführungs- oder obere Managementpositionen ([19], S. 14). Diese Definition beinhaltet die Anforderung, ein organisatorisches Führungsmandat wahrzunehmen. In der Praxis ist zu beobachten, dass zusätzlich hierzu auch Fachspezialisten als Interim Manager eingesetzt werden, die nicht über Hierarchie führen, sehr wohl aber eine ausgeprägte Führungsaufgabe im Rahmen von Projekten zu bewältigen haben.

In dieser Definition geht ein Interim Mandat also weit über die klassische Vakanzüberbrückung hinaus. Der Bedarf eines Interim Managers in einem Unternehmen kann vielmehr auf unterschiedliche Ursachen zurückgeführt werden, wie folgende Übersicht deutlich macht:

Oft sind die benötigten Kompetenzen zur Bewältigung etwaiger spezifischer Unternehmenskrisen oder Optimierungsprojekte intern nicht vorhanden und eine Festanstellung

Tab. 11.1 Anlässe für den Einsatz von Interim Management

Außergewöhnliche Unternehmenssituationen	Wie Neuausrichtung, Restrukturierung, Sanierung, Turnaround, Unternehmenskauf oder -verkauf, Anlaufmanagement und Post-Merger-Integration
Strategische Projekte und Programm-management	Wie Einkaufsoptimierung, Sach-/Gemeinkostenoptimierung, Umsatzsteigerungsprogramme, Prozessoptimierung, Implementierung von Lean Management-Abläufen, Einführung von Reportingsystemen
Klassische Personalrekrutierungsprobleme	Wie Überbrückung von Vakanzen, Ergänzung des Know-hows oder Verstärkung der Ressourcen in allen Unternehmensfunktionen durch temporäre Interim Manager oder Interim Manager mit Ziel Übernahme sowie klassisches Executive Search
Coaching	Wie Begleitung Generationswechsel (Programm „Next Generation") oder Unterstützung von Führungskräften in kritischen Situationen „on the job"

nicht zielführend und flexibel genug, weshalb immer mehr Unternehmen sich bewusst für die Option eines Interim Managers entscheiden.

11.2 Die Rolle von Dienstleistern für Interim Management

Hinsichtlich der Fragen, wie der geeignete Kandidat für ein Interim Mandat gefunden und im Weiteren Leistungs- und Kostentransparenz sichergestellt wird, gibt es unterschiedliche Wege.

Zunächst kann das Unternehmen die Suche nach einem geeigneten Kandidaten natürlich selbst ausführen, was allerdings häufig mit hohen Kosten, sowohl in monetärer Hinsicht als auch in Form von Opportunitätskosten durch Zeit- und Arbeitsaufwand, einhergeht. Daran hat auch die wachsende Anzahl von Online-Experten-Plattformen bisher noch nichts geändert. Diese Suche an einen Externen abzugeben, spart demnach Zeit, Kosten und Mühe und garantiert in der Regel, dass der optimale Kandidat gefunden werden kann. Die Aufgabe, das ‚Matching' – also den Abgleich von Anforderungen und Fähigkeiten – zwischen Unternehmen und geeignetem Interim Manager vorzunehmen, ist heute die Kernkompetenz von Interim Management Providern[1].

Stellenwert von Providern aus Unternehmenssicht Eine Befragung von Unternehmen bezüglich des Einsatzes von Interim Managern in 2008 ergab, dass bereits seinerzeit über 50 % der durchgeführten Interim Mandate auf einer Vermittlung durch einen Provider basierten [9]. Dieser Trend zur Zwischenschaltung eines Providers ist nachhaltig. Der Wert für 2013 dürfte nach Expertenmeinungen weitaus höher ausfallen. Der Einsatz eines

[1] Interim Management Provider werden im Weiteren einfach nur Provider genannt.

Providers ist zwar mit höheren Tagessätzen einhergehend, schafft aber aus Unternehmenssicht auch klare Vorteile:

- Provider übernehmen in der Regel jegliche Such- und Auswahlprozesse und verschaffen dem Unternehmen dadurch einen klaren Kosten- und Zeitvorteil. Darüber hinaus übernehmen sie alle anfallenden administrativen Aufgaben wie das Aufsetzen eines Interim Management Vertrages ([19], S. 31).
- Nicht zu vernachlässigen ist auch die Tatsache, dass Provider oft über einen fixen Pool an Interim Managern verfügen. Durch bereits gemeinsam durchgeführte Projekte können die Provider für die Qualität der Manager bürgen ([6], S. 44).
- Des Weiteren können Provider dem Unternehmen während des gesamten Interim Mandates durch permanentes Qualitätsmanagement zur Seite stehen. Beispielsweise hat sich der Einsatz eines so genannten ‚Shadow Management' – die konstante Begleitung des Projektes und Kontrolle der Einhaltung von vereinbarten Zielen und Vorgaben – als qualitäts- und zufriedenheitssteigernd herausgestellt.

Die Einschaltung eines Providers verschafft dem suchenden Unternehmen folglich den Vorteil von zusätzlich generierter Sicherheit, vermindert das Risiko eines möglichen Fehlgriffs bei einer Suche in Eigeninitiative und verspricht die Garantie einer erfolgreichen Zusammenarbeit.

Zufriedenheit mit Providern aus Sicht der Interim Manager Auch seitens der Interim Manager lässt sich die Präferenz zur Einschaltung eines Providers zur Generierung von Projekten erkennen. Laut einer Untersuchung der DDIM im Jahre 2009 gaben 28,8 % der befragten Interim Manager an, dass sie Provider für ihre Auslastung als sehr wichtig erachten ([9], S. 25). Aus diesem Grund lässt sich bei Interim Managern auch der Trend zur Registrierung bei mehreren Providern ausmachen. Laut DDIM-Umfrage 2009 gab ein Viertel aller Interim Manager an, bei mehr als 6 Providern registriert zu sein ([9], S. 41). Nur jeder 10. Interim Manager verzichtet allerdings ganz auf einen Provider.

Ebenfalls laut DDIM hält sich „der Grad der zufriedenen und unzufriedenen Interim Manager bezüglich des Services und der Zusammenarbeit mit Providern [...] in etwa die Waage" ([9], S. 45). Demnach gaben 34,1 % der Manager an, mit den Diensten der Provider vollkommen zufrieden zu sein, 40,9 % äußerten hingegen ihre Unzufriedenheit. Als Hauptgrund für die noch hohe Unzufriedenheitsquote wird seitens der Interim Manager die mangelnde Kommunikation mit dem Provider genannt: Rund 50 % der Interim Manager sind an einem häufigeren Telefonkontakt und einem kontinuierlichen Feedback bezüglich ihres Status interessiert ([9], S. 46).

Eine mögliche Entwicklung des Provider-Marktes in Deutschland könnte laut DDIM-Umfrage die Übernahme von Provideraufgaben durch klassische (Personal-)Beratungen sowie eine Entwicklung von auf einzelne Unternehmensbereiche spezialisierten Providern sein ([9], S. 58).

Als Fazit lässt sich feststellen, dass Provider einen hohen und weitläufig akzeptierten Stellenwert in der Vermittlung von Managern einnehmen, allerdings sehen die Marktteilnehmer auch noch erhebliches Verbesserungspotential.

Merkmale von Best-in-Class Providern Vor dem Hintergrund der wachsenden Anzahl von Providern müssen diese, um im Wettbewerb bestehen zu können, zukünftig weitere, über das ‚Matching' hinausgehende, messbare Mehrwerte schaffen. Damit ändert sich ihre Rolle maßgeblich. Denn auch wenn die Tagessatzvergütung eines Interim Managers „nur" ca. 1 % des Jahresgehaltes eines festangestellten Managers beträgt, so ist dennoch ein ganz wesentlicher Erfolgstreiber für ein Mandat die durch den Interim Manager erreichte Aufwand-Nutzen-Relation. Der Kunde erwartet zu Recht ‚value for money'.

Bei der Frage, welche Arbeitsweise ein Provider umzusetzen hat, um sich als strategischer Partner für Unternehmen mit interimistischem Managementbedarf zu etablieren, hilft ein Blick auf die sich verändernden Anforderungen. Das Management der überwiegenden Anzahl von Providern stammt historisch aus der Executive Search Branche, also dem klassischen Headhunting bzw. der Personalvermittlung. Seitdem international agierende Zeitarbeitsunternehmen das Interim Management als Wachstumsbranche erkannt haben, bestimmen zudem deren Arbeitsweisen das Marktgeschehen. Beide Gruppen nehmen für sich in Anspruch, auch im Interim Management Geschäft den Auswahl- und Besetzungsprozess zu beherrschen. Die Praxis zeigt, dass dies zutreffend ist, solange das Interim Mandat eine Vakanzüberbrückung zum Inhalt hat. Hier liegt ein exaktes Stellen- und Anforderungsprofil vor, das Matching von Kandidaten erfolgt auf einer soliden Basis.

Wie bereits aufgezeigt, entwickelt sich das Interim Management Geschäft jedoch maßgeblich in die Richtung eines professionellen Projekt- und Programmmanagements, bei dem i. d. R. vorab keine klare Beschreibung der Anforderungen besteht, sondern das Mandatsprofil erst noch zu entwickeln ist. Auch die Phase der Mandatsabwicklung und die Frage der Leistungsmessung des Interim Managers sind um ein vielfaches komplexer und stellen neue Anforderungen an die Provider. Bereits heute sollten Best-in-Class Provider daher über folgende Kompetenzen verfügen:

- *Ausgeprägtes Funktions- und Branchen-Know-how auf Partnerebene*
  Provider sind in der Regel partnerschaftlich organisiert. Das Partnerteam sollte über eine ausgewiesene Managementexpertise verfügen, jenseits des Personalberatungsgeschäftes. Genaue Kenntnis einer Branche sowie tiefes Funktionswissen sind die Grundlagen für die erfolgreiche Vermittlung und Begleitung von Interim Managern.
- *Konsequente Nutzen/Aufwand-Denke von Anfang an*
  Interim Mandate sollten nur dann ausgeführt werden, wenn der Kunde einen quantifizierbaren Nutzen daraus zieht. Diese Erwartungshaltung muss bereits in der Anfrage- und Briefingphase eines Mandates Berücksichtigung finden. Für den Provider gilt es, ein übereinstimmendes Verständnis der Ziele des Mandates sicherzustellen und den Projektnutzen in Bilanz- oder Budgetgrößen zu quantifizieren. Um dies tun zu können, muss er entsprechende Fachkompetenz und ein Gefühl für das „Machbare" mitbringen. Erst dann sollte der Auswahlprozess für den geeigneten Interim Manager beginnen.

- *Strengste Auswahlkriterien bei den Interim Managern*
  Zur Sicherstellung einer hervorragenden Mandatsqualität ist der Selektionsprozess maßgeblich. Dazu gehört ein mehrstufiges, strukturiertes Auswahlverfahren, professionelle Management-Audits, die ernst genommene Prüfung von Referenzen sowie letztlich die Anforderung, dass der Provider jeden einzusetzenden Interim Manager persönlich kennen sollte.
- *Professionelles Shadow Management*
  Die Auswahl des richtigen Managers ist der maßgebliche Erfolgsfaktor für die Durchführung von Interim Mandaten. Dennoch kann durch den Provider im Rahmen eines ‚Shadow Managements' ein Mehrwert für das Projekt geschaffen werden. Inhalte des Shadow Managements sind:
  - dem Interim Manager in schwierigen Mandatssituationen ein qualifiziertes Sounding Board zu bieten,
  - ein Mandats-Controlling vorzunehmen, um dem Kunden eine permanente Leistungs-, Fortschritts- und Kostentransparenz zu gewährleisten und
  - bei Bedarf den Mandatserfolg durch eigene state-of-the-art Methoden und Tools abzusichern.
- *Eigene Methoden und Instrumente*
  Die Entwicklung des Interim Management Geschäftes hin zum komplexen Projekt- und Programmmanagement macht es notwendig, dass sich die Provider inhaltlich und methodisch dem Wettbewerb mit Managementberatungen stellen. Ein entscheidender Mehrwert von Beratungsgesellschaften liegt in der Nutzung und Weiterentwicklung aktueller Managementmethoden und den dazugehörigen Instrumenten. Unabhängig davon, ob es sich um Methoden zur Strategieentwicklung, um Verfahren zur Prozess- und Strukturoptimierung, um grundsätzliche Analysetools oder um ein professionelles Projektmanagementtool handelt: Wer als Provider zukünftig bestehen will, muss mit eigenem Methoden-Know-how die Erfolgsaussichten des Mandates zusätzlich absichern können.

11.3 Interim Management versus Zeitarbeit und Beratung

Die Verwechslung sowie der konfuse Charakter der Begriffe Interim Management, Zeitarbeit und Beratung ist oftmals begründet durch die Tatsache, dass alle drei Methoden Formen der Flexibilisierung von Personal darstellen:

Sowohl Interim Management, Zeitarbeit als auch Beratung ermöglichen die Überbrückung kurzfristiger Vakanzen und die Auslagerung klassischer Arbeitgeberfunktionen ([1], S. 476). Dennoch existieren gravierende Unterschiede zwischen den drei Formen.

Interim Management versus Zeitarbeit Eine Abgrenzung von Interim Management und Zeitarbeit kann zunächst durch die *vertragliche Gestaltung* und die sich daraus ergebenden Rechte und Pflichten der Parteien vorgenommen werden:

- *Vertragsgestaltung Zeitarbeit*
  Im Rahmen der Zeitarbeit ist der Mitarbeiter (Zeitarbeiter) auf Basis eines Arbeitsvertrages bei einer Zeitarbeitsfirma (Verleiher) angestellt, seine Arbeitsleistung erbringt er jedoch bei einem Drittunternehmen (Entleiher). Zwischen Zeitarbeitsunternehmen und Drittunternehmen besteht ein Arbeitnehmerüberlassungsvertrag. Rechtliche Basis für diese Konstellation ist das Arbeitnehmerüberlassungsgesetz. Die Rechte des Verleihbetriebes als Arbeitgeber werden hierdurch auf ein anderes Unternehmen übertragen, allerdings ohne Veränderung des Direktionsrechts. Es besteht also eine rechtlich definierte Dreiecksbeziehung zwischen Verleiher, Zeitarbeiter und Entleiher [1]. Die Einsatzsteuerung des Zeitarbeiters erfolgt demnach fachlich durch den Einsatzbetrieb, arbeitsrechtlich jedoch durch den Verleihbetrieb.
- *Vertragsgestaltung Interim Management*
  Bei Interim Mandaten ist in vertraglicher Hinsicht relevant, ob der Interim Manager direkt oder über einen Provider zum Einsatz kommt. Im ersten Fall würde lediglich ein bilateraler Dienstvertrag zustande kommen. Im Falle der Zwischenschaltung eines Providers wirkt die Vertragsabwicklung nur mittelbar zwischen dem beauftragenden Unternehmen und dem Interim Manager. Konkret heißt dies, dass "jeweils ein Dienstvertrag zwischen Auftraggeber und Vermittler sowie zwischen Vermittler und Interim Manager geschlossen [wird]" ([6], S. 42 f.). Der Interim Manager ist in der Folge nicht bei dem Provider angestellt, sondern agiert weiterhin selbständig. Damit besteht für den Provider, in Abgrenzung zur Zeitarbeit, kein Direktionsrecht gegenüber dem Interim Manager.

Ein weiterer entscheidender Differenzierungspunkt ergibt sich in der Praxis durch die *Einsatzbereiche* von Zeitarbeit und Interim Management. Einsatzbereiche eines Interim Managers sind vornehmlich die ersten drei Führungsebenen, so insbesondere die Vorstands-, Geschäftsführungs-, Bereichsleitungs- und (Haupt-)Abteilungsebene. Hinzu kommen Aufgabenbereiche für Spezialisten. Der Interim Manager ist somit häufig mit Machtbefugnissen ausgestattet. Zeitarbeiter werden hingegen für Aufgaben ab der 4. Hierarchieebene eingesetzt. Der Einsatzschwerpunkt liegt weiterhin im technisch-gewerblichen Bereich (Produktionsmitarbeiter, Facharbeiter, Techniker/Meister, Jungingenieure).

Interim Management versus Beratung Die Konzepte Interim Management und Beratung weisen viele Überschneidungspunkte auf. So sind Interim Manager wie auch Berater selbständig und von den Unternehmen, die ihre Arbeitsleistung in Anspruch nehmen, unabhängig.

Der zentrale Unterschied zwischen Beratung und Interim Management liegt darin, dass der Berater häufig lediglich die konzeptionellen Ansätze zur Lösung von Problemen innerhalb des Unternehmens bietet, der Interim Manager diese jedoch auch implementiert [6]. So stellt auch Bollinger fest, dass die „Interim Manager der ersten Stunde […] sich dadurch von Unternehmensberatern [unterscheiden], dass sie nicht nur für die Problemanalyse und die Entwicklung von Handlungsempfehlungen, sondern auch für deren Um-

Tab. 11.2 Unterscheidungskriterien zwischen Interim Management und ähnlichen Konzepten

	Interim Manager	Linienmanager	Berater	Zeitarbeiter
Art der Aufgabe	Führung	Führung	Beratung	Ausführung
Einbindung in Organisation	Linien- oder Projektfunktion	Linienfunktion	Projektfunktion	Linienfunktion
Fokus der Tätigkeit	Analyse und Implementierung	Schwerpunkt Implementierung	Schwerpunkt Analyse	Implementierung
Art der Tätigkeit	Projekt und Tagesgeschäft	Tagesgeschäft	Projekt	Projekt oder Tagesgeschäft
Vertragsbasis	Dienstvertrag	Arbeitsvertrag	Dienstvertrag	Arbeitnehmerüberlassungsvertrag
Arbeitsrechtlicher Schutz	Keiner	Arbeitnehmerschutzvorschriften	Keiner	Arbeitnehmerüberlassungsgesetz
Unternehmenszugehörigkeit	Befristet	Dauerhaft	Keine, Tätigkeit befristet	Befristet
Einsetzbarkeit	Kurzfristig	Langwieriger Auswahlprozess	Kurzfristig	Kurzfristig
Vergütung	Tagessatz und Spesen	Monatseinkommen, Erfolgsbeteiligung	Tagessatz und Spesen	Stundensatz und Spesen

setzung verantwortlich waren. Dieses wesentliche Differenzierungsmerkmal des Interim Management erwies sich als erfolgreich" ([6], S. 49).

Interim Manager sind somit ‚Macher' und Theoretiker in einem, ihre Werterbringung geht folglich weit über die des klassischen Beraters hinaus.

In der nachfolgenden Tab. 11.2 werden die entscheidenden Unterschiede zwischen Interim Managern, Linienmanagern, Beratern und Zeitarbeitern abschließend zusammengefasst.

Als Resümee lässt sich festhalten, dass Interim Management auf den ersten Blick zwar Ähnlichkeiten mit Formen wie Beratung und Zeitarbeit aufweist, durch seine spezifischen Eigenschaften und Definitionen jedoch ein eigenständiges Konzept darstellt. Man könnte sogar so weit gehen zu behaupten, dass der Interim Manager in seiner Person „gleichzeitig die Rollen des Beraters, des Change Managers und des regulären Managers" vereint ([17], S. 36).

11.4 Interim Management: Konzept mit klaren Vorteilen

Interim Management ist ein hoch kontroverses Konzept, das sowohl Befürworter als auch Widersacher auf den Plan ruft. Folgende Nachteile von Interim Management werden häufig genannt:

- Gegner argumentieren, dass durch den Einsatz von externen Interim Managern die Gefahr besteht, dass unternehmensinternes Wissen nicht mehr ausreichend geschützt wird.
- Darüber hinaus würden Interim Manager über keine hinreichende Identifikation mit dem Unternehmen verfügen und eventuell unfähig bleiben, sich im Unternehmen und im Team für einen etwaig kurzen Zeitraum angemessen zu integrieren.
- Vielfach wird ein externer Manager auch seitens des Personals als Fremdkörper wahrgenommen, was diesem die Durchführung seiner Aufgabe erschweren kann. ([6], S. 51)
- Des Weiteren würden dem Interim Manager das für die erfolgreiche Durchführung der Aufgabe essentielle „Wissen über interne Abläufe, Strukturen und Beziehungen" fehlen. [6]
- Oftmals ist der Begriff Interim Management immer noch mit negativen Konnotationen belastet und wird nicht selten mit einer gravierenden „Unternehmenskrise und/oder mangelnder Kompetenz der Führungsmannschaft assoziiert" ([6], S. 39).

Betrachtet man viele der oben aufgeführten Nachteile von Interim Management genauer, fällt schnell auf, dass diese weitgehend auf „Unkenntnis oder mangelnder Erfahrung mit dem Tool" ([13], S. 20) basieren, was zur Entstehung oberflächlicher, vorschnell getroffener Stereotypen beiträgt. Dieser Eindruck bestätigt sich dadurch, dass fast zwei Drittel der Unternehmen nach der Zusammenarbeit mit Interim Management ein deutlich verbessertes Bild von dem Konzept haben ([9], S. 36). Beispielhaft seien folgende Argumente für ein Interim Mandat angeführt:

- Ist der Bedarf an einem qualifizierten Manager besonders akut, so scheint die Entscheidung für einen oftmals sehr schnell und kurzfristig verfügbaren Interim Manager als die richtige Wahl. „Ein Interim Manager kann eine vakante Position gewöhnlich in Wochenfrist antreten" ([6], S. 2), wohingegen die Suche und Einarbeitung eines festangestellten Managers mehrere Monate in Anspruch nehmen würde. In Zeiten zunehmenden Wettbewerbs wird Unternehmen abverlangt, schnell und effektiv auf Veränderungen im Unternehmen oder am Markt zu reagieren, um mit anderen Marktakteuren mithalten zu können. Der Interim Manager nimmt dem Unternehmen somit durch seine sofortige Verfügbarkeit den Zeitdruck und steigert seine Flexibilität und Wettbewerbsfähigkeit.
- Wie schon Kabst et al. in ihrem Artikel herausstellen, ist der oftmals vorgeworfene Verlust des internen Unternehmens-Know-hows für viele im Interim Management vermittelten Aufgaben nicht relevant, da der Interim Manager für dessen Bewerkstelligung erst gar kein unternehmensinternes Wissen benötigt ([13], S. 20). Im Gegenteil: Eine offensichtliche Stärke des Interim Managers ist häufig sein Wissensvorsprung und seine Expertise, die er durch zahlreiche Projekte in hoher Führungsebene gewinnen konnte. Er zeichnet sich dadurch aus, dass er Probleme schnell erkennen, angehen und Ergebnisse erzielen kann ([6], S. 2).
- Interim Manager sind Strategen und Umsetzer in einem, wodurch sie einen klaren Vorteil gegenüber klassischer Beratung gewinnen. Demnach können sie „gleichzeitig die vorliegende Problemstellung analysieren und Handlungsempfehlungen erstellen, die

erforderlichen Veränderungen koordinieren und umsetzen, den reibungslosen Ablauf des gesamten Geschäftes verantworten und alle Aktivitäten zu einem ganzheitlichen Ansatz verbinden" ([6], S. 2).

- Darüber hinaus könnte die angeblich fehlende Vernetzung mit den Mitarbeitern im Unternehmen in bestimmten Situationen (z. B. Sanierungsmaßnahmen), für die der Interim Manager eingesetzt wird, sogar von Vorteil sein. Würde sich die zuständige Führungskraft in einer solchen Situation zu stark mit dem Mitarbeiterstab identifizieren, würde ihn dies darin hemmen, eventuell notwendige Maßnahmen einzuleiten. Ein Interim Manager besitzt die notwendige Objektivität und Nüchternheit, um das Unternehmen schnell und ergebnisorientiert zum Ziel zu führen.
- Auch lässt sich feststellen, dass ein Interim Manager gegenüber einem festangestellten Manager den Vorteil aufweist, dass er sich „ausschließlich auf seine Aufgabe und nicht auf mögliche Karrierepläne im Unternehmen" konzentriert ([15], S. 424).
- Entgegen der Befürchtung, dass Interim Manager von Mitarbeitern im Unternehmen in der Regel mit Skepsis betrachtet werden, zeigte die Umfrage der DDIM im Jahre 2009, dass Interim Manager in 55 % der Fälle – ganz im Gegenteil – als notwendige Unterstützung sogar dankbar willkommen wurden. ([9], S. 36)
- Der Mehrwert des Interim Managers darf nicht auf den kurzen Zeitraum, in dem er das Unternehmen unterstützt, begrenzt gesehen werden. Vielmehr zielen Interim Projekte auch darauf ab, das Know-how des Interim Managers langfristig im Betrieb zu binden. Durch Weitergabe des Wissens an die Mitarbeiter werden Prozesse im Betrieb somit auch auf lange Sicht optimiert.
- Auch im Hinblick auf die im Personalbereich geforderte Nutzung von Kostensenkungspotentialen weist der Interim Manager Vorzüge auf. Die Vergütung erfolgt in der Regel nach einem Tagessatz und beträgt ca. 1 % des Jahresgehaltes eines festangestellten Managers ([15], S. 424). Der Interim Manager wird nach tatsächlich geleisteter Arbeit bezahlt, sonstige Zusatzleistungen wie Prämien, Sozialversicherungsbeiträge oder Krankengeld, die bei einer Festanstellung anfallen würden, können eingespart werden ([15], S. 424).

Das Konzept Interim Management weist zusammenfassend überwiegend Vorteile auf. Der Erfolg oder Misserfolg eines Interim Managers ist also nicht konzeptimmanent verankert. Vielmehr hängt er zuallererst von seinen Fach- und Führungskompetenzen und daher auch von der Professionalität der Kandidatenauswahl ab. Weiterhin ist entscheidend, inwieweit ein klar strukturierter Leistungsprozess mit entsprechender Projekt-, Kosten- und Ergebnistransparenz vereinbart wurde.

11.5 Steigende Bedeutung von Interim Management in Deutschland

Interim Management ist ein Konzept, das zunächst in den Niederlanden entstand. Es fand in den 80er Jahren vor allem vor dem Hintergrund der deutschen Wiedervereinigung und dem daraus resultierenden Bedarf an Neustrukturierung vieler ehemaliger DDR-Unternehmen seinen Weg nach Deutschland ([6], S. 38). Hierzulande hinkt die Entwicklung von Interim Management im Hinblick auf Bekanntheit und Ausbreitung jedoch noch weit hinter Ländern wie den Niederlanden oder den USA hinterher. „Betrug das Marktvolumen des Interim Management in den Niederlanden im Jahr 2003 ca. 6–7 Mrd. € Umsatz bei einem Pool von ca. 40.000 Interim Managern, erwirtschaftete Deutschland im gleichen Jahr ca. 500 Mio. € von ca. 10.000 Interim Managern" ([5] [6], S. 38). Doch aktuelle Zahlen belegen, dass Interim Management in Deutschland stetig wächst. So betrug das Marktvolumen in Deutschland 2008 bereits 750 Mio. €, was einen jährlichen Zuwachs von 24 % seit 2003 darstellt ([9], S. 48).

Mit der zunehmenden Verbreitung von Interim Management verbesserte sich gleichzeitig auch das Ansehen des Konzeptes. Laut DDIM-Umfrage nahm jeder zweite Interim Manager in den letzten fünf Jahren eine deutliche Aufwertung des Rufs von Interim Management wahr ([9], S. 50), was wiederum die zu Beginn gestellte Vermutung bestätigt: Das negative Image des Konzeptes basiert auf Vorurteilen und Unwissen, welche nach ersten Erfahrungen mit Interim Management abgebaut werden können.

11.5.1 Interim Management nach Branchen und Unternehmenssituationen

Nach den Marktforschungsergebnissen des DDIM-Verbandes kommen die Unternehmen, in denen Interim Manager eingesetzt werden, vorwiegend aus den Branchen Maschinen- und Anlagebau (35,1 %), Automobilindustrie (33,4 %), Telekommunikation, Medien und High Tech (27,0 %) ([9], S. 33). Zu ähnlichen Ergebnissen kommt die Providerumfrage 2012 des Arbeitskreises Interim Management Provider (AIMP). Auch hier zählen Maschinenbau sowie die Industrien Telco/Internet, Chemie/Pharma und Automotive zu den „Königsbranchen" ([3], S. 17).

Im Hinblick auf die Unternehmensgröße ist eine Veränderung in der Nachfrage nach Interim Management zu beobachten. War Interim Management in der Vergangenheit noch ein auf Großkonzerne zugeschnittenes Konzept, finden sich unter den Interim Management Nachfragern heutzutage auch zunehmend mittelständische Unternehmen. Hier ergibt sich eine große Bandbreite an möglichen Einsatzbedarfen von externen Managern, allen voran nennt beispielsweise Lenk hier die Herausforderung der Unternehmensnachfolge ([15], S. 425).

Die Beweggründe und damit die Einsatzbereiche eines Interim Managers sind vielfältig. Gemäß einer Umfrage von Executive Online mit circa 1156 europäischen Unternehmen lassen sich im Wesentlichen vier Unternehmenssituationen ausmachen, die den Einsatz eines Interim Managers erforderlich machen:

- Change Management
- Krisenmanagement

- die Implementierung einer speziellen Initiative wie beispielsweise die Einführung eines neuen Produktes
- kurzfristiger Kompetenz- bzw. Ressourcenmangel im Unternehmen

Die Umfrage der DDIM weist vor allem auf zwei zentrale Treiber für den Einsatz eines Interim Managers hin: Restrukturierung (48 %) und Prozessoptimierung (45 %).

Insgesamt zeigen die Ergebnisse, dass neben den fachlichen Skills vor allem Change-Erfahrung, Restrukturierungserfahrung, Projektmanagement- und Methodenkompetenz (z. B. Prozessoptimierung) verlangt werden. Eine Kernaufgabe der Provider besteht folglich darin, diese Skills im Rahmen der Kandidatenauswahl strukturiert und qualifiziert zu überprüfen – eine Herausforderung, der viele Provider heute noch nicht gewachsen sind, da ihre Recruiter in der Regel selbst nicht über das hier notwendige Know-how verfügen.

11.5.2 Interim Management nach Unternehmensbereichen

Der Blick auf die Unternehmensbereiche verrät, dass Interim Management heute in allen Funktionen angekommen ist, auch wenn es nach einer Untersuchung von AIMP aus dem Jahr 2011 noch unterschiedlich starke Ausprägungen gibt ([3], S. 23).

1. Die Funktion Kaufmännische Leitung/Controlling mit 26 % aller Mandate führt die Rangliste an, gefolgt von General Management mit 22 %. Bei den Generalisten auf der ersten Ebene umfasst die Hälfte der Aufgabenstellungen Restrukturierungsanforderungen.
2. Ebenfalls stark ausgeprägt sind Mandate im Bereich Personal/HR mit 19 %.
3. Die Funktion Supply Chain Management mit den Teilbereichen Logistik, Produktion/Fertigung, Qualitätsmanagement und Einkauf vereint 18 % der Mandate.
4. Die Bereiche Marketing/Vertrieb mit 18 % und Business Development mit nur 5 % bilden das Schlusslicht.

zu 1. General Management und Kaufmännische Leitung
Die Bereiche General Management und Kaufmännische Leitung inklusive ihrer Unterfunktionen Accounting, Controlling, Treasury/Finance und Legal/Tax dominieren aktuell die Einsatzgebiete für Interim Management. Die Gründe hierfür sind vielfältig, insbesondere sind zu nennen:

a. das sich verändernde Rollenverständnis von Finanzabteilungen und kaufmännischen Funktionen,
b. verschärfte Rechnungslegungsvorschriften bzw. erhöhte Transparenzanforderungen und schließlich
c. dramatisch verkürzte Reaktionszeiten in Krisensituationen.

zu a) Neues Rollenverständnis von Finanzabteilungen und kaufmännischen Funktionen Das sich ändernde Rollenverständnis der CFOs bzw. der kaufmännischen Funktionen insgesamt ist seit einigen Jahren als dominanter Trend erkennbar, mit der Folge eines wachsenden Bedarfes an interimistischer Managementleistung.

Eine internationale Befragung im Auftrag des Personaldienstleisters Robert Half von 1000 europäischen CFOs – 200 davon aus Deutschland – analysiert die steigenden Anforderungen an Finanzabteilungen und das damit verbundene neue Rollenverständnis von Fach- und Führungskräften [18].

Das zentrale Ergebnis der Studie ist, dass sich die Finanzabteilungen in der Transformation zum Business Partner für die operativen Geschäftsbereiche befinden. Die CFOs sind dabei von dem Mehrwert des Business Partnering überzeugt: Ein großer Anteil der Unternehmen will laut dieser Studie die Kooperation mit anderen Abteilungen weiter ausbauen. „In 42 % der Unternehmen unterstützen Finanzabteilungen bereits andere Geschäftsbereiche als Business Partner" [18]. Die Vorteile des Business Partnering liegen vor allem in einer verbesserten Unternehmensleistung, schnelleren Entscheidungsprozessen und einem effektiveren Risikomanagement.

In der Folge werden die Erwartungen an Finanzabteilungen immer komplexer.

> Wo bislang Buchhalter und Controller tätig waren, sind nun Business Partner gefragt [...], die strategische Prozesse vorantreiben und die durch die Interpretation von Unternehmenszahlen Geschäftsentscheidungen funktionaler Bereiche mitgestalten [...]. [18]

Doch die Umsetzung des Business Partnering in den kaufmännischen Funktionen scheint zu stocken. Laut der Studie erkennen Finanzchefs vor allem ungenügende Prozesse innerhalb der eigenen Organisation (32 %), unzureichendes Datenmaterial (30 %) und Schwierigkeiten bei der Rekrutierung von geeigneten Fach- und Führungskräften (28 %) als die wesentlichen Hindernisse für gelungenes Business Partnering.

Genau hier entsteht der wachsende Bedarf an qualifizierten Interim Managern in den kaufmännischen Bereichen. Sie übernehmen im Rahmen dieses Transformationsprozesses entweder noch nicht ausgefüllte Rollen als Business Partner oder werden für das Tagesgeschäft eingesetzt und geben damit dem Linienmanagement den Freiraum, dem neuen Rollenverständnis verstärkt nachzukommen.

zu b) Rechnungslegungsvorschriften Ein weiterer Wachstumstreiber für Interim Management sind die in den letzten Jahren dramatisch gestiegenen Anforderungen an die Erstellung eines Jahresabschlusses, der weithin auch internationalen Anforderungen gerecht werden muss.

Internationale Rechnungslegungsstandards wie die International Financial Reporting Standards (IFRS) und US Generally Accepted Accounting Principles (US GAAP) gewinnen immer mehr an Bedeutung. Die aktuellen Corporate Governance Regeln und internationale Vorschriften wie der Sarbanes Oxley Act verändern die Art der Berichterstattung. Dieser Dynamik kann sich auch der Mittelstand letztlich nicht entziehen, weshalb Interim Mandate in diesem Bereich dort besonders stark nachgefragt werden.

Tab. 11.3 Aufgaben von kaufmännischen Interim Mandaten

General Management/Sanierung/ Restrukturierung	z. B. Krisenmanagement, Business Reviews und Sanierungsgutachten, Insolvenzabwendung, strategische und operative Restrukturierung, finanzielle Restrukturierung, Vorbereitung und Umsetzung von Exit-Strategien, Verhandlungen mit Gläubigern, Banken, Investoren, Umsetzung aufsichtsrechtlicher Anforderungen (MaRisk, Basel II, Meldewesen etc.)
Accounting	z. B. Monats-/Quartals-/Jahresabschlüsse für Einzelunternehmen und Konzerne und Einführung Fast Close, Releasewechsel auf SAP NewGL, Unterstützung beim Carve Out eines Unternehmensteils, Due Diligence, M&A, IPO, Unterstützung IFRS9 Projekt, Kontenklärung, Einführung neuer Bilanzierungsrichtlinien und internationales Reporting, Transfer-Pricing/Intercompany, SOX-Projekte
Controlling	z. B. Einführung von ERP-Systemen (SAP, Hyperion, Navision etc.), Unterstützung bei der Stabilisierung eines Management-informationssystems (MIS), Aufbau von Controllingstrukturen, Shared-Service-Centern, Riskmanagement-Systemen, Planung und Steuerung von Großprojekten, Weiterentwicklung von Kostenstellen- und Produktdeckungsbeitragsrechnung, Effizienzsteigerung durch Identifikation von Kostentreibern und Prozessoptimierungen, Einführung neuer Planungstools
Treasury/Finance	z. B. fachliche Unterstützung bei Liquiditätsengpässen und Überschuldungsgefahr, Aufbau und Optimierung Cash-Management, strategische Unternehmensfinanzierung, Optimierung Mix Eigen- und Fremdkapital, Auswahl geeigneter Finanzierungsinstrumente und Partner im Hinblick auf eine Kostenminimierung, Unterstützung in Ratingverfahren oder bei der Projektfinanzierung, Finanzierungslösungen bei Restrukturierungen, Unterstützung bei der Immobilien- und Transaktionsfinanzierung
Legal/Tax	z. B. Unterstützung in steuerlichen Fragestellungen (latente Steuern, GDPdU etc.), Unterstützung bei der Bearbeitung von Umsatzsteuermeldungen, Bearbeitungen von Anfragen aus Tochtergesellschaften, Unterstützung Anpassung der Verrechnungspreisdokumentation auf Basis neuer Rechtsgrundlagen

zu c) Krisensituationen Die Unternehmenssituation Krise stellt im kaufmännischen Bereich die höchsten Anforderungen an Interim Management. Auf der ersten Ebene werden dabei CROs (Chief Restructuring Officers) eingesetzt. Der Berufung eines Interim Managers geht in der Regel voraus, dass eine strategische Krise nicht rechtzeitig erkannt wurde – mit oft weitreichenden Folgen: Ergebnis- und Rentabilitätsziele werden nachhaltig verfehlt und nicht selten kommt es zu einer schleichenden Aushöhlung der Finanzkraft des Unternehmens. Die Situation eskaliert schnell zur Liquiditätskrise. Die Interim Manager treten dann als Sanierungs- und Restrukturierungsberater auf, erstellen Sanierungsgutachten und entwickeln umfassende Restrukturierungskonzepte.

Tabelle 11.3 fasst die im Rahmen von kaufmännischen Interim Mandaten ausgefüllten Aufgaben zusammen:

zu 2. Human Resource Management Der Einsatz von Interim Managern im HR-Bereich ist in den letzten Jahren sprunghaft gestiegen. Insgesamt 19 % aller Mandate entfallen laut AIMP auf Fragestellungen im Bereich Personalmanagement, Tendenz steigend. Diese Entwicklung ist bestimmt durch folgende Faktoren:

- *Wandel des Selbstverständnisses der Personalarbeit*
  Die Personalfunktion hat sich Anfang der 80er Jahre zu einer betreuend-beratenden und einer die Geschäftsentwicklung unterstützenden Leistungseinheit entwickelt. Der angestrebten Positionierung als Businesspartner stehen allerdings häufig noch klassisch administrativ denkende Personaler gegenüber.
- *Voranschreitende Spezialisierung in der Personalarbeit*
  Das Personalmanagement hat sich in den letzten Jahren weiter spezialisiert. Unternehmen benötigen in diesem Bereich – oftmals zeitlich begrenzt – unterschiedliche Kompetenzen. Restrukturierungen, die mit Personalabbau einhergehen, fordern beispielsweise ein anderes Fachwissen und andere Sozialkompetenzen, als dies im Rahmen üblicher HR-Aufgaben (z. B. Personalauswahlentscheidungen oder Aufbau Personalentwicklungsprogramme) nötig ist.
- *Anhaltender Kostendruck und Forderung nach Wertbeitrag*
  Der permanente Kostendruck des letzten Jahrzehntes sorgte für eine Ausdünnung der Personalfunktionen. Diese Verschlankung wird unterstützt durch die Suche nach dem Wertbeitrag der Personalarbeit zum Unternehmenserfolg. Angesichts der gegenwärtigen Entwicklungen muss das oberste Ziel der HR-Funktion sein, die Mitarbeiterstruktur nicht nur mit der kurzfristigen Business-Planung zu harmonisieren, sondern auch Innovationssprünge aktiv vorzubereiten und mit Leuchtturmpersonen zu begleiten. Viele Personalabteilungen sind hierbei überfordert.
- *Globalisierung des deutschen Mittelstandes*
  Im deutschen Mittelstand ist die Personalabteilung vielerorts noch als ausschließlich administrativ und arbeitsrechtlich orientierte Einheit etabliert. Gleichzeitig ist die Globalisierung von Prozessen und Strukturen Alltag. Gerade mittelständische Unternehmen kommen im Rahmen der Nachfolgeplanung von erfolgskritischen Jobgruppen und Einzelfunktionen sowie einer adäquaten Ausgestaltung von Zielvereinbarungs- und Vergütungsmodellen im internationalen Kontext schnell an ihre Grenzen. Entscheider kaufen sich deshalb immer häufiger die notwendige Kompetenz durch den Einsatz von erfahrenen Interim Managern ein, ohne hohe Fixkosten in Kauf nehmen zu müssen.

Zu Beginn einer Dekade, in der nicht nur die Konzerne, sondern auch der Mittelstand demografische Herausforderungen, Talent Management, Führungs- und Kulturqualität oder Wissensmanagement als Haupttreiber einer weiterhin erfolgreichen Unternehmensentwicklung sehen, wird das Instrument HR Interim Management weiter an Bedeutung gewinnen. Die unterschiedlichen Varianten von Business-Partner-Modellen mit dem breiten Spektrum an inhaltlichen Anforderungen verdeutlichen die denkbaren Optionen, um einen HR-Interim Manager in der Personalarbeit einzusetzen (s. Tab. 11.4).

Tab. 11.4 Varianten von Business-Partner-Modellen

Strategisches HR-Management	z. B. Reorganisation mit Interessensausgleich und Sozialplan, Audit HR Management, Entwicklung einer Human Resources- und Kommunikationsstrategie, Employer Branding, Aufbau strategisches Personalmarketing, Aufbau Führungsnachwuchsprogramme, Erarbeitung Laufbahnmodelle, Steuerung Massenentlassungen, Strategisches Kultur- und Veränderungsmanagement (z. B. Engagement/Commitment, Diversity, New Leadership/Generation Y/Z, Gesundheitsmanagement)
Schlanke und effiziente HR-Prozesse	z. B. Roll-Out der wesentlichen Personalprozesse und -instrumente mit dem Fokus auf Performance- und Potentialreviews sowie Besetzungen/ Nachfolgeentscheidungen, Durchführung von Prozesskostenanalysen zur Professionalisierung des Personalbereiches, Optimierung der Personalplanungsprozesse (quantitativ und qualitativ), Begleitung in allen Fragen der Mitbestimmung, Prüfung/Ausarbeitung und Verhandlung von Betriebsvereinbarungen und Tarifverträgen, Arbeitskostenmanagement, Rekrutierung neuer Mitarbeiter und Verbesserung der Arbeitgeberattraktivität
Schlagkräftige HR-Strukturen	z. B. Organisationsentwicklung HR-Bereiche, strategische Rolle der Businesspartner, Reorganisation der Personaladministration, In- & Outsourcing, Shared-Services-Organisation, HR-Pre- und Postmerger Integration, Auf- und Abbau/Verlagerung von Unternehmenseinheiten und Betriebsstätten, Governance-Strukturen, Benchmarking
Professionelle HR-Systeme	z. B. Einführung HR-IT-Systeme, Einführung einer Bewerberdatenbank-Software, Erstellung und Überarbeitung von Richtlinien (z. B. Dienstwagen, Reisekosten, Umzug), innovative Entgeltlösungen, Mitarbeiter-Prämiensysteme, Identifizierung/ Konzeption und Durchführung von Personalentwicklungsmaßnahmen, Motivations- und Bindungsmanagement

zu 3. Supply Chain Management Der Begriff Supply Chain Management wird sowohl in der wissenschaftlichen Literatur als auch in der unternehmerischen Praxis je nach Branche, Unternehmenstyp und Geschäftsmodell sehr unterschiedlich verwendet.

Zentrales Kriterium einer ganzheitlichen Betrachtung ist aber die umfassende Berücksichtigung aller an der Supply Chain beteiligten Funktionen. In diesem Fall werden sowohl die Einzelfunktionen Beschaffung/Einkauf, Produktion und Distribution/Logistik als auch weitere Operationsfunktionen wie Qualitätsmanagement oder auch Produktentwicklung integriert und der Kernprozess ‚vom Kunden – zum Kunden' ganzheitlich betrachtet. Jeder Teilfunktion kommt dabei per definitionem eine erfolgskritische Stellung in der gesamten Supply Chain zu.

Mit den stets wachsenden Marktanforderungen an Leistungskennzahlen wie Produktverfügbarkeit, Lieferzeit, Liefertreue oder Lieferzuverlässigkeit – verbunden mit dem weiter steigenden Kostendruck – sind etwaige längerfristige Vakanzen an allen erfolgskritischen Positionen in der Supply Chain zwingend zu vermeiden. Unternehmen greifen daher zur Überbrückung auch kurzfristiger Vakanzen entlang der Supply Chain zunehmend auf erfahrene Interim Manager zurück, da selbst eine einfache Besetzung i. d. R. einige Monate dauert und oft Stillstand bedeutet.

Klassische Positionen für Interim Mandate in der Supply Chain sind beispielsweise:

- Chief Operations Officer (COO), Chief Supply Chain Officer (CSCO)
- Projektmanager ‚Effizienzsteigerung' Supply Chain
- Leiter Supply Chain Management
- Leiter Beschaffung/Einkauf
- Leiter Produktion
- Leiter Distribution/Logistik
- Standort- oder Werksleiter
- Strategischer Einkäufer oder Disponent
- Prozessmanager Beschaffungs-, Produktions-, Distributions- und/oder Entsorgungslogistik
- Leiter Distributions-Center
- Leiter Qualitätsmanagement

Neben der eigentlichen Besetzung einer erfolgskritischen Funktion oder Position und damit der professionellen Weiterführung des Tagesgeschäftes bestehen mit dem Einsatz eines externen Interim Managers insbesondere aber auch Potentiale hinsichtlich der Weiterentwicklung der Supply Chain und damit der Wertsteigerung des Unternehmens. Optimierungspotentiale bestehen dabei auf allen Supply Chain-Ebenen:

Supply Chain Strategie	Die Supply Chain Strategie ist aus der Unternehmensstrategie abzuleiten. Das Produktportfolio und das operative Beschaffungs-, Produktions- und Distributionsnetzwerk müssen deutlich stärker auf die individuelle Zufriedenheit einzelner Kunden (-gruppen) ausgerichtet und die Kundenbindung signifikant erhöht werden. Auch ist die optimale Wertschöpfungstiefe ggf. zu redefinieren (make or buy)
Supply Chain Kernprozesse	Die Effizienz in allen Supply Chain Kernprozessen ist weiter zu steigern. Sowohl der übergreifende End-to-End-Prozess als auch die Teilprozesse Planung, Produktentwicklung, Beschaffung, Produktion, Distribution und Retouren sind aus Unternehmens- und Kundensicht zu optimieren. Schwachstellen und Prozessbrüche sind zu identifizieren und abzustellen
Supply Chain Organisation	Die Supply Chain Organisation ist an die neuen Anforderungen anzupassen. Wo sind durch organisatorische Veränderungen Synergien zu heben? Es stellt sich erneut die Frage nach Zentralisierung oder Dezentralisierung von Funktionen und/oder Standorten
Supply Chain Personal	Das Supply Chain Personal muss flexibel auf die Veränderungen reagieren. In Bezug auf das Know-how und die Qualifikation steigen die Ansprüche – auch was den (Talent-) Nachwuchs betrifft. Kapazitiv müssen Spitzen ausgeglichen und „atmende" Personalkonzepte eingeführt werden
Supply Chain Controlling	Das spezifische Supply Chain Controlling ist zu optimieren. Sind die bisher verfolgten Kennzahlen zielführend? Werden die Anforderungen der Kunden, wie Produktverfügbarkeit, Lieferzeit, Liefertreue und Lieferzuverlässigkeit, ausreichend sowie valide erfasst und bewertet? Existieren Best practice-Analysen und Benchmarks? Sind professionelle Monitoring- und Reportingsysteme definiert und umgesetzt?

Supply Chain IT-Systeme	Die spezifischen Supply Chain IT-Systeme sind weiter zu integrieren. Ineffizienzen bei Medienbrüchen und Systemwechseln sind auf Basis eines Leistungs-Checks der eingesetzten IT-Systeme (MRP, ERP, APS etc.) zu beseitigen und die Anzahl der Schnittstellen zu optimieren. Dabei ist allerdings auch ein „IT-overload" zu vermeiden
Supply Chain Tools	Der Werkzeugkasten der Supply Chain Tools ist zu aktualisieren. Methoden wie Lean-Konzepte (Lean Management, KAIZEN/KVP, Six Sigma, OPEX etc.), Vorgehensweisen (z.B. 5S-Workshops oder Value Stream Mapping) und sonstige Verfahren (S&OP, CPFR, FMEA, TQM, VSM, KANBAN, JIT/JIS, VMI etc.) sind problemorientiert einzusetzen

Wie im Tagesgeschäft sind alle Ansätze zur (operativen) Wertsteigerung, d. h. Effizienzsteigerungen, Kostensenkungen, Prozessoptimierungen etc., ausreichend zu quantifizieren und mit konkreten Maßnahmen, eindeutigen Verantwortlichkeiten und controllingfähigen Terminen zu hinterlegen und umzusetzen. In diesem Zusammenhang ist der Einsatz von Interim Managern nicht selten von Vorteil, da diese ein projektorientiertes und stark auf Zielvereinbarungen ausgelegtes Arbeiten gewohnt sind.

zu 4. Marketing, Vertrieb und Business Development Laut AIMP wurden in 2012 nur 2 % der Interim Management Projekte im Vertrieb besetzt ([4], S. 26). Weitere 2 % der Einsätze hatten Marketingbezug und lediglich 1 % waren Business Development Mandate. Damit ist Marketing/Vertrieb/Business Development noch der Unternehmensbereich mit der geringsten Nachfrage nach Interim Managern.

Aber auch in diesen Funktionen ist der zunehmende Einsatz von Interim Managern zu beobachten. Denn mit der Entwicklung weg von Sanierungs- und Restrukturierungsmandaten hin zu Projektmanagement- und Optimierungsaufgaben hat sich Interim Management auch für Marketing- und Vertriebsentscheider zu einem strategischen Personalinstrument entwickelt. Die marktnahen Bereiche spüren die sich dynamisch verändernden Rahmenbedingungen und Kundenanforderungen am härtesten und müssen auf den Druck des Marktes am schnellsten reagieren – immer häufiger durch den Einsatz eines Interim Managers. Das geschieht zunächst im klassischen Verständnis des „Managers auf Zeit", z. B. durch den Einsatz eines Interim Vertriebsleiters, der kurzfristig Strukturen und Prozesse optimiert, während der festangestellte Funktionsinhaber noch gesucht wird. Doch immer häufiger sind es andere Anlässe, die in den marktorientierten Funktionen Interim Manager auf den Plan rufen:

- *Beschleunigung time-to-market*
  Gerade in Marketing und Vertrieb übernehmen Interim Manager neben den Linienfunktionen immer häufiger auch Aufgaben, die Unternehmen früher nur an Unternehmensberatungen übertragen haben. Die Financial Times schreibt dazu im Dezember 2012 in ihrem Schwerpunktthema ‚Interim Management': „Das folgt einem Bedürfnis nach Umsetzung. Offenbar wollen viele Kunden Experten, die ein neues Konzept entwi-

ckeln und einführen. Schlank, ohne die Last von Theorie, Power-Point-Präsentationen und Studien, die mancher klassische Unternehmensberater im Gepäck mitbringt" ([11], S. 1). Der so verstandene ‚beratende Umsetzer' übernimmt z. B. die Projektleitung für eine akute Problemstellung, bei der ein weiterer Zeitverzug schnell zu messbaren Umsatzverlusten führen kann. Beispiele hierfür sind etwa die dringende Überarbeitung eines eCommerce Shops oder die rechtzeitige Einführung eines neuen Produktes auf dem Markt.

- *Ausbau von Marketing- und Sales-Skills*
  Auch für den Auf- und Ausbau fehlenden Know-hows ist der Einsatz von Interim Managern eine naheliegende Lösung. So kommen die Organisation Werbungtreibende im Markenverband (OWM) und McKinsey & Company in einer Studie Ende 2012 zu dem Schluss, dass der Aufbau von Kompetenzen für den Erfolg im Marketing wichtiger sei als die einfache Erhöhung des Werbedrucks ([16], S. 22). Gefragt sei laut Uwe Becker, Vorstandsvorsitzender der OWM, „ein neuer Manager-Typus, der den Wertbeitrag seiner Funktion verstehen und vermitteln könne" [14]. Der Nachholbedarf auf der Unternehmensseite sei hier allerdings groß. Die Studienautoren empfehlen deshalb ausdrücklich die projektweise Einbeziehung von Experten, um Lernmöglichkeiten für vorhandene Mitarbeiter zu schaffen. Hier liegt der Einsatz eines Interim Managers nahe, da er an der Sache orientiert – ohne eigene Karriereinteressen verfolgen zu müssen – sein Wissen weitergeben kann. Das kann der Asienexperte sein, der mit seinem spezifischen Know-how und seiner lokalen Vernetzung den Weg zum Markteintritt ebnet, oder der Budgetierungsspezialist, der mit neuen Tools das Return on Marketinginvestment maximiert. Auf diese Weise werden auch die marktorientierten Funktionen kurzfristig professionalisiert.
- *Übernahme von Part-Time Funktionen*
  Last but not least stellt z. B. der Part-Time CMO eine weitere Einsatzmöglichkeit speziell für kleinere und mittlere Unternehmen dar. Denn oft reichen dem erfahrenen Interim Manager ein oder zwei Tage in der Woche, um das Marketing eines Mittelständlers entscheidend nach vorne zu bringen. So zeigt eine aktuelle Studie der Initiative Antrieb Mittelstand, dass gerade in kleineren und mittleren Unternehmen großer Nachholbedarf – etwa beim Einsatz von Online Marketing Maßnahmen – besteht ([2], S. 8). Zudem nutzt nur ein Drittel dieser Unternehmen professionelles Customer Relationship Management ([2], S. 17). Dabei werden die Chancen auf eine Umsatzsteigerung durch das Internet oder durch ein optimiertes Kundenmanagement durchaus gesehen ([2], S. 8). Allerdings fehle es laut der Studie den kleineren und mittleren Unternehmen häufig schlicht an der Manpower für eine eigene Marketingabteilung. Diese kann ein erfahrener Interim Manager – mit skalierbarem Beitrag – kompensieren.

Die folgende Übersicht fasst die im Rahmen von Interim Mandaten in Vertrieb, Marketing und Business Development bearbeiteten Projektaufgabenstellungen zusammen:

Strategie	z. B. Wachstumsstrategien, Umsatzsteigerungsprogramme, Transformation, Change Management, Struktur-/Prozessoptimierung, Brand Audit/Status quo Analysen, Marken-Benchmarkings, Marktsegmentierung, bedürfnisorientierte Strategieentwicklung, Markenarchitektur, Markenumsetzung, Portfoliostrategie, Strategieoperationalisierung und 360°-Umsetzung, Internal Branding/Brand Behaviour, Customer Insight und Kundensegmentierungen, Strategien für Kundensegmente, Customer Centricity, segmentspezifische Produkt-, Service- und Vertriebsstrategien, Contact- und Lead-Management, kundenspezifische Kennzahlensysteme
Vertrieb	z. B. Vertriebsstrategien, Vertriebsprozesse und –organisationen, Markt- und Kundenplanungen, Customer Relationship Management, Multi-Channel und Channel Management, Leadmanagement und Sales Up Programme, Account und Key Account Management, Vertriebseffizienz und Vertriebscontrolling
Marketing	z. B. Marketingstrategie, Kundensegmentierung, Kommunikationsstrategie und Kampagnenlogik, Marketingeffizienz und -effektivität/RoMI, Marketingbudgetierung, Online-Strategie, Social Media-Strategie, Customer Journey Management, Leadmanagement, Erfolgsmessung und -steuerung, Performanceprogramme Marketing/Vertrieb, Pricing-Audits, Potentialerkennung, Entwicklung und Umsetzung neuer Preismodelle
Business Development	z. B. Innovations-Screenings über den gesamten Geschäftsprozess, Wettbewerber- und Trendanalysen sowie Customer Insights als Innovationsgrundlage, Bewertung und Neuentwicklung von Produkten und Services, Aufsetzen von Innovationsprozessen, Sortimentsstrategien und Eigenmarkenkonzepte, Portfoliomanagement, Kundensegmentierung und segmentspezifische Leistungen, Markteintrittsstrategien

11.6 Positiver Ausblick für Interim Management in Deutschland

Die Entwicklungen innerhalb der letzten Jahre machen deutlich, dass Interim Management schon längst nicht mehr das unbekannte, mit Skepsis betrachtete Phänomen ist, das es einmal war. Die Interim Management Branche hat sich in den letzten Jahren stärker profiliert und ist aus dem Nischendasein herausgewachsen.

Der Trend geht auch zukünftig zu einer stärkeren Flexibilisierung von Personal – bis in die obersten Hierarchieebenen hinein –, da ein dynamisches Marktumfeld kontinuierlich neue Entwicklungen, Spezialisierungen und Beschleunigungen fordert, denen ein exklusiv fixes Personal häufig nicht mehr gerecht wird.

Der Ausblick der DDIM Markterhebung zeichnet darum auch ein positives Bild für die Zukunft von Interim Management in Deutschland. Mit Blick auf die Vorteile von Interim Management wird ein stetig steigendes Angebot und ein zunehmender Einsatz von Interim Managern in deutschen Unternehmen erwartet. Marktteilnehmer und -experten prognostizieren ein jährliches Wachstum für Interim Management von bis zu 15 %.

Diese nachfrageseitige Prognose wird gestärkt durch ein sich verfestigendes Berufsbild des Interim Managers. Immer mehr erfolgreiche Linienverantwortliche entscheiden sich für eine zweite Karriere in diesem Bereich. Der Arbeitskreis Interim Management Provider (AIMP) spricht in seiner aktuellsten Studie (2013) von ca. 14.000 Interim Managern in Deutschland, wovon ca. 25 % auf das Top-Niveau entfallen (angenommenes fiktives Jahresgehalt brutto >200.000 €) ([4], S. 7). Wurden in 2006 noch 16 % aller Interim Manager in Festeinstellung übernommen, scheint es aktuell so zu sein, dass dieses Interesse seitens der Interim Manager nicht mehr besteht; in 2012 waren es nur 2 %, die aus dem Mandat heraus in eine Festeinstellung wechselten.

Voraussetzung für die Umsetzung des prognostizierten Marktwachstums wird jedoch das Setzen neuer Qualitätsstandards sein. Hierzu gehören vor allem ein klarer Auftrag inklusive einer Nutzenquantifizierung, ein sauberes Pflichtenheft, die Anwendung von state-of-the-art Methoden und vor allem professionellste Projektarbeit. Werden diese neuen Qualitätsstandards erfüllt, ist Interim Management die Antwort auf den sich immer schneller verändernden Markt und aus dem zukünftigen, modernen und agilen Unternehmen nicht mehr wegzudenken ([4], S. 29).

Literatur

1. Alewell, D., Bähring, K., & Thommes, K. (2005). Institutional structures of the flexible assignment of personnel between enterprises: An economic comparison of temporary agency work, interim management and consulting. *Management Revue, 16*(4), 475–493.
2. Antrieb Mittelstand. (Hrsg.). (2013). Situation des Mittelstands bei Informations- und Telekommunikationsthemen, Repräsentative Anwenderbefragung von trommsdorff + drüner im Auftrag von Antrieb Mittelstand Studie veröffentlicht auf der Webseite der Initiative Antrieb Mittelstand, Bonn/Berlin 2013.
3. Arbeitskreis Interim Provider (AIMP). (2012). Interim Management in Deutschland: Auf dem Weg zur „Commodity"? – Providerumfrage 2012.
4. Arbeitskreis Interim Provider (AIMP). (2013). Interim management in Deutschland: „More than normal business?" -Providerumfrage 2013.
5. Bloemer, V. (2003). Interim Management, Top-Kräfte auf Zeit. Berlin: Metropolitan in Walhalla und Praetoria.
6. Bollinger, J. A. (2010). Transformationale Führung als Erfolgsfaktor des Interim Management, Dissertation, Universität Kassel 2010.
7. Bruns, J., & Kabst, R. (2005). Interim-management: A paradox for leadership research? *Management Revue, 16*(4), 512–524.
8. Byrne, P. (2012). Interim management – an attractive career alternative. *Accountancy Ireland, 44*(2), 39–40.
9. Dachgesellschaft Deutsches Interim Management e. V. (DDIM). (2009). Interim Management Markt in Deutschland – Online-Markterhebung 2009, https://www.ddim.de/de/Interim_Management_Markt/DDIM_Studien/DDIM_Marktstudien.php. Zugegriffen: 28. Okt. 2013.
10. Dachgesellschaft Deutsches Interim Management e. V. (DDIM). (2014). Pressemitteilung vom 28.1.2014. www.ddim.de/de/medien/bindata/bindata/2014-01-28_DDIM_PM_Prognose2014.pdf. Zugegriffen: 4. Feb. 2014.
11. Financial Times Deutschland. (2012). Beilage „Interim Management". http://www.aimp.de/bilder/2012-12-07_FTD_Sonderbeilage_Interim_Management.pdf. Zugegriffen: 20. Nov. 2013.

12. Goss, D., & Bridson, J. (1998). Understanding interim management. *Human Resource Management Journal, 8*(4), 37–50.
13. Kabst, R., Thost, W., & Isidor, R. (2009). Vorteil Interim Management. *Personal: Zeitschrift für Human Resource Management, 61*(2), 20–23.
14. Kraljic, M. (2012). McKinsey & Company: Marketing in deutschen Unternehmen: Hohe Investitionen auf geringer Faktenbasis. http://www.mckinsey.de/marketing-deutschen-unternehmen-hohe-investitionen-auf-geringer-faktenbasis. Zugegriffen: 25. Nov. 2013.
15. Lenk, A. (2013). Steigende Nachfrage nach Flexibilität – Interim Management. *Arbeit und Arbeitsrecht, Zeitschrift für das Personal-Management, 68*(7), 424–425.
16. McKinsey/Organisation Werbungtreibende im Markenverband (OWM). (2012). Hohe Investitionen auf geringer Faktenbasis – Eine Studie zur Zukunft des Media- und Kommunikationsmanagements in Unternehmen. http://www.mckinsey.de/sites/mck_files/files/Media_u_Komm.pdf. Zugegriffen: 20. Nov. 2013.
17. Reijniers, J. J. A. M. (2003). Interim management: The essence of the profession. In J. J. A. M. Reijniers (Hrsg.), *Interim management: A true profession* (S. 25–43). Assen: Royal van Gorcum.
18. Robert Half Institut. (2013). CFO – Studie – Vom Erbsenzähler zum strategischen Business Partner. http://www.roberthalf.de/id/PR-03591/cfo-report. Zugegriffen: 20. Nov. 2013.
19. Vorst, J. (2009). Interim management and the transfer value of interim management results seen from the client's perspective, Dissertation, Technische Universität Eindhoven 2009.

Samir Jajjawi wurde 1965 in Aachen geboren und absolvierte sein Studium zum Diplom Kaufmann an der Ruhruniversität Bochum, der Sorbonne in Paris und der Universität zu Köln. Seit 2007 bietet er innovative Personaldienstleistungen an, u. a. als Co-Gründer und Managing Partner der Aurum Interim GmbH. Insgesamt beschäftigt Samir Jajjawi in verschiedenen Dienstleistungsgesellschaften über 500 Mitarbeiter. Als Management-Berater begleitete er von 1991 bis 2000 bei Droege & Comp. zahlreiche DAX- und MDAX-Unternehmen in Strategie- und Organisationsfragen. Im Anschluss daran war er bis 2006 als CEO eines internationalen Unternehmens der Gebrauchsgüterindustrie tätig. In der Folge fungierte er sowohl in Deutschland als auch in Liechtenstein als Geschäftsführer und Mitglied des Verwaltungsrates in mittelständischen Unternehmen und Private Equity Gesellschaften, darunter die Deutsche Investors Capital GmbH. Schließlich betätigte sich Samir Jajjawi im Kundenbeirat der Deutschen Bank Bielefeld und war Senator des Europäischen Wirtschaftsrates. Er gründete zudem die Initiativ „aequalitas – social innovators", die sich mit der Lösung gesellschaftlicher Probleme befasst.

Win or out – die Schattenseite der Performancewirtschaft

12

Holger Hakensohn, Stefan Scheurer und Marcel Wüst

Inhaltsverzeichnis

Zusammenfassung

Schon 1997 warnte McKinsey in einer Studie vor dem kommenden „War of Talents". 2014, nach mehreren Wirtschaftskrisen und dem Fast-Zusammenbruch des globalen Finanzwesens, sieht die Realität anders aus. Sicherlich gibt es eine Überalterung der Gesellschaft und zeitgleich einen Rückgang der Geburtenraten; allerdings nur in den OECD-Ländern und auch dort gibt es einige Unterschiede. Die Autoren und Unter-

H. Hakensohn (✉) · S. Scheurer · M. Wüst
Human Capital Group, Kreuzherrenstraße 59, 41751 Viersen, Deutschland
E-Mail: holger.hakensohn@humancapitalgroup.de

S. Scheurer
E-Mail: stefan.scheurer@humancapitalgroup.de

M. Wüst
E-Mail: radsport@humancapitalgroup.de

M. Hartmann (Hrsg.), *Rekrutierung in einer zukunftsorientierten Arbeitswelt*,
DOI 10.1007/978-3-658-05084-9_12

nehmensberater Holger Hakensohn und Stefan Scheurer sowie der Ex-Radprofi Marcel Wüst beleuchten die Entwicklung der letzten 50 Jahre, die zu der heutigen Performancewirtschaft geführt hat, und ziehen den Vergleich mit dem Leistungssport. Hieraus ergeben sich viele interessante Aspekte, gemischt mit den Erfahrungen aus Beratungsprojekten und dem Lebensalltag eines Profisportlers. *Win or Out?* ist die Frage, welche die Autoren stellen und dabei die Schattenseite der Performancewirtschaft betrachten. Dabei werden die Zusammenhänge zwischen Talenten, Erfolg und Organisationen genauso analysiert wie die wichtigsten Faktoren, auf die es bei der Rekrutierung von Talenten sowohl im Sport wie auch in der Wirtschaft ankommt.

12.1 Der kalte Talentkrieg – den es gar nicht gibt

Bereits vor mehr als 15 Jahren, im Jahr 1997, warnte der McKinsey-Berater Kluge in einer vielbeachteten Studie vor dem kommenden „War for Talents". Dieser würde in und um die Unternehmen toben und sich in Zukunft sogar noch verstärken – ein zunächst überzeugendes Szenario in Verbindung mit der demographischen Entwicklung der OECD-Länder, welches sich bis heute gehalten hat und gerne mal modisch als „War for Talents 2.0" – nun auch im Kontext von Web 2.0 und Social-Media – beschrieben wird. Denn die Fakten liegen doch auf der Hand: ein sich verschärfender demographischer Wandel, eine Wissensgesellschaft, die ohne schlaue Köpfe nicht auskommt, internationaler Wettbewerb um die Spitzenkräfte usw.

Aber ist es nicht schon seit langem so, dass die Spitzenkräfte von allen Seiten umworben werden? Geht es nicht genau darum im Recruiting, sei es nun für eine Organisation oder auch für ein Profiteam im Sport? Werden nicht beispielsweise etliche Millionen für einzelne Spitzenspieler im Profifußball investiert und sind die Gelder nicht auch oftmals gut investiert?

Auf den ersten Blick scheint dieses, im Markt eigentlich allgegenwärtige Knappheitsbild stimmig. Qualität setzt sich durch und hat ihren Preis, zumal das Angebot knapp erscheint und die Nachfrage hoch ist. Aber schauen wir uns die Fakten doch etwas genauer an. Richtig ist: In fast allen OECD-Ländern ist der demographische Wandel in vollem Gange mit der Folge, dass der Altersdurchschnitt sukzessive nach oben wandert. Wird es also tatsächlich schwieriger, junge Mitarbeiter zu finden? Berücksichtigt man die Zuwanderung in den OECD-Ländern, fällt auf, dass insbesondere viele junge Menschen anderer Nationalitäten einwandern. Gleichzeitig sind viele davon entgegen allen Unkenrufen im Schnitt besser qualifiziert. Auch der Bildungsdurchschnitt im OECD-Umfeld steigt. Mögen die vorhandenen Bildungssysteme zwar träge sein; man wird deren Leistungen aber nicht gerecht, wenn man ihnen Rückschritte postuliert.

12.2 Wertewandel durch Fortschritt

Allgemein und zu Recht beklagt wird dagegen der Wertewandel. In den letzten 50 Jahren kam es zu einer exponentiellen Entwicklung – ausgelöst durch die Halbleitertechnologie. Ohne immer leistungsfähigere Elektronik – egal ob es sich dabei um Computer, Telekommunikation, Automatisierungstechnik oder Sensorik handelt – wären viele der Fortschritte in anderen technischen und wissenschaftlichen Bereichen gar nicht möglich gewesen. Somit sind auch hier die Fundamente für die Wirtschaftswelt 2.0, also ab Beginn der Nachkriegszeit der frühen fünfziger Jahre, zu sehen.

Wirtschaften wurde durch den technischen Fortschritt und die damit einhergehenden Kommunikationsmöglichkeiten global. Sicherlich gab es auch zuvor internationalen Handel, aber eben nicht auf Knopfdruck, per Mausklick oder aktuell per „Wischen" auf dem Touchscreen des Tablets oder des Smartphones. Diese epochale Entwicklung ermöglichte es erst, dass multinationale Konzerne heutiger Größe und globale Produktverfügbarkeit entstehen konnten.

Zeitgleich nahm auch die Weltbevölkerung in ähnlichem Maße zu. Die Kurven der Entwicklung der Weltbevölkerung und der technischen Entwicklung bzw. des technischen Fortschritts sehen sich nicht nur ähnlich, sie korrelieren auch im Verhältnis zum beruflichen Wandel. Gab es zuvor deutlich mehr produktionsnahe, regionale Tätigkeiten, wandelte sich dies zu den heutigen internationalen Tätigkeiten, die eher im Dienstleistungsbereich und in den so genannten TIME-Branchen (Telekommunikation, Information, Medien und Entertainment) angesiedelt sind. 1950 gab es in Deutschland kaum Erwerbstätige im ITK-Bereich (IT & Kommunikation). 2013 sind es bereits über 900.000 – Tendenz weiter steigend und damit mehr als beim so genannten Deutschen „Jobmotor", der Automobilindustrie.

Die aus dem Wandel abgeleiteten Veränderungen der Tätigkeitsprofile sowie deren Anforderungen an Kenntnisse und Fertigkeiten erfordern gänzlich andere akademische und berufliche Werdegänge als bisher. Der technische Fortschritt verändert zudem komplette Marktstrukturen und ermöglicht eine bisher nie da gewesene Angebotstransparenz der Waren und Dienstleistungen sowie deren globale Verfügbarkeit. Seit 1950 hat sich die Weltbevölkerung fast verdreifacht, gab es unzählige Technologiesprünge und die Menge an verfügbaren Informationen nahm exponentiell zu. Nie zuvor musste innerhalb einer Generation mit so vielen Veränderungen umgegangen werden. Die nach 1950 Geborenen wurden Zeugen der Globalisierung, der Entwicklung von Megakonzernen, dem Beginn des so genannten Informationszeitalters, des Internets, der Trennung des Geldes von tatsächlicher Wertschöpfung und vielem mehr.

Gleichzeitig verhalf diese Entwicklung zu einer durchschnittlichen Erhöhung des Lebensalters in den OECD-Ländern, zu einer deutlich besseren, medizinischen Versorgung, zu mehr Wohlstand und letztlich auch zu stabileren politischen Verhältnissen und damit zu mehr Frieden auf der Welt.

Leider gibt es auch genügend Posten auf der negativen Seite der Bilanz: globale Abnahme von natürlichen Ressourcen, Zunahme wirtschaftlicher Ausbeutung, deutliche

Steigerung der Komplexität, drastische Klimaveränderungen, Entwertung des Geldes bzw. der Leitwährungen, zunehmender Datenmissbrauch und Wirtschaftsspionage, Zunahme eines sozialen Ungleichgewichts – um nur einige zu nennen. Es gibt deutlich mehr verfügbare Informationen, die täglich auf uns einprasseln, jedoch mit deutlich verringerter Halbwertszeit.

In diesem Umfeld gestalten sich heutige Erwerbsbiographien. Zählten früher Familie, Sicherheit, Vertrauen und Gemeinschaft zu den wichtigen Werten, so geht es heute zunehmend um Status, Ansehen und Leistung.

12.3 Suche nach den Talenten

Einerseits befinden wir uns in Deutschland und auch in der Schweiz in einem derzeit vergleichsweise prosperierenden Umfeld. Auch das führt zu einer zyklisch bedingten Verknappung von Arbeitskräften. Andererseits sind im EU-Umfeld einige Staaten wirtschaftlich angeschlagen und haben derzeit gar nicht die Möglichkeit, ihren Nachwuchs in Lohn und Brot zu bringen. Bei genauerer Betrachtung wird aus dem Krieg um Talente also eher normaler Wettbewerb. Man nennt es Markt, bestehend aus Angebot und Nachfrage, aber es klingt bei weitem nicht so aufregend. Dabei soll keineswegs in Frage gestellt werden, dass es eine der wesentlichen Aufgaben einer Organisation ist, attraktiv für gute Leute zu sein. Kriegsmetaphern haben aber oft die Nebenwirkung des hektischen Aktionismus oder basieren auf dem Geschäft mit der Angst. Purer Aktionismus führt fast nie zum Erfolg, sondern in erster Linie zu ergebnislosem Druck. Aber um was soll eigentlich aus Sicht der Unternehmen gekämpft werden? Natürlich um die besten Talente, die besten Führungskräfte und Mitarbeiter, die unter den zuvor genannten, globalen Arbeitsbedingungen stetige Höchstleistungen zugunsten der Unternehmen und ihrer Shareholder erbringen.

Aber was ist überhaupt ein Talent? Oder besser, wovon leiten wir ab, wen oder was wir als Talent definieren wollen?

Die Ursprünge des Begriffs findet man im Bereich der frühkindlichen Förderung, wo man auch gerne von Begabung spricht. Insbesondere im Sport, aber auch in künstlerischen Bereichen gibt es eine lange Tradition der Suche nach Talenten oder auch Begabten. In diesem Zusammenhang spricht man gerne auch mal von Hochbegabten, um im Sinne des Elitedenkens zu differenzieren. Gelten vergleichbare Differenzierungskriterien aber gleichermaßen für Kinder, Jugendliche oder Mitarbeiter? In der Eigenvermarktung, also auch in der Rekrutierung, kann dies bejaht werden. Doch bei der persönlichen Entwicklung kommt man aus wissenschaftlicher Sicht immer mehr zu dem Fazit, dass dies nicht zutrifft.

Es geht dabei zunächst um die definierten Zusammenhänge, die insbesondere im schulischen Kontext der Begabtenförderung im Laufe der Zeit mit viel Nachdruck erarbeitet wurden. Denn auch wenn alle über Begabte reden und einige damit auch mal gerne die eigenen Sprösslinge meinen, war es bis hierhin ein harter Kampf, um eine gemeinsam getragene Grundlage für die heute allgemein gültige und vor allem geltende Definition zu finden.

Man hat sich in den letzten Jahren Schritt für Schritt darauf verständigt, dass Begabung der Vorläufer von Leistung bzw. Erfolg sein soll. Und hier gibt es bei einigen Disziplinen im Sport einen klaren Vorteil. Die Zeit im 100 Meter-Sprint ist ein sehr objektiver Indikator für Leistung, wenn man Komponenten wie Windverhältnisse oder auch Bahnbeschaffenheit standardisiert. Leistung ist im Sport oft recht klar messbar – viel klarer als in der Wirtschaft.

In der schwelenden Auseinandersetzung zwischen Ost und West noch zu Zeiten des Kalten Krieges wurde Sport als eine Komponente des Wettbewerbs gesehen. Im ehemaligen Ostblock versuchte man bereits sehr früh, Talente zu identifizieren. Dabei wurden die untersuchten Alterskohorten immer jünger und die Testverfahren immer aufwendiger. Doch seit geraumer Zeit ist bekannt, dass diese Früherkennung nicht trennscharf funktioniert. So hat eine Untersuchung unter Leichtathleten ergeben, dass selbst die Bestzeiten nach Durchlaufen der Pubertät in keinem signifikanten Zusammenhang zu späteren Spitzenleistungen stehen. In der frühen Entwicklung bereits sehr gute, erbrachte Leistungen sind folglich kein zuverlässiger Prädiktor für spätere Rekorde bzw. Bestleistungen. Auch in der Trainingslehre wie auch in der Sportwissenschaft wird deutlich, dass die Leistungsträger von morgen nicht unbedingt aus denen zu rekrutieren sind, die im frühsten Kindesalter aufgrund guter Testergebnisse als talentiert erscheinen. Ebenso wenig scheint die stromlinienförmige Entwicklung der Königsweg zur Höchstleistung zu sein.

Weiterhin hat die Forschung gezeigt, dass zu frühe Spezialisierung auf eine Sportart leicht kontraproduktiv zu sein scheint. Begründet wird dies vor allem mit einer zu schmalen motorischen Basis und schlicht mit dem Faktor Motivation. Frühe Erfolge in Verbindung mit ausdauerndem, hartem Training können nicht nur ermüden, sondern auch irgendwann die Motivation sinken lassen. Aus diesem Grund wird der Fokus zunehmend darauf gelegt, eine positive Einstellung zur jeweiligen Sportart aufrechtzuerhalten, dafür weniger aber intensivere Übungsfrequenzen einzulegen, um eine breitere Grundlage zu schaffen.

Aber sind diese Überlegungen übertragbar auf die Wirtschaftswelt? Gelten dort nicht ganz andere Gesetze?

12.4 Erfolg als Fundament – haben wir auf Sand gebaut?

Sicherlich lassen sich diverse Beweise dafür aufzeigen, wie im Unternehmenskontext durch entsprechende Testverfahren der zukünftige Erfolg vergleichsweise zuverlässig vorausgesagt werden kann. Insbesondere in den USA ist der klassische Intelligenzquotient-Test (IQ) weiterhin ein Standardinstrument. Tatsächlich ist diese Korrelation nicht weiter verwunderlich: Der IQ eines Menschen entscheidet in einer gewissen Bandbreite signifikant über dessen späteren beruflichen Werdegang.

Doch auch hier enthüllt der differenzierte Blick Erstaunliches. Der IQ korreliert vor allem in jenen Bereichen positiv mit Erfolg, die durch vergleichbare Selektionsverfahren geprägt sind; Beispiele sind Wissenschaft, Forschung und Entwicklung, also akademische Laufbahnen. Aber daraus resultiert nicht zwangsläufig eine Korrelation zum zukünftigen Erfolg, denn Erfolg ist kein Zustand von Dauer, sondern lediglich ein Ergebnis.

Ziele/Erfolgsgrößen festlegen und kommunizieren Beim 100 Meter-Lauf ist das einfach: es gibt Landesrekorde, Weltbestzeiten usw. Alles wird exakt gemessen und ist international objektiv vergleichbar, sofern andere Faktoren wie beispielsweise Doping vernachlässigt werden. Aber was bedeutet Erfolg für die einzelne Person? Ist es der Karrierestatus, mehr Lohn, persönliche Entwicklung im Sinne von Selbstverwirklichung oder gar mehr Sicherheit?

Noch unschärfer wird es auf Unternehmensebene. Hier wird Erfolg ganz individuell und situationsbezogen definiert: mal ist es Shareholder Value und mal ist es Wachstum. Dazu gehören bestimmte Kennzahlen oder so genannte KPIs (Key Performance Indicators) wie Deckungsbeiträge, Innovationsrate, Kundenzufriedenheit usw. Es wird schnell klar, dass das Grundelement unserer Performancewirtschaft, die Leistung, eine leider recht diffuse und vor allem stark individualisierte Größe ist. Für Personen wie auch für Organisationen ist der jeweilige Erfolg immer situativ und kontextbezogen. Mag heute die Wachstumsstrategie das Maß aller Dinge sein, ist es morgen vielleicht die Kostenführerschaft.

Sportler dagegen starten ihre Karriere immer mit einem klaren Ziel vor Augen und erhalten ein direktes Feedback im Wettbewerb mit anderen. Die Leistungskontrolle und -dokumentation ist im Vergleich zur Wirtschaft wesentlich einfacher. Schnell wird klar und transparent, ob die erbrachten Leistungen ausreichend waren, um das zuvor gesteckte Ziel zu erreichen oder nicht.

Dies sieht bei Wirtschaftsunternehmen anders aus. Je nach Unternehmensgröße gibt es natürlich unterschiedliche Ziele. Allerdings würde eine Befragung von 100 wahllos ausgesuchten, deutschen Wirtschaftsunternehmen verschiedener Branchen und Größen bezüglich ihrer Unternehmensziele ein überraschendes Ergebnis liefern – insbesondere, wenn man nicht nur die Top-Führungskräfte, sondern einen repräsentativen Querschnitt aller Hierarchiestufen des jeweiligen Unternehmens befragen würde. Die Empirie des Berateralltages und Erfahrungen aus zahlreichen Projekten zeigen in diesem Zusammenhang, dass viele Mitarbeiter keine validen Unternehmensziele kennen und die meisten Aussagen stark voneinander abweichen würden oder sogar ambivalent wären.

Aber weshalb ist das so? Zum einen gibt es nicht das eine klar abgegrenzte Ziel wie bei einem Sportler oder einem Sportverein, was die Komplexität bei der Definition von Unternehmenszielen erhöht. Zum anderen sind die Führungskräfte von Wirtschaftsunternehmen vielerorts der Meinung, dass erstens nicht alle Mitarbeiter die übergeordneten Unternehmensziele kennen müssen oder zweitens die gegebenen Ziele von jedem Mitarbeiter verstanden worden seien.

Hier erkennt man schon deutlich den ersten Unterschied: bei einem Verein weiß auch der Balljunge, dass sein Verein in diesem Jahr die Meisterschaft gewinnen will, währenddessen viele Produktionsmitarbeiter es vielleicht noch gar nicht mitbekommen haben, dass ihr Unternehmen die Qualitäts- oder Kostenführerschaft erreichen möchte.

Zur Zielerreichung motivieren Wenn die Kommunikation von Zielsystem oder Zieldefinition also nicht so reibungslos wie im Sport erfolgt, wie sieht es dann mit der Motivation aus? Sicherlich gibt es auch im Profi- oder Leistungssport immer wieder Situationen, in denen der Eindruck entsteht, der oder die Sportler sind nicht richtig motiviert. Aber fast immer entstehen genau diese Situationen aus denselben Gründen wie bei Wirtschaftsunternehmen. Ein Sportler, der sich nicht komplett mit seinem Ziel identifiziert, kann nicht erfolgreich sein. Es fehlt ihm automatisch an der eigenen Motivation, dieses Ziel erreichen zu wollen

Nicht anders verhält es sich mit der Motivation von Mitarbeitern in Unternehmen. Das Ziel ist nicht klar, aber es gibt eine Stellenbeschreibung, Prozesse und Aufgaben, die man zunächst noch kritisch hinterfragt und im nächsten Moment beim ersten Widerstand gegenüber dem Vorgesetzten als gegeben hinnimmt. Man erfüllt einfach das Soll, versucht unauffällig zu bleiben, wartet darauf, dass der Monat vorübergeht und die Vergütung auf dem Bankkonto eintrifft. Hinzu kommen nach wie vor umgesetzte Management-Weisheiten wie beispielsweise „Managen Sie ihre Bottomline" oder frei übersetzt „Sorgen Sie für Erfolg bei Ihren Mitarbeitern, damit Sie erfolgreich sind", die von gegenseitigem Vertrauen, menschlichem Respekt und nachhaltiger Motivation weit entfernt sind.

Mitarbeiter, die sich nicht mit diesen Abläufen abfinden, schauen sich extern um und wechseln irgendwann das Unternehmen, um eventuell im neuen Unternehmen ganz ähnliche Erfahrungen machen zu müssen. Dies passiert zwei oder drei Mal in kurzer Zeitabfolge und schon haben wir einen typischen Job-Hopper – doch letztlich nur einen Mitarbeiter, der die Hoffnung nicht so schnell aufgegeben hat. Sicherlich gibt es auch wirkliche Job-Hopper, deren Sucht nach mehr Anerkennung – und sei es die monetäre – sie gezielt alle zwei bis drei Jahre die Unternehmen wechseln lässt.

Ganz anders im Profisport: Die meisten Sportler starten mit einem Traum oder einer Vision ihres zukünftigen Erfolges. Dies motiviert sie, an die Grenzen ihrer Leistung und manchmal sogar darüber hinaus zu gehen, weil sie ein klares Ziel ihrer eigenen Entwicklung vor Augen haben. Wenn ein Sportler bemerkt, dass er mit seinem Verein, seinem Trainer oder seinem Management nicht weiterkommt, schaut er sich nach einer besseren Situation um, die ihm hilft, seinen persönlichen Traum bzw. seine Vision zu erfüllen.

Sicherlich ist dies eine weitere wichtige Erkenntnis, welche man aus dem Leistungssport auf die Führung von Unternehmen übertragen kann. Unternehmen wie auch Sportler werden nur erfolgreich sein, wenn sie ein klares Ziel vor Augen haben. Hier beginnt die eigentliche Führungsarbeit der Manager – nämlich eine Vision oder übergeordnete Unternehmensziele so zu definieren, dass jeder Mitarbeiter sie versteht und verinnerlicht. Und dies soll ihn motivieren, seinen Teil der Wertschöpfung dazu beizutragen, so dass sein Team bzw. sein Unternehmen diese Vision erfüllt und dieses Ziel erreicht.

Ohne Zweifel ist dies nicht so einfach wie im Sport, wo zum Beginn einer Saison beispielsweise definiert werden kann, wie viele Rennen man gewinnen oder welchen Titel man holen möchte. Aber hier hilft die KISS-Formel – Keep It Simple and Stupid: Unternehmensziele lassen sich auf einfach verständliche Formulierungen bringen, wenn man seine Anspruchs- oder Zielgruppen entsprechend berücksichtigt. Unternehmensführer brauchen Unternehmensziele, die wie sportliche Titel oder zu gewinnende Rennen die Mitarbeiter motivieren, ihr Bestes zu geben und vor allem Teil des Ganzen sein zu wollen.

Erfolge anerkennen Deutsche Manager belächeln häufig amerikanische Manager – beispielsweise Steve Ballmer, bis kürzlich noch CEO von Microsoft – die ihre Mannschaft, also ihre Mitarbeiter, in speziellen Events zu neuen Höchstleistungen anspornen und die Gemeinschaft stärken. Aber warum gehört ein Unternehmen wie Microsoft seit Jahren zu den beliebtesten Arbeitgebern weltweit und ist nachgewiesenermaßen so erfolgreich? Die gängige Erklärung, Microsoft habe ein künstliches Monopol auf Betriebssysteme und Anwendungssoftware geschaffen, ist wirklich zu einfach. Denn schließlich muss sich ein Unternehmen eine solche Position zunächst erarbeiten. Der Schlüssel dazu sind motivierte Mitarbeiter, die als Team an eine gemeinsame Vision oder gemeinsame Ziele glauben und sich dafür einsetzen. Am Ende des Tages muss dann ein Erfolg auch gefeiert werden und genau das tut Microsoft. Denn schließlich möchte jeder Mitarbeiter Anerkennung bekommen und dabei geht es nicht immer nur um Geld.

In den meisten Unternehmen werden Erfolge jedoch gar nicht oder zumindest zu wenig gefeiert. Unsere langjährige Beratungspraxis bestätigt leider, dass Mitarbeiter häufig frustriert und demotiviert werden. Hier zeigt sich ein wichtiger Unterschied zum Leistungssport. Wenn ein Sportler erfolgreich ist, aber sein Potential vom sportlichen Leiter nicht genügend geschätzt, gefördert oder belohnt wird, ist die Konsequenz einfach – er geht zu einem anderen Team oder Verein. Mitarbeiter tun dies auch, aber bis eine erhöhte Fluktuation auffällig wird und die Rekrutierungskosten für neue Mitarbeiter explodieren, ist es meistens schon zu spät, um gegenzusteuern.

▶ **Fazit** Ohne Schwarzmalerei betreiben zu wollen, ist in der Praxis allzu oft zu beobachten, dass viele Unternehmen die Chancen von Leistungsanerkennung und Mitarbeitermotivation versäumen und sich folglich nicht so entwickeln, wie sie es unter anderen Umständen hätten tun können. Dies unterscheidet am Ende des Tages ein Spitzenteam oder einen Champion von der Verbandsliga.

12.5 Win-or-out – Organisationen erkranken

Blickt man rückwirkend auf eine Karriere, so stellen sich folgende Fragen

- Gab es eine direkte Korrelation zwischen Leistung und dem persönlich definierten bzw. angestrebten Erfolg?
- Wo wurden persönliche Motivationsquellen gefunden?
- Wie häufig waren diese nicht mit der Karriereleiter, sondern mit ganz anderen Faktoren wie Freiheit oder Sicherheit verknüpft?
- Worauf basieren Belastbarkeit und Stressresistenz (neudeutsch Resilience)?
- Was sind die Biotope, die in der Arbeit wie auch im Privatleben Energie zurückgeben?
- Woher kommt die positive Energie (neudeutsch Flow), die immer wieder zu motiviertem Arbeiten beiträgt?
- Werden diese Biotope nicht immer seltener und kleiner?

Die echten Erholungszeiten bei Managern wie auch bei immer mehr Mitarbeitern verringern sich in der schönen, neuen Technikwelt zusehends. Dafür nehmen die chronischen Erschöpfungszustände überproportional zu. Dies belegen die jährlichen Statistiken. Der Begriff Burnout wurde durch seine inflationäre verbale Nutzung zwar zum Modewort und vielerorts mokieren sich Manager über die Berufssparte mit den meisten Burnout-Fällen – die Lehrer. Aber dies täuscht nicht darüber hinweg, dass die heutigen Lebensumstände in der Gesellschaft und im Beruf zu einer deutlichen Erhöhung psychischer Erkrankungen führen.

Ein Vergleich mit früheren Zeiten zeigt: Die Arbeitsumstände waren körperlich härter und es wurde länger gearbeitet, aber die mentale Gesundheit war deutlich höher. Unternehmen galten als Hort der Sicherheit. Vielerorts gab es Erwerbsbiographien über Generationen hinweg beim selben Unternehmen. Nicht nur der Vater hatte beim Unternehmen X gearbeitet, der Großvater auch. Heute ist es nahezu undenkbar, von der Lehre bis zur Pension in *einem* Unternehmen tätig zu sein.

Die Zunahme von Komplexität, global und zu jeder Zeit verfügbaren Informationen, technischen Innovationen, die uns immer mehr von den zugrunde liegenden Systemen abhängig machen, führen zu vielem, aber nicht zu mehr empfundener Sicherheit oder gar mental förderlicher Gelassenheit. Hier ist der Wertewandel, ermöglicht durch technischen Fortschritt, in vollem Gange. Die Sucht nach immer mehr Informationen und Vernetzung führt zu einer permanenten Erhöhung der subjektiven Aufmerksamkeit des Einzelnen; aber leider auch zu einer geradezu fatalen Verringerung der ganzheitlichen Betrachtungsweise – eine Fähigkeit, die dem Individuum und damit in der Summe der Gesellschaft zunehmend abhanden kommt. Die Informationen sind zwar alle da, aber der Kontext fehlt. Dies löst bei den meisten unbewusst und bei einigen auch bewusst Ängste und subtilen Leistungsdruck aus. Daraus resultiert häufig ein Gefühl der Starre – wie das bekannte Häschen vor der Schlange. Gefangen im Leistungsdruck und in der Starre der subtilen Ängste reagiert der Körper mit Abschaltung, Verringerung der Leistungsfähigkeit, Müdigkeit, Abnahme der Konzentrationsfähigkeit, subtiler Wut auf die Umwelt usw. – der Burnout ist da!

Welche Erklärungen helfen hier weiter? Schlagworte wie globale Leistungskultur oder zunehmender Wettbewerb, Phrasen wie „Es ist halt so!“ sind hier wenig hilfreich. Andere analysieren die so genannten Low- und High-Performer, die ehemals oder immer noch zur Gruppe der High-Potentials gehören: harte Kerle und zunehmend auch noch härtere Vorzeigefrauen, die in der Wirtschaft ihren Mann stehen und häufiger sogar über diesen. Ist es so einfach? Kann man hier Darwins „Survival of the fittest“ bemühen und damit evolutionär den Erfolg einiger weniger Übermenschen erklären und den Rest zu Verlierern machen? Kann man als Krönung diese Verlierer dann dank Burnout auch noch aus dem Spiel nehmen?

In der näheren und vor allem zeitlich längeren Betrachtung zeigen sich ganz andere Phänomene:

- Suizide bei erfolgreichen Menschen
- Topmanagerinnen mit schweren Depressionen im Alter, weil sie sich für den Beruf und gegen die Familie entschieden haben

- schwere, psychische und physische Erkrankungen bei Top-Managern und Top-Leistungsträgern, die vor allem immer eines waren – erfolgreich
- zunehmender Missbrauch von Drogen, Medikamenten und Genussmitteln
- Menschen, die auf dem Zenit ihres Erfolges aussteigen und ihr Leben komplett verändern

Aus den Medien sind zahlreiche solcher Fälle bekannt. Es geht somit nicht um Einzelfälle, sondern um eher typische Entwicklungen, die der Situation oder den jeweiligen Lebensumständen geschuldet sind. Mit fortschreitendem Lebensalter und der Summe an Erfahrungen erkennt man unweigerlich, dass Erfolg und persönlich erbrachte Leistung zumindest in der Wirtschaftswelt nicht zwangsläufig voneinander abhängig sind. Der monetäre Erfolg in Form der Vergütung basiert eher auf dem zuvor erreichten Status als auf der erbrachten Leistung. Das deckt auch eine Vergütungsstudie der DAX-Vorstände auf: Die Durchschnittsvergütungen der Vorstände ist im untersuchten Zeitraum zwar gestiegen, aber in den wenigsten Fällen war eine direkte Korrelation zum Unternehmenserfolg bzw. zum Aktienkurs des jeweiligen Unternehmens zu finden.

Aber die eigentliche Ursache liegt nicht in diesen Mechanismen verborgen. Sie liegt vielmehr in dem Auseinanderdriften von Realitäten der Organisationen durch den steigenden Komplexitätsgrad. Dies schafft Situationen, die faktisch nicht lösbar sind und macht den Menschen auf lange Sicht krank. Gewinnen wird hier ganz anders definiert, als es im Sport der Fall ist. Denn wer sich in komplexen und teilweise ambivalenten Strukturen erfolgreich bewegen will, der muss sich von seinem eigentlichen Arbeitsergebnis abkoppeln – ganz so, wie es uns die Finanzwelt vormacht. Denn dort wird keine Substanz, sondern Erwartung gehandelt. Schein ersetzt das Sein. Gewinnen ist unmöglich und zermürbt insbesondere all die, die auf echte Wirksamkeit und Wertschöpfung Wert legen.

Ist dies nur abstrakte Theorie? Jeder Mitarbeiter kann dies kritisch für seine Organisation prüfen: Gibt es die oben geschilderte Situation in der eigenen Organisation nicht? Dann dürfte keine der nun folgenden Fragen mit „Ja" beantwortet werden:

- Wurden Kosten und Mitarbeiter ohne aus Mitarbeitersicht nachvollziehbaren Grund reduziert?
- Gibt man Mitarbeitern Umsatz- und Ergebnisverantwortung, ohne dass diese für ihr Team über Anzahl und Auswahl der Mitarbeiter entscheiden?
- Existieren Strategien, die zugleich mehr Umsatz und mehr Ergebnis mit weniger Mitarbeitern bei besserer Qualität versprechen, ohne dass diese Quadratur des Kreises durch einen besonderen technischen Quantensprung begründet werden kann?

Diese Liste von Fragen lässt sich problemlos fortsetzen und für viele Unternehmen wird die Antwort „ja" sein. Die Ursache für Erschöpfung oder Burnout wird offensichtlich: Es wird eine Performance gefordert, die sich in den KPIs niederschlägt und damit vermeintlich messbar ist, aber der Gestaltungsspielraum des Einzelnen nimmt ab und kollektive Verantwortung bleibt eine Illusion.

Was hier zu beobachten ist, kommt der psychiatrischen Definition von Pathologie (Krankheit) sehr nahe. Dort spricht man von Mustern zweiter Ordnung, die einen Menschen psychisch krank machen. Die Angst vor Menschenmengen ist zwar ein Hindernis, aber noch kein pathologischer Effekt. Wird daraus allerdings ein Muster in der Form, dass eine Angst vor dieser Angst besteht, führt dies zu einem Vermeidungsverhalten, was einen bewussten und damit lösungsorientierten Umgang mit der eigentlichen Problematik unmöglich macht – die Phobie entsteht.

Dazu Fälle aus unserer Beratungspraxis:

Verunsicherung statt Wertschätzung

Ein Finanzleiter bekam die Aufgabe, die Buchhaltung aus der Schweiz nach Bulgarien an einen Dienstleister auszulagern; keine schöne Aufgabe, aber durchaus zu bewältigen. Er motivierte sein Team, ihn dabei zu unterstützen, und buchte den Flug nach Bulgarien für die anstehende Übergabe. An anderer Stelle wurde zeitgleich die Reisekostenregelung geändert. Flüge nach Bulgarien waren von einem Tag auf den anderen nicht mehr erlaubt. Der Flug durfte trotz gebuchtem Ticket nicht angetreten werden. Der Ticketwert belief sich auf ca. 500 €, die Rückerstattung des Tickets hat 100 € eingebracht, die Diskussion über die Erlaubnis der Reise kostete ca. 1000 € und der Schaden durch die nicht erfolgte Übergabe ist schwer zu bemessen, geht aber weit darüber hinaus. Ein halbes Jahr später bekam jener Finanzleiter eine negative Bewertung, weil das Outsourcing nicht reibungslos verlaufen war. Was bedeutet dies für seine Zukunft? Wir wissen es nicht, aber festzustellen ist, dass diese Situation die Mitarbeiter zunehmend verunsichert und dadurch in ihrer Entwicklung hemmt.

Angst vor der Angst erzeugt diese Systeme zweiter Ordnung und diese nehmen immer mehr Raum im betrieblichen Alltag ein. Aber bestenfalls beschäftigen sich die Unternehmen mit den Symptomen, wie folgendes Beispiel zeigt:

Herumdoktern an vermeintlichen Symptomen

Eine Organisation hatte einen neuen Beauftragten für betriebliches Gesundheitsmanagement (BGM) benannt. Wir begleiteten dort den Leiter des R&D-Bereiches. Dieser hatte gerade zwei neue Entwicklungsprojekte zugewiesen bekommen, die sehr anspruchsvoll waren, aber aus seiner Sicht allenfalls positiven Stress auslösten. Der BGM-Beauftragte begann seine Arbeit mit dem Projekt „Abbau von Überstunden". Diese sind leicht zu ermitteln, da sie messbar und betroffene Mitarbeiter schnell auffindbar sind. Und so kam es, dass unser R&D-Leiter nicht nur die beiden Projekte zu bewältigen hatte, sondern dazu noch in eine umfangreiche Diskussion über seine bisher nicht abgebauten 450 Überstunden einsteigen musste. Obwohl er zwar im Sinne des Projektes „Abbau von Überstunden" symptomatisch betroffen war, zog dieser Mitarbeiter so viel Motivation und Freude aus seiner Arbeit, dass er pathologisch betrachtet nicht zu den eigentlich Betroffenen gehörte. In seinem Fall wäre eine Wertschätzung seiner Arbeit deutlich förderlicher gewesen als das Herumdoktern an vermeintlichen Symptomen.

12.6 Gut gemeint ist noch lange nicht gut gemacht

Die vorgenannten Beispiele können problemlos auf andere Bereiche übertragen werden. Natürlich kann auf Funktionen wie betriebliches Gesundheitswesen oder Controlling in der Regel nicht verzichtet werden. Diese dürfen aber kein losgelöstes Eigenleben entwickeln. Die zunehmende Komplexität von Organisationen wie auch der stärker zunehmende Termindruck (Quartalsberichte usw.) führen dazu, dass diese Effekte entstehen. Die Organisation in ihrer Gesamtheit „erkrankt" – zunächst von innen und dann auch äußerlich, wenn marktrelevante Erfolgsfaktoren wie Qualität, Liefertreue, Service und Kundenfreundlichkeit sich verschlechtern. Dies ist in vielen großen Organisationen bereits heute Alltag.

Zum Teil liegt es an der schieren Größe, dass die Kunden zwar verärgert sind, sich aber mangels Alternativen nicht anders orientieren können. Zudem beschäftigen fast alle großen Organisationen Hunderte von Beratern, die den jeweiligen Vorständen die Richtigkeit ihrer Strategien bescheinigen bzw. diese entwickeln. Es scheint dem heutigen Lifestyle zu entsprechen, dass man sich mehr mit der äußeren Erscheinung denn den inneren Werten beschäftigt. Mitarbeiter, die in diesen Systemen nicht funktionieren, werden ausgetauscht – win-or-out ist dabei die Devise!

Somit beschäftigen sich große Organisationen in erster Linie mit sich selber und weniger mit dem Markt oder den Kunden. Märkte werden gemacht und Nachfrage wird generiert. Entwickelt wird, was der Kunde brauchen soll und nicht was er wirklich benötigt. Der Marktfunktion folgt eine Konsumfunktion. Wachstum basiert auf fortwährendem Konsum. Dieser Motor darf nicht stottern und muss zur Not auch durch die Bereitstellung günstiger Liquidität gefüttert werden. Doch mit jeder Krise verschärft sich die Situation – die Angst vor der Angst wächst und wird zum unternehmensweiten Phänomen. Es äußert sich in Strategien zur Krisenvermeidung, dem Abbau von Fixkosten durch konsequentes Auslagern der Nicht-Kernprozesse, Umwandlung von Festanstellung in temporäre, befristete Verträge oder gar in Leiharbeit, dem Einsatz von Interim Managern, ohne auch nur eine Sekunde über die gesellschaftlichen Folgen und damit über die Folgen für den Einzelnen nachzudenken.

Der HR-Manager sortiert derweil CVs von Bewerbern aus: vermeintliche Job-Hopper, unstete Gesellen, die auf keinen stabilen Lebenswandel schließen lassen, oder jene Menschen, die bei jedem der letzten drei Arbeitgeber auf eine längere Beschäftigung gehofft haben, aber dem Kostenabbau zum Opfer gefallen sind. In diesem Klima könnte auch kein Hochleistungssportler Bestleistungen erbringen. Vor dem Hintergrund seiner Erfahrungen im Profiradsport rät Marcel Wüst zu mehr Gelassenheit, um Druck bzw. Stress abzubauen, Herausforderungen mit Abstand und objektiver zu betrachten und so letztlich Entscheidungen ruhiger, konstruktiver und besser zu treffen.

12.7 Recruiting: Wirtschaft und Profisport im Vergleich

Im Sport wie auch in der freien Wirtschaft gibt es unzählige Talente, viele von ihnen werden niemals entdeckt oder gehen in der Masse unter. In der Wirtschaft sind dies die kreativen Köpfe – die Erfinder, die Start-ups, die Jungunternehmer und der Führungsnachwuchs, denen man häufig leider zu wenig Beachtung schenkt. Im Sport ist dies etwas einfacher strukturiert: Talente sind das Ergebnis ihrer sportlichen Entwicklung und Leistung und die gewachsenen Systeme helfen dabei, möglichst viele von ihnen zu identifizieren – wenn auch mit großen Unterschieden im internationalen Vergleich.

Doch wie sieht es mit den Talenten in der Wirtschaft aus? Die Rekrutierung von Führungsnachwuchs stellt häufig insbesondere für mittelständische Unternehmen eine große Herausforderung dar. Zum einen haben sie häufig nicht den Zugang zu den entsprechenden Quellen oder können sich – zumindest gefühlt – keine strukturierte Talentsuche und -entwicklung leisten. Ähnliches kann man auch im Sport beobachten. Es gibt Teams oder Vereine, die kommen nicht vom Fleck, und andere, die gewaltig expandieren und sich ihre Erfolge für die zukünftige Talentsuche und -entwicklung zu Nutze machen. Erfolg ist anziehend auch für Nachwuchstalente. Nicht anders in der Wirtschaft: Wer möchte nicht gerne bei einem angesehenen und erfolgreichen Unternehmen arbeiten und dazugehören?

12.7.1 Win-or-out im Radsport

Wenn ein Rennteam aufgebaut wird, steht am Anfang häufig kein riesiges Budget zur Verfügung. Das typische Henne-Ei-Problem: erst muss der Erfolg da sein, damit man ein Budget erhält, um erfolgreich zu sein – ein schwieriger Weg, den auch so mancher Mittelständler kennt. Erst müssen bestimmte Kennzahlen erreicht sein, damit die Banken die weitere Unternehmensentwicklung unterstützen. Hat man allerdings erst einmal den großen Erfolg erreicht und verfügt über eine gewisse Liquidität, steigt die Unterstützungsbereitschaft der Banken – leider verspätet. Im Profisport ist dies nicht anders. Erfolgreiche Sportteams können sich ihre Sponsoren aussuchen. Ausbleibende Erfolge führen allerdings zur Abwanderung der Sponsoren. Dieses System ist an sich wenig nachhaltig und noch viel weniger wertschöpfungsorientiert.

Fragen

Was zeichnet die Spitzensportler im Radsport aus?

Der Radsport ist wie vieles andere ergebnisorientiert. Wer vorne fährt und siegt, ist der Star; wer abgehängt wird, muss sich bald ein neues Team oder gar einen anderen Job suchen. Kein Team ist gewillt, einem mittelmäßigen Sportler noch einen Vertrag anzubieten, wenn bessere Leute zur Verfügung stehen. Da durch gute sportliche Leistungen, selbst in frühen Jahren, im Sportverein das Ansehen gesteigert werden kann, entwickeln Sportler sehr früh eine Eigenverantwortung für ihre Fitness und somit für ihre Leistungsfähigkeit. Sofern ein Sportler diese Eigenverantwortung einmal erworben und sich mit ihr bis in die Weltspitze vorgekämpft hat, behält er diese aller Voraussicht nach bis ans Ende seiner Karriere.

Viele Eigenschaften werden bereits in der Kindheit konditioniert. Wer ohne Zwang Leistung produziert, hat auch Freude daran und ist bereit, der Leistung wegen auf andere Dinge zu verzichten bzw. die nötigen ‚Opfer' zu bringen. Und so empfindet man den asketischen Lebenswandel und die hohen körperlichen sowie mentalen Belastungen bei und vor Wettkämpfen nicht als schlimm, denn erfolgreiche Sportler machen diese Dinge in erster Linie aus Passion und mit Freude. Erst im nächsten Schritt sieht man darin die Möglichkeit, mit dem Sport auch den Lebensunterhalt zu bestreiten.

Menschen, die Leistung aus Leidenschaft produzieren, sind häufig die Teamkapitäne im Sport oder aber die erfolgreichen Führungskräfte im Management von Unternehmen. Solche ‚Leitwölfe' fordern die gleiche Leistungsbereitschaft meist auch von allen anderen, was im Prinzip auch richtig ist. Denn wenn der Sprinter in einem Radsportteam mit Hingabe für seinen Traum, nämlich den großen Sieg beim wichtigen Rennen, hart und unerbittlich arbeitet, dann kann er dies auch von seinen Teamkollegen erwarten. Deren Aufgabe ist es, den Sprinter beim Kampf gegen die Weltbesten so zu unterstützen, dass dieser für sein Team (oder für sein Unternehmen) den werbeträchtigen Sieg holen kann. Siege sind Multiplikatoren, um weitere Sponsoren anzulocken. Damit wird nicht nur der Fortbestand der Mannschaft gesichert, sondern auch zu deren Weiterentwicklung und Verbesserung beigetragen.

Was aber macht man, wenn der Helfer nicht hilft bzw. der Mitarbeiter nicht mitarbeitet? Einerseits erhält ein Helfer weniger Vergütung als der Sprinter oder als der Teamkapitän und andererseits steht er auch nicht im Rampenlicht. Weder steht der Helfer auf dem Podium nach der gewonnenen Etappe, noch steht der einzelne Mitarbeiter nach einem erfolgreichen Geschäftsjahr im Wirtschaftsmagazin. Dennoch ist er Teil des Ganzen. Wenn er dies nicht will, kommt man wohl nicht umhin, ihn auszutauschen. Falls er es aber nicht kann, stellt sich die Frage: Warum kann er es nicht?

Gründe dafür sind in der Regel im Training zu suchen. Analyse und zielgerichtete Anleitung helfen nicht nur dabei, besser zu werden. Die empfundene Leistungsverbesserung stiftet darüber hinaus zusätzliche Motivation und führt in die richtige Richtung. Allerdings wird irgendwann eine Grenze erreicht, die man auch mit noch intensiveren Trainingseinheiten nicht überwinden kann. Hier liegt die individuelle Leistungsgrenze des Sportlers. Passt diese nicht zum durchschnittlichen Leistungsniveau des Teams, ist der Sportler für dieses Team nicht der richtige – man muss ihn austauschen („out"). Dies erscheint auf den ersten Blick im Sport einfacher zu sein als in der Wirtschaft, aber der kausale Zusammenhang bleibt der gleiche.

Die richtigen Talente zu rekrutieren, zu entwickeln und danach möglichst im Team zu halten, ist eine wichtige Aufgabe des Teamleaders/der Führungskraft. Fast noch wichtiger aber ist es, eine Teamatmosphäre zu schaffen, in der Leistung zu erbringen jedem einzelnen Teammitglied Freude macht. Nicht nur das Leistungspotential der einzelnen Teammitglieder oder Mitarbeiter ist entscheidend, sondern die Bereitschaft bei jedem Einzelnen, diese Leistung dem Team auch zur Verfügung zu stellen. Transparenz und Klarheit der Ziele in Verbindung mit der richtigen Motivation für die einzelnen Teammitglieder bilden dabei die Basis zum Erfolg.

Dazu gehört die richtige Verteilung der Aufgaben – ein guter Sprinter wird nie ein guter Bergfahrer werden. Der Bergfahrer muss möglichst leicht sein und über eine Muskulatur verfügen, die für eine solche Dauerbelastung geeignet ist. Der Sprinter benötigt maximale Kraft, die er im Sprint gezielt einsetzen kann. Deshalb sind Sprinter in der Regel größer und kräftiger, aber dafür auch schwerer. Auch im Unternehmen geht es letztendlich darum, die einzelnen Mitarbeiter entsprechend ihrer Fähigkeiten richtig einzusetzen. Nur wer seine Stärken gezielt einsetzen kann, wird einerseits dadurch erfolgreich sein und andererseits Spaß dabei haben. Die spezifischen Stärken und Fähigkeiten des Teamleaders/der Führungskraft sollten genauso gezielt eingesetzt werden, um das Team durch den eigenen Erfolg und durch das Schaffen eines echten Teamspirits voranzubringen. Das kann bis zur innigen Freundschaft gehen. Hier kann der Manager sehr viel vom Sportler lernen, der einen eher lockeren Umgang in zwischenmenschlichen Beziehungen pflegt.

Ein kurzer Blick in die Unternehmspraxis

Gerade in der undurchdringlichen Schicht des mittleren Managements scheint es schwierig zu sein, sich auf Augenhöhe zu begegnen. Viele denken von sich „Ich bin eh besser als mein Gegenüber.“ und versuchen, das auf den höheren Ebenen entsprechend darzustellen. Dabei wird vergessen, dass das Gegenüber eine sehr ähnliche Aufgabe hat wie der schnöde Denker selber, nämlich das Team und seinen Kapitän auf dem gemeinsamen Weg zum Erfolg zu begleiten.

Eine sportliche und vor allem neidlose Herangehensweise an die großen Aufgaben des täglichen Lebens ist wichtig, um ein Team zusammenzuschweißen. Denn: Erfolg bzw. ein Rennen zu gewinnen ist für den Teamleader ebenso wichtig wie für diejenigen, die das Team als „Wasserträger“ immer wieder in die richtige Ausgangsposition bringen.

Marcel Wüst: „Bei meinem Etappensieg bei der Tour de France haben fünf meiner Teamkollegen 60 Kilometer lang an der Spitze des Feldes dafür gearbeitet, dass wir die Ausreißergruppe noch auf der Zielgeraden abfangen konnten und ich den Sprint um den Etappensieg gewinnen konnte. Ohne mein Team wäre es ein Sprint um Platz drei gewesen, was dem Verlieren gleich kommt. Bei einer Etappe zählt nur der Sieg.
Der erste Dank ans Team, noch mit 180er Puls, erfolgte direkt nach der Zielankunft, hektisch, überschwänglich aber dennoch ehrlich – den zweiten Dank bekamen meine Teamkollegen gar nicht mit, denn sie waren bei der Pressekonferenz und den Fernsehinterviews nicht dabei. Der dritte und wichtigste Dank aber, für den nahm ich mir Zeit. Am Abend im Hotel suchte ich alle Teamkollegen in ihren Zimmern auf, erkundigte mich nach ihrem Befinden, wie sie die Strapazen verdaut hätten und vor allem, wie wir nun weiter planen würden. Denn ein Rennfahrer, der bei der drei Wochen dauernden Tour de France auf den ersten sieben Flachetappen für den Sprinter im Team arbeiten muss, wird ab der zweiten Woche, wenn das erste

> Gebirgsmassiv ansteht, von den Bergfahrern und Gesamtwertungskandidaten gefordert. Dieser Dialog und die flexible, aber dennoch einer Linie folgenden Planung von Tag zu Tag ist für das physische Überleben der Teamkollegen extrem wichtig."

Vertrauen in die Führungskraft sowie das Lob an die Teammitglieder sind die wichtigsten Pfeiler einer Mannschaft. Eine weitere wesentliche Herausforderung an diese Mannschaft besteht darin, sich – gegebenenfalls auch entgegen persönlicher Vorlieben – zusammenzuraufen und das gemeinsam anvisierte Ziel nie aus den Augen zu lassen.

Dafür ist eine immer wieder vom Teamleader durch Lob und Anerkennung erweckte bzw. am Leben erhaltene Eigenmotivation der Mannschaft nötig. Gerade diese Anerkennung fehlt leider viel zu oft. Häufige Gründe sind: es ist gerade keine Zeit, andere wichtige Dinge drängen, die Leistung der ‚Wasserträger' wird als selbstverständlicher Teambeitrag erachtet, die nicht kommentiert werden muss. Vor allem im Hinblick auf diesen letzten Punkt unterscheiden sich – im Management wie im Sport – die echten Leader von jenen, die glauben, welche zu sein. Vielen Führungskräften im Management fehlt leider allzu oft die Fähigkeit und Bereitschaft, die Unterstützung der Mitarbeiter wertzuschätzen und ehrliches Interesse an den Mitarbeitern und ihren Leistungen zu zeigen. Dazu müssen keine Freundschaften geschlossen werden, wie es im Sport sicher häufiger der Fall ist. Nur den wahren Leadern gelingt es, trotz hohem Druck ein gewisses Maß an Unbeschwertheit und Lockerheit mitzubringen und vorzuleben, das eine Atmosphäre schafft, in der jedes Teammitglied immer wieder motiviert ist, sein Leistungspotential weiterzuentwickeln und auszuschöpfen.

12.7.2 Recruiting in Unternehmen – höhere Ansprüche

Zweifelsohne ist Recruiting ein wichtiges Element im Personalmanagement. Vor dem Hintergrund der vorangegangenen Ausführungen stellt sich die Frage, welchen Ansprüchen das Recruiting und die damit betrauten Mitarbeiter zukünftig gerecht werden müssen.

Im Hinblick auf die Identifikation von Talenten ist offensichtlich, dass sich „gewinnen" in einer Organisation erstens erheblich vielschichtiger als im Leistungssport darstellt und die Ergebnisse zweitens viel schwerer zu messen sind. Talente im Sinne zukünftig erfolgreicher Mitarbeiter sind somit sehr viel schwerer zu identifizieren und die Blaupause des erfolgreichen Mitarbeiters oder der Führungskraft gibt es nicht.

Fragen

Nach welchen Talenten suchen wir in der Regel? Sind es noch immer die stromlinienförmigen Werdegänge, die in einer klaren Linie direkt auf die ausgeschriebene Stelle zulaufen? Dieser aus dem Osten geerbte Ansatz klappte schon beim 100 Meter-Sprint nicht; wie kann er in der heutigen, erheblich komplexeren Welt von Organisationen funktionieren? Sind heute die Herausforderungen von morgen bereits bekannt? Welche Hypothek wird einer Organisation aufgelastet, wenn sie heute die Talente einstellt, die möglichst exakt die Anforderungen von gestern – denn nur diese sind ja bekannt – erfüllen?

Die benötigten Talente sind vermutlich vorhanden, sowohl in den Unternehmen, als auch im Arbeitsmarkt. Leider lassen die meisten Entscheider ihre Entdeckung und Entfaltung nicht zu.

Starre Selektionsraster verhindern Chancen

Wenn wir im Rahmen unserer Mandate die schlichte Frage stellen, wann das letzte Mal bewusst ein Kandidat eingeladen wurde, der sonst durch das Selektionsraster gefallen wäre, ernten wir meist erstaunte Blicke.

Die herangezogenen Auswahlkriterien werden leider eher selten überprüft, ohne dass sie kritisch hinterfragt wurden. Aber auch im Hinblick auf die Auswahlprozesse, die eingebundenen Entscheider, die grundlegenden Prioritäten oder organisatorische Fragen zeigen sich zahlreiche Baustellen in der Unternehmenspraxis:

Fragen

Warum werden die bestehenden Mitarbeiter bei der Suche nicht mit in die Pflicht genommen? Sollten sich beispielsweise Ingenieure nicht in Netzwerken bewegen, wo sie qualifizierte Kollegen treffen? Empfiehlt es sich nicht, statt sich in Rankings der beliebtesten Arbeitgeber zu messen, alles daran zu setzen, die eigene Reputation aufzubauen? Warum zirkulieren interessante Kandidatenprofile nur so selten zwischen den Fachabteilungen oder gar zwischen verschiedenen Organisationseinheiten? Wie weit ist Personalmanagement heute noch davon entfernt, sich zu einem System zweiter Ordnung zu entwickeln?

Zunehmende Komplexität, Druck, Stress oder gar Angst sind Quellen von Fehlentscheidungen. So ist es jedes Mal wieder erschreckend zu beobachten, dass Aktivitäten im Recruiting gerade dann ihren Höhepunkt erreichen, wenn die Unternehmen es am wenigsten benötigen. Viele komplexe Systeme sind träge und deshalb reagieren die Organisationsstrukturen nur verzögert auf veränderte Rahmenbedingungen. Bei einer Abschwächung der Konjunktur oder gar einer Krise

- sieht man deshalb immer noch Stellenanzeigen, die im Zweifelsfall überhaupt nicht mehr besetzt werden,
- sind neue Mitarbeiter die ersten, die dank Sozialplan wieder das Unternehmen verlassen dürfen.

Rekrutierungsaktivitäten in großen Organisationen sind leider allzu oft erst kurz vor dem bereits gut erkennbaren Absturz in die Krise am intensivsten. Mitarbeiter werden noch zu Topkonditionen eingestellt. Dadurch entsteht Unfrieden in den eigenen Reihen, vor allem wenn kurz darauf die nächste Entlassungswelle beginnt – natürlich auch wieder mit der entsprechenden Verzögerung.

Bis organisationsweit eine erforderliche Adaption der Organisation an die veränderten Rahmenbedingungen erfolgt ist, hat sich häufig schon wieder eine gänzlich andere Situation ergeben.

Fragen

Wir kennen alle das Bild des großen Tankers, mit dem häufig große Unternehmen verglichen werden. Eine Kursänderung wird bei einem Supertanker erst nach mehreren Seemeilen sichtbar.

Personalmanagement kann und sollte in Zukunft eine aktive Rolle spielen. Die Art von Personalern, die als behinderndes System zweiter Ordnung in ihrer pathologischen Ausprägung die definierten Prozesse und KPIs über die individuelle, persönliche und direkte Führungsarbeit stellen, ist hier überflüssig. Vielmehr werden Personaler benötigt, die als Unterstützer und Impulsgeber agieren und denen Vertrauen und Respekt im Unternehmen entgegengebracht wird. Voraussetzung dafür ist wiederum das Wissen der Personaler um das jeweilige Geschäftsmodell, Zielmärkte und Marktentwicklungen sowie die Kunden und gleichermaßen das Know-how, kreative Wege gehen zu können. Erst dann werden sie im Unternehmen zu Recht ein verantwortliches Mandat erhalten, dem Management als Berater zur Seite zu stehen.

12.8 Fazit

Mit dem vorliegenden Beitrag wird eine Lanze dafür gebrochen, dass das aktuelle Hauptproblem von Personalrecruiting nicht im ‚War for Talents', sondern vielmehr in der Art und Weise liegt, wie mit Mitarbeitern oder Talenten umgegangen wird. Die heutige Wirtschaft gleicht immer mehr dem Leistungssport, verfügt aber nicht über dessen klare Zielorientierung und ausgeprägten Teamgedanken. Innerhalb der Organisationen entstehen deshalb zu viele, unnötige Reibungsverluste und insbesondere im mittleren Management gibt es eher einen Wettbewerb zwischen den Akteuren denn eine team- und zielorientierte Zusammenarbeit.

Hinzu kommen die veränderten Rahmenbedingungen der modernen Welt. Dank der technischen Evolution seit den fünfziger Jahren wurden mit der Entwicklung der Halbleitertechnologie leistungsfähige Computer möglich. Darauf basieren bis heute alle weiteren Entwicklungen, die manuell oder auf konventionelle Art und Weise überhaupt nicht möglich gewesen wären. Die allgegenwärtige Verfügbarkeit von globalen Informationen und Waren sowie die weltweite Vernetzung der Kommunikationssysteme führen zu einer ständigen Reizüberflutung. Auch wenn sich heutige Generationen als digital empfinden, so passen die Organisationsstrukturen und Prozesse der Unternehmen vielerorts nicht zu der Geschwindigkeit, welche die digitale Welt als Takt vorgibt. Viele Menschen schalten ab oder erkranken, wenn Wachstum um jeden Preis als die globale Messlatte gilt. Doch dabei wird vergessen: Erfolg ist kein Zustand, sondern das Ergebnis der Zusammenarbeit von funktionierenden Teams, die Freude daran haben, Leistungen zu erbringen. Und das gilt sowohl im Leistungssport wie auch für die Unternehmen.

Literatur

1. Abele, W., & Scheurer, S. (2006). *Wes Brot ich ess, des Lied ich sing: Managementberatung – Kunst, Handwerk oder Geschäft mit der Angst*. Zürich: Orell Füssli.
2. Becker, L., Hakensohn, H., & Witt, F. (2012). *Unternehmen nachhaltig führen*. Düsseldorf: Symposion.
3. Der soziale Aspekt von Burn-Out, Studie der Bertelsmann-Stiftung. http://www.bertelsmann-stiftung.de/cps/rde/xbcr/SID-8B737EF9-CE8E035C/bst/xcms_bst_dms_31390_31542_2.pdf. Zugegriffen: 6. Aug. 2014.
4. Deutsche Verhältnisse. Eine Sozialkunde – http://www.bpb.de/politik/grundfragen/deutsche-verhaeltnisse-eine-sozialkunde/. Zugegriffen: 6. Aug. 2014.
5. Education to employment: Getting Europe's youth into work, McKinsey 2014, http://www.mckinsey.de/sites/mck_files/files/a4e2e_2014.pdf. Zugegriffen: 6. Aug. 2014.
6. Goleman, D. (1997). *EQ. Emotionale Intelligenz*. München: Deutscher Taschenbuch.
7. Kristensen, T. S., Borritz, M., Villadsen, E., & Christensen, K. B. (2005). The Copenhagen burnout inventory: A new tool for the assessment of burnout. *Work & Stress, 19*(3), 192–207.
8. Psychische Erkrankungen im Vormarsch. Neue Herausforderungen für das betriebliche Gesundheitsmanagement, Petra Rixgens, Bertelsmann-Stiftung – http://www.bertelsmann-stiftung.de/cps/rde/xbcr/SID-EAB699AE-5FF0B08C/bst/psychsicheErkrankungenImVormarsch.pdf.
9. Schirmacher, F. (2009). *Payback: Warum wir im Informationszeitalter gezwungen sind zu tun, was wir nicht tun wollen, und wie wir die Kontrolle über unser Denken zurückgewinnen*. München: Karl Blessing.
10. Spitzer, M. (2012). *Digitale Demenz: Wie wir uns und unsere Kinder um den Verstand bringen*. München: Droemer.
11. Trendinformationen für Führungskräfte der Sozialwirtschaft 2.10 – http://www.sozialbank.de/publikationen/_media/pdfs/publikation_8.pdf. Zugegriffen: 6. Aug. 2014.
12. „Wachstum und Demografie im internationalen Vergleich", Bundesministerium für Wirtschaft und Technologie, Mai 2013, http://www.bmwi.de/BMWi/Redaktion/PDF/Publikationen/wachstum-und-demografie-im-internationalen-vergleich,property=pdf,bereich=bmwi2012,sprache=de,rwb=true.pdf. Zugegriffen: 6. Aug. 2014.
13. Women Matter – Gender diversity, a corporate performance driver, McKinsey 2007, http://www.mckinsey.de/sites/mck_files/files/Women_Matter_1_brochure.pdf. Zugegriffen: 6. Aug. 2014.
14. Wüst, M. (2004). *Sprinterjahre. Glanz und Schatten einer Radsportkarriere*. Bielefeld: Delius Klasing.

Holger Hakensohn ist als Managing Partner für die Human Capital Group tätig, einer internationalen Beratungsgesellschaft, die sich auf Dienstleistungen und Produkte zur Optimierung des Humankapitals in Unternehmen spezialisiert hat. Neben der gewöhnlichen Beratungstätigkeit ist er auch noch ambitionierter Radsportler, der viele Erkenntnisse aus dem Profisport für die Unternehmensführung extrahiert und anwendbar gemacht hat.

Stefan Scheurer ist als Partner bei der Human Capital Group tätig. Sein Sporthintergrund liegt im Judo, wo er lange in der Bundesliga und international erfolgreich kämpfte und später auch als Trainer tätig war. Seine inhaltlichen Schwerpunkte liegen in den Bereichen Neurodidaktik, Personal Change und Personalentwicklung. Als Sozialwissenschaftler setzt er sich kritisch mit den aktuellen Entwicklungen in der Arbeitswelt auseinander und arbeitet im Umfeld von St. Gallen an neuen Management- und Organisationsmodellen. Bislang ist daraus das KPI-St. Gallen-Modell für Kompetenz, Performance und Integration entstanden.

Marcel Wüst konnte als Sprinter über 100 Siege herausfahren und gewann 14 Etappen bei den großen Rundfahrten Tour de France, Giro d'Italia und Vuelta a España. Er war von 1989 bis zu seinem Unfall am 11. August 2000 als Radprofi aktiv. Danach betreute er bis Mai 2003 Jan Ullrichs damaliges Team COAST im Bereich Medien und Kommunikation. Heute ist Marcel Wüst als Moderator, Referent sowie Organisator von exklusiven Radsport-Camps in seiner „Casa Ciclista" aktiv. Parallel dazu hat er sich als anerkannter Medien-Radsportexperte, international tätiger Tester von High-End-Rennmaschinen, sowie als Autor des Buches „Sprinterjahre" einen Namen gemacht.

Rekrutierung im Mittelstand: Trends und Herausforderungen im Personalmanagement oder von Trüffelschweinen und Wollmilchsäuen

13

Ralph Hartmann

Inhaltsverzeichnis

Zusammenfassung

Der Personalmarkt unterliegt massiven Veränderungen: Neben bekannten Themen wie soziodemographischer Wandel und Fachkräftemangel gewinnt die zunehmende Digitalisierung und das damit einhergehende Tempo ebenso an Bedeutung wie der Kultur- und Wertewandel. Die Anforderungen an den Personalmanager haben sich dadurch grundlegend verändert und führen zu einem neuen Rollenverständnis des Personalers. Der folgende Beitrag beschreibt die aktuellen Trends und präzisiert die daraus resultierenden Herausforderungen an den Recruiter – unter Einbezug der vermeintlichen unternehmensgrößenabhängigen Vor- oder Nachteile.

R. Hartmann (✉)
AUREA Nord GmbH, Rödingsmarkt 39, 20459 Hamburg, Deutschland
E-Mail: r.hartmann@aurea-gmbh.de

M. Hartmann (Hrsg.), *Rekrutierung in einer zukunftsorientierten Arbeitswelt*,
DOI 10.1007/978-3-658-05084-9_13

13.1 Rekrutierung in Bewegung

Rekrutierung bzw. Recruiting bedeutet im Deutschen so viel wie „Personalbeschaffung“ – ein wenig spektakulärer Begriff für eine derartig wichtige und sensible Aufgabe.

Bedingt durch die zunehmende Enge des Bewerbermarktes, die steigende Veränderungsgeschwindigkeit und nicht zuletzt durch technologische Neuerungen hat sich die Rolle des Recruiters schon grundlegend gewandelt und muss sich weiter wandeln. Ein professionelles Recruiting erfordert vor allem Eigenschaften wie Kommunikationsfähigkeit, Vertriebskompetenz und Zielgruppenkenntnis und nicht zuletzt Technikaffinität. Die Aufgabe des Recruiters ist also bei weitem nicht – oder vielleicht nicht mehr – so unaufgeregt wie die diesbezüglichen Definitionen vermuten lassen.

Zurück zur Marktentwicklung: Die Stimmung auf dem deutschen Arbeitsmarkt bleibt ungebrochen positiv. Zu diesem Ergebnis kommt die internationale Arbeitsmarktstudie „Hiring Index“ [23], an der knapp 500 deutsche Führungskräfte teilgenommen haben. Die Studie zeigt, dass 39 % der in Deutschland befragten Unternehmen beabsichtigen, in 2014 neue Arbeitsplätze zu schaffen. Dies entspricht einem Plus von zehn Prozent gegenüber der ersten Jahreshälfte des Vorjahres. Demgegenüber wollen nur knapp drei Prozent der Unternehmen in den nächsten sechs Monaten Stellen abbauen. Zu einem ähnlichen Ergebnis kommt eine aktuelle Studie von Robert Half: Hiernach erwarten 89 % der befragten Manager ein Unternehmenswachstum und 37 % der Befragten beabsichtigen, dieses Wachstum mit Neueinstellungen zu hinterlegen [24].

Insofern stehen die Vorzeichen auf Sturm, der Bedarf ist da und die HR-Arbeit rückt immer mehr in den Fokus.

13.2 Externe Einflussgrößen bestimmen den Personalmarkt: Die Trends im Überblick

Um die Anforderungen an die heutige Recruiter-Generation zu definieren und in seinen Anforderungen zu kennzeichnen, sind zunächst die beeinflussenden Trends und Rahmendaten zu skizzieren. Im Rahmen der Studie „Recruiting Trends im Mittelstand 2013“ vom Centre of Human Resources Information Systems (CHRIS) der Universitäten Bamberg und Frankfurt/Main in Kooperation mit Monster Worldwide Deutschland GmbH wurden die zentralen Trends herausgefiltert [4], die den Beschaffungsmarkt und damit das Recruiting massiv beeinflussen. Diese Trends sind allesamt nicht neu und beeinflussen den Personalsektor schon seit einigen Jahren, nehmen in der Intensität und Bedeutung aber deutlich an „Fahrt auf“.

13.2.1 „Zeitbombe“ Soziodemographie und Fachkräftemangel

Grundsätzlich werden der Bevölkerungsrückgang und die Alterung der Bevölkerung den Beschaffungsmarkt beeinflussen. Der soziodemographische Wandel führt zwangsläufig zu einem Rückgang im Angebot an Arbeitskräften. Expertenschätzungen zu Folge sinkt die Zahl der Arbeitskräfte bis 2030 um etwa 1,4 Mio. Menschen. Dagegen wird die Anzahl an Arbeitskräften mit Hochschulabschluss ansteigen: Dieser wird von 17% im Jahr 2010 auf ca. 26% im Jahre 2014 steigen [3]. Dadurch wird sich die Struktur des Bewerberpools massiv verändern: Während die Anzahl höher qualifizierter Kandidaten ansteigt, nimmt die Anzahl an jüngeren Arbeitskräften relativ betrachtet ab und es kommt damit gleichzeitig zu einer Überalterung der insgesamt verfügbaren Arbeitskräfte.

Die Implikationen auf Deutschlands Arbeitsmarkt sind immens, denn Deutschland wird im tertiären Wirtschaftssektor bestimmt: Danach liegt der Schwerpunkt auf Dienstleistungen und Services sowie Forschung, Entwicklung, Finanz- und Kreditwirtschaft u. ä. Hierzu noch ein paar Fakten:

- Laut einer Prognos-Studie wird die Anzahl der Personen im erwerbsfähigen Alter bis 2025 um mehr als sieben Mio., bis 2035 um mehr als acht Mio. oder rund 17% sinken [21].
- Das Institut der Deutschen Wirtschaft Köln (IW) hat ausgerechnet, dass bereits in vier Jahren rund 220.000 Ingenieure, Techniker und Naturwissenschaftler fehlen werden [7].
- Der Ingenieursverband VDI beklagt bereits heute eine Lücke von 36.000 Fachkräften [8].
- Arbeitslosigkeit ist hierzulande vor allem ein Phänomen geringerer Qualifikation und mangelnder Bildung, nicht fehlender Arbeitsplätze [21].
- Heute stellen die über 50-Jährigen etwa 40% der Bevölkerung und halten über die Hälfte des verfügbaren Einkommens. Bis 2020 wird diese Altersgruppe 50% der Bevölkerung ausmachen und rund 60% des verfügbaren Einkommens halten [21].

Festzustellen ist, dass die sich ändernde Altersstruktur in der Gesellschaft indirekte Folgen für das Wirtschaftswachstum haben wird. Das verlorene Wissen durch Ausscheiden, Verrentung und Pensionierung erfahrener Mitarbeiterinnen und Mitarbeiter ist kaum zu kompensieren. Die nachfolgenden Kohorten können diese Wissenstransferleistung nicht erbringen, da eine ins Berufsleben einsteigende Person gegen zwei bis drei ausscheidende Personen steht.

Der Fachkräftemangel nimmt seit Jahren neben der soziodemographischen Veränderung eine zentrale Rolle im Recruiting („war for talents") ein. Laut der zitierten CHRIS-Befragung [4] erwarten die beteiligten Unternehmen, dass jede zweite freie Stelle aus Mangel an geeigneten Kandidaten schwer oder gar nicht besetzt werden kann. Damit hat sich der Engpass im Bereich der Qualifikation nochmals deutlich verschärft. Expertenschätzungen zur Folge fehlen bis zum Jahre 2020 etwa 1,7 Mio. Fachkräfte [9].

Als mögliche Lösungsansätze sehen die Unternehmen vor allem Investitionen in Ausbildung und Qualifizierung sowie die verstärkte Einstellung von älteren Bewerbern (über 50 Jahre) und Frauen. Daneben werden flexible Arbeitszeitmodelle als möglicher Ansatzpunkt, insbesondere im Zusammenhang mit der Rekrutierung von Frauen, genannt. Das Bundesministerium für Arbeit und Soziales sieht den Aufbau eines bundesweit gültigen und zertifizierten Standards in der Weiterbildung als Lösung des Fachkräftemangels an.

Die Firma Nestlé hingegen setzt ab 2014 mit der *Youth Employment Initiative* ein Langfrist-Programm auf, welches in den kommenden drei Jahren europaweit etwa 20.000 Stellen für Nachwuchskräfte generiert [10]. Damit wappnet sich das Industrieunternehmen gezielt mit Jugendlichen und so genannten jungen Erwachsenen gegen den aufkommenden Fachkräftemangel und trägt gleichzeitig dazu bei, die Jugendarbeitslosigkeit hierzulande zu bekämpfen.

Ein weiteres großes Potential ist in der Rekrutierung ausländischer Fachkräfte zu sehen. Per heute gleicht Deutschland diesbezüglich allerdings eher einer Diaspora: Zwar gehört Deutschland seit einigen Jahren laut einem aktuellen OECD-Report zu den Gewinnerstaaten in Sachen Zuwanderung, allerdings scheitern die grenzüberschreitenden Anwerbeversuche zu über 80 % an überzogenen Ansprüchen [11, 12]: Primärer Grund sind zu hohe Anforderungen an Deutschkenntnisse, erst als zweites Kriterium wird das unzureichende fachliche Know-how angegeben. Zum Vergleich: Während im EU-Durchschnitt das Scheitern einer Bewerbung zu 16 % in Sprachbarrieren begründet liegt, ist die Quote in Deutschland bei über 25 %. Vor allem kleinere und mittlere Unternehmen bevorzugen Sprachkenntnisse und deutsche Bildungsabschlüsse, die die meisten Migranten nicht vorweisen können. Folge: Deutschland als Europas stärkste Wirtschaftsnation rangiert nur im Mittelfeld, obwohl größtmögliche Anstrengungen in Sachen Rekrutierung ausländischer Fachkräfte geboten sind. Selbst Ländern wie Österreich oder Norwegen gelingt nach den Erkenntnissen der zitierten Studie die Rekrutierung und Integration ausländischer Arbeitskräfte deutlich besser als Deutschland. Damit liegt die Hypothese nahe, dass der im OECD-Bericht ausgewiesene positive Zuwanderungssaldo eher konjunkturell bedingt und (leider) nicht strategisch initiiert ist.

EU-Vorreiter bei der Einstellung ausländischer Talente sind Norwegen und Italien. Über 30 % der dortigen Unternehmen rekrutieren mittlerweile im Fachkräftebereich gezielt im Ausland. Gemäß der Regel ‚teachable fit' vor ‚perfect match' liegt der Fokus bei der Talentsuche dort auf dem vorhandenen Potential des Bewerbers. Der Kandidat muss demnach nicht von Beginn an zu 100 % dem Anforderungsprofil entsprechen, er muss (lediglich) über das Potential verfügen, die notwendigen Soft Skills mitbringen und ehrgeizig genug sein, die bestehenden sprachlichen und eventuell bestehenden fachlichen Lücken schnell zu schließen. Diese eher strategische Herangehensweise öffnet das Recruitingfenster deutlich weiter als die tendenziell restriktivere Handhabe in deutschen Unternehmen und Personalabteilungen.

Unter Bindungsaspekten ist neben der Rekrutierung geeigneter ausländischer Fachkräfte die Integration der Kandidaten sowie auch deren Familien erfolgskritisch. Aber: In deutschen Unternehmen werden Migranten nach Einstellung tendenziell eher alleine gelassen. Angemessene Integrationsprogramme und Schulungsmaßnahmen sind eher die Ausnahme als die Regel. Nicht zuletzt sei nicht unerwähnt, dass manch ein Behördengang selbst für einen Inländer eine echte Herausforderung darstellt. Hier besteht auch für mittelständische Unternehmen die Chance, sich im internationalen Wettbewerb um qualifizierte Fachkräfte besser zu positionieren, indem Migranten aktiv und besser in das System Deutschland und auch in das soziale Netz eingebunden werden.

Nach Ergebnissen der Studie The Borderless Workforce [13] gilt Deutschland für ausländische Unternehmen mittlerweile als Talentquelle. Besonders die technisch ausgebildeten Fachkräfte stehen hier im Fokus. Insofern besteht selbst bei einem professionellen Recruiting im Ausland die Gefahr eines negativen Zuwanderungssaldos. Die so genannte Talent Mobility würde somit auch Deutschland überziehen und beeinträchtigen. Wenn in dieser Hinsicht nicht gezielt dagegen gearbeitet wird, besteht die Gefahr einer eher wachsenden als schrumpfenden Fachkräftelücke.

13.2.2 World Wide Web: Im Internet ist immer Dienstag

Das World Wide Web (www) ist neben dem Fachkräftemangel der fundamentale Trend der letzten Jahre, dem sich die Unternehmen ausgesetzt sehen und der massive Auswirkungen auf die Mitarbeiterrekrutierung hat. Durch das Web und die entsprechende Nutzung sind neue Möglichkeiten der Kommunikation und Interaktion entstanden. Dies gilt auch für die Personalbeschaffung. Unternehmen und Kandidaten stehen heutzutage völlig neue Wege zur Arbeitsplatz- und Bewerbersuche zur Verfügung.

Wenn ein Unternehmen in den 90er Jahren eine Stelle zu besetzen hatte, veröffentlichte es in aller Regel eine Print-Stellenanzeige und selektierte im Anschluss papierbasierte Bewerbungsunterlagen. Die Anzeigen wurden überwiegend samstags veröffentlicht und der erste Rücklauf konzentrierte sich auf Dienstag oder Mittwoch. Seit Mitte bis Ende der 90er Jahre haben sich Unternehmenswebseiten etabliert, die einerseits in die Stellenausschreibung mit einbezogen oder durch Karriereportale ergänzt wurden. Ende der 90er Jahre und vor allem im Zeitalter der ‚New Economy' entstanden Internet-Stellenportale, die für die Veröffentlichung von Stellenanzeigen eine höhere Reichweite, vor allem aber auch eine höhere Geschwindigkeit boten als die klassischen Printmedien.

Bereits diese Entwicklung hatte erhebliche Auswirkungen auf die Gestaltung der Aufgaben in den Personalabteilungen der Unternehmen. Die Geschwindigkeit des Prozesses erhöhte sich drastisch durch die Onlineveröffentlichung. Die Personaler mussten sich daran gewöhnen, dass veröffentlichte Anzeigen sehr kurzfristig erste Bewerbungseingänge verursachten. Mit dem Internet wurde somit jeder Tag zum Dienstag. Stellenausschreibung und Bewerbungseingang konnten auf ein und denselben Tag zusammenfallen.

Entsprechend der größeren Reichweite stieg auch die Anzahl eingehender Bewerbungen deutlich an, so dass im nächsten Schritt integrierte IT-Systeme eingeführt werden mussten, um die Personalbeschaffung vom Auftreten einer Vakanz bis zur Besetzung der Position digital und damit effizient abwickeln zu können. Hierzu wurden Schnittstellen zu Internet-Stellenportalen und den eigenen Webseiten implementiert sowie Workflows im Unternehmen etabliert, die eine effiziente und effektive Arbeitsweise im Recruiting ermöglichten. Die Bewerberseite schwankte in dieser Phase noch zwischen der elektronischen und der papierbasierten Bewerbung und auch viele Personalverantwortliche waren nicht von Beginn an von den Vorteilen der papierlosen Bewerbung überzeugt. Inzwischen hat sich die digitale Bewerbung auf beiden Seiten durchgesetzt.

Die zunehmende Digitalisierung und das damit einhergehende Tempo hat deutliche Konsequenzen auf die Personalarbeit: Der ursprünglich eher operativ-administrativ ausgerichtete HR-Verantwortliche ist gezwungen, sich zu einem IT-affinen, schnellen, komplexe Prozesse beherrschenden, kommunikationsstarken Manager zu entwickeln, der eine größere Menge an Bewerbungen in deutlich kürzeren Zyklen verarbeiten muss. Die Anforderungen an den Personaler haben sich folglich gewandelt und werden sich auch zukünftig weiter verändern.

13.2.3 Kultur- und Wertewandel sowie Work-Life-Balance

Ein weiterer wichtiger Trend ist der Kultur- und Wertewandel. In diesem Kontext stößt man immer wieder auf Auseinandersetzungen mit der Work-Life-Balance – ein Phänomen, welches in den letzten Jahren stark an Bedeutung gewonnen hat und den Beschaffungsmarkt ebenfalls beeinflusst.

Bei genauer Betrachtung muss man allerdings feststellen, dass es eine Work-Life-Balance schon lange nicht mehr gibt. Die meisten Arbeitnehmer können gar nicht mehr zwischen ‚Work' und ‚Life' unterscheiden. Jeder ist immer erreichbar – privat und beruflich. Smartphones und mobile Geräte tragen die Arbeit in die eigenen vier Wände und Privates ins Büro.

Mit zunehmendem Zeitdruck und enger werdenden personellen Ressourcen werden Emails ‚gerne' von zu Hause aus bis spät in die Nacht bearbeitet. Dieses Phänomen des permanenten ‚online Seins' bzw. der Entgrenzung von Arbeitszeit und -ort ist tagtäglich zu beobachten. Hinzu kommt die technische Durchdringung in allen Lebensbereichen, insbesondere die zunehmende Verbreitung von Smartphones oder Tablets: Der morgendliche Blick auf das Smartphone, der auch in Ferien oder an Sonn- und Feiertagen täglich mehrmalige Check von Mails sind Routine und selbstverständlich. Gleiches gilt für die Telefon- oder Videokonferenz in den Ferien oder die Anfrage am Wochenende. Arbeits- und Freizeit sind nicht mehr trennscharf zu separieren.

Qua System und Technik ist eine 24-Stunden-Bereitschaft realisierbar, Auszeiten muss sich der Arbeitnehmer selbst organisieren und zum Teil auch erarbeiten. Viele Arbeitnehmer meistern den Spagat zwischen Arbeit und Privatleben gut und erleben einen zufriedenstellenden Alltag, andere leiden unter dem Gefühl chronischen Zeitmangels und unter „Technostress" – psychische Belastung ausgelöst durch die technischen Geräte.

In jüngerer Zeit vollzieht sich jedoch ein Wertewandel um die Work-Life-Balance, der laut einer DGFP-Befragung als Megatrend gilt und mit den größten Einfluss auf die Personalarbeit hat [5]. Während die zuvor beschriebene Work-Life-Balance in Form einer Vermischung von Privat- und Berufsleben eher auf den klassischen Arbeitnehmer zutrifft, tickt die nach 1980 geborene Generation Y völlig anders. Ihr Motto ist: erst leben, dann arbeiten. Dieser Generation der so genannten Digital Natives ist die Work-Life-Balance wichtiger als Gehaltserhöhungen oder beruflicher Aufstieg. Auch der Arbeitsstil dieser Generation ist anders: Kriterien wie Unabhängigkeit und kollaborative Arbeitsformen stehen im Vordergrund, reale und digitale Welten verschmelzen, soziale

Netzwerke, Blogs oder Suchmaschinen sind selbstverständlich. Die Generation Y fühlt sich deutlich stärker ihren individuellen Bedürfnissen verpflichtet als ihrem Arbeitgeber. Auf der einen Seite verlieren traditionelle (uns bekannte) Karrierewege an Relevanz. Der „neue" Arbeitnehmer definiert einen veränderten Effizienzgedanken: Je schneller die Arbeit erledigt ist, desto früher kann man sich anderen Interessen widmen. Das Ziel dieser Generation besteht folglich darin, Werkzeuge zu finden, mit deren Hilfe der Arbeitsalltag effizienter bewältigt werden kann. Auf der anderen Seite ist das soziale Gefüge besonders wichtig. Die Ergebnisse einer aktuellen Studie von Ernst & Young [6] zeigen vor allem:

- Die Generation Y will sich stark in den Beruf einbringen.
- Die Mehrheit der Befragten fordert Selbständigkeit ein. 78 % sind bereit, Verantwortung als Führungskraft zu übernehmen.
- Vorgesetzte, die Macht demonstrieren, sind nicht gerne gesehen. Im Fokus stehen Visionäre, nicht Manager.

Diese Werteveränderung erschwert die Personalarbeit: Die Generation ist qualifiziert und intelligent, bereit, Verantwortung zu übernehmen, sie fordert ein. Auf der anderen Seite ist diese Generation an Mitarbeitern aber auch weniger loyal, schwerer zu binden und deutlich schwieriger im ‚Handling'.

Fazit

Die vorangegangenen Ausführungen stellen die Personalarbeit der Zukunft vor veränderte Herausforderungen, die wie folgt zusammengefasst werden können:

- Die Überalterung der Erwerbsfähigen müssen wir akzeptieren und bewältigen.
- Dem Fachkräftemangel können wir gezielt entgegenwirken, wenngleich die aktuell eingesetzten Instrumente offenbar nicht ausreichen.
- Individuelle, unternehmensspezifische Aktivitäten sind offenbar gefordert.
- Deutsche Unternehmen müssen europäisch denken und die vorhandene Arbeitskräftemobilität für Deutschland nutzen.
- Das Wertesystem hat sich verschoben, Digital Natives haben völlig andere Erwartungen an Führung und Unternehmenskultur als die Führungskräfte der Old Economy.
- Tempo und Komplexität haben durch das World Wide Web insgesamt zugenommen.

13.3 Zukunft des Recruiting: Der Personalmanager steht vor großen Herausforderungen

Die dargestellten Trends bestimmen schon seit geraumer Zeit den Personalmarkt in Deutschland und führen zu veränderten und vor allem gestiegenen Anforderungen an das Recruiting bzw. an den Personalmanager. Die Auswirkungen der Finanz- und

Wirtschaftskrise kommen erschwerend hinzu: Die gleiche Leistung muss nun mit deutlich weniger Ressourcen erzielt werden.

Eine Studie der Boston Consulting Group bestätigt eindrucksvoll, dass Unternehmen mit einem leistungsfähigen Personalmanagement profitabler sind und schneller wachsen als andere. Unternehmen mit ausgeprägten Recruitingfähigkeiten weisen demnach ein 3,5-mal höheres Umsatzwachstum und eine doppelt so hohe Marge auf als Unternehmen mit niedriger ausgeprägten Fähigkeiten [16].

Damit ist die Herausforderung im Recruiting klar umrissen. Die vorhandenen Geschäftsprozesse müssen zukunftsfähig, die beschriebenen Veränderungen beherrschbar werden. An Bekundungen wie „Mitarbeiter sind die wichtigste Unternehmensressource" mangelt es kaum. Hingegen hat es die Personalabteilung oftmals sehr schwer, ihren Nutzenbeitrag im Unternehmen darzustellen. HR-Prozesse sind im Unternehmen nach wie vor typische Sekundärprozesse mit begrenztem Beitrag zum Unternehmenserfolg. Strategisch wird ihnen kaum Bedeutung beigemessen. Als Folge fehlt vielfach ein systematisches Geschäftsprozessmanagement. Hier liegt der Kardinalfehler, denn: Eine professionelle HR-Abteilung mit Durchsatz und gut strukturierten Prozessen birgt ein erhebliches Potential in sich, wird mehr und mehr zum Wettbewerbsvorteil.

Unterstellen wir darüber hinaus, dass große Unternehmen im Vergleich zum Mittelstand klar im Vorteil sind, wird der Handlungsbedarf noch deutlicher. Große Unternehmen sind in aller Regel bekannter, investieren zudem in ihre Marke bzw. in entsprechende Kampagnen und setzen im Recruiting die neuesten Methoden und IT-Systeme ein.

Folgerichtig müssen die nachfolgenden 4 Themen auf die Agenda, um mithalten und sich Wettbewerbsvorteile erarbeiten zu können.

13.3.1 Professionalisierung im Recruiting: Pflicht geht vor Kür

Die Personalarbeit wird in vielen Unternehmen nach wie vor sehr stiefmütterlich behandelt. Und dies ist keine Frage der Größe. Man begegnet Land auf Land ab vielfach der Maxime, dass in HR-Abteilungen Generalisten für alle Disziplinen und Prozesse zuständig sind – in Zeiten des „Angebotsüberhanges" sicher ein probater Ansatz, der sich aber bereits seit geraumer Zeit überholt hat. Gerade das Recruiting erfordert Fachleute und Experten. Und dies umso mehr, je schwieriger und komplexer sich das Rekrutieren – bedingt durch die aufgezeigten Trends – gestaltet. Dies ist kein Plädoyer gegen Generalisten in der Personalarbeit, sondern für eine Konzentration der Kernprozesse in der HR-Abteilung und eine Spezialisierung der anstehenden Aufgaben. Die Argumente für eine Konzentration liegen klar auf der Hand: Der Generalist ist nicht in der Lage, aktiv auf potentielle Kandidaten zuzugehen, ist eher ‚Farmer' als ‚Hunter'.

Neben die klassischen Aufgaben, die ein Recruiter beherrschen muss, treten noch weitere besondere Aufgaben. Der Recruiter ist prozessverantwortlich für die gesamte Wertschöpfungskette beginnend von der Profilerstellung, über die Ausschreibung/das Sourcing bis hin zur Vorselektion, das Interview, die Einstellungsentscheidung, die Vertragsverhandlung sowie schließlich das Onboarding. Er muss dabei anforderungsgerechte Auswahlverfahren konzipieren, Interviewleitfäden erstellen, Interviews entweder alleine oder mit Fachabteilungen gemeinsam durchführen und die systematische Vergleichbarkeit der Kandidaten gewährleisten.

Zu den zentralen Aufgaben gehören daneben die Kommunikation und die ‚Übersetzung' zwischen den Fachbereichen und den Kandidaten. Bereits im Rahmen der Profilerstellung ‚stören' fachabteilungsspezifische Termini häufig und erschweren das Verständnis zwischen Kandidaten und Unternehmen. Auf das gleiche Phänomen trifft man im persönlichen Dialog zwischen Unternehmen und Bewerber. Auch hier fungiert der Recruiter häufig als kommunikatives Bindeglied.

Auch im Rahmen des Sourcing unterstützt der Recruiter, indem er die externen Dienstleister wie z. B. Media-Agentur, Personaldienstleister, Personalberater etc. auswählt und vor allem aussteuert. Ein nicht ganz einfacher Prozess, da hier latente Mitbewerber ein gemeinsames Ziel verfolgen.

Der Recruiter neuester Facette muss fachlich sattelfest sein, um auf Augenhöhe mit Bewerbern diskutieren zu können. Er muss den Markt kennen und wie ein ‚Vertriebler' dem Kandidaten das Unternehmen und dem eigenen Unternehmen den Kandidaten ‚verkaufen'. Nicht zu unterschätzen ist die mehr und mehr notwendig werdende Technikaffinität: Der Einzug moderner Bewerbermanagementsysteme erfordert ein gewisses technisches Grundverständnis. Durch die zu erwartende zunehmende Bedeutung von mobilem Recruiting gewinnt diese Komponente noch an besonderer Relevanz.

Das Controlling der Aktivitäten oder ein geübter Blick auf die relevanten KPIs gehören ebenso zum Profil wie eine professionelle und objektive Begleitung des kompletten Einstellungsprozesses von A bis Z. Nicht selten zählen auch die Beratung und die Betreuung des Fachbereiches zu den wichtigen Aufgaben des Recruiters. Der so genannte Graduate-Recruiter ist heutzutage oftmals Berufsberater und agiert somit völlig anders als der klassische HR-Generalist.

Betrachtet man andere Unternehmensbereiche, stellt man fest, dass die Spezialisierung in den meisten Fällen Einzug genommen hat. Im Vertrieb, im Finanz- und Rechnungswesen, im Controlling, überall erledigen Spezialisten die komplexer gewordenen Aufgaben. Nur im HR-Bereich agiert praxisfern und der Bedeutung der Ressource Mensch nicht angemessen immer noch die ‚eierlegende Wollmilchsau'.

Erschwerend kommt hinzu, dass die Personalabteilung tendenziell als Backup-Funktion oder administrative Abteilung gesehen wird und damit eher eine untergeordnete Rolle einnimmt. Die HR-Abteilungen sind häufig zwar qualitativ exzellent besetzt, aber organisatorisch nicht mit Durchsatz ausgestattet und aufgehängt. Dies führt dazu, dass der HR-Manager vielfach ein Dasein als Erfüllungsgehilfe fristet und von den Fachabteilungen abhängig ist. Durch diesen strukturellen *Fehler* entstehen Unwuchten in den Prozessabläufen, die der HR-Manager nicht zu verantworten hat, aber auch nur mit Mühe, wenn überhaupt, korrigieren kann. Das Alignment bzw. die Verzahnung zwischen den Fachabteilungen und der HR-Abteilung ist eine grundlegende Voraussetzung für eine effiziente und professionelle Personalarbeit. Eine Notwendigkeit, die zum Leidwesen vieler hoch qualifizierter HR-Manager immer wieder unterschätzt wird. Je enger der Markt, desto wichtiger ist Professionalität.

Zugegebenermaßen existiert auch innerhalb exzellent besetzter HR-Abteilungen zum Teil erheblicher Professionalisierungsbedarf: Während im ganzen Lande die Unternehmen den Fachkräftemangel beklagen, existieren im Recruiting in deutschen Unternehmen Durchlaufzeiten, die jenen einer schlecht geführten Behörde gleichen. Nicht selten berichten hoch qualifizierte Bewerber von Fristen bis zu sieben Wochen von Eingangsbestätigung (automatisiert) bis hin zu einem qualifizierten Feedback aus der HR-Abteilung [17]. Dies liegt in den seltensten Fällen an dem Recruiter selbst, sondern an den Fachabteilungen, die offenbar den Ernst der Lage noch nicht erkannt haben. Oder anders formuliert: Ein Top-Kandidat hat es heutzutage nicht mehr nötig, sieben Wochen auf ein Feedback zu warten. Hier stimmen oftmals die Prozessabläufe nicht, oder die Dringlichkeit der Lage ist nicht flächendeckend bekannt, oder aber der Durchsatz der HR-Manager ist nicht ausreichend. Im schlimmsten Fall handelt es sich um eine Mischung aus allem. Auch in dieser Disziplin gilt der Grundsatz „die Schnellen fressen die Langsamen".

Mit zunehmender Menge an zu handelnden Bewerbungsunterlagen und dem aggressiver werdenden Wettbewerb um die Kandidaten (Battle for Brainpower) gewinnen die bereits erwähnten Bewerbermanagementsysteme an Bedeutung. Hierdurch kann die Servicequalität gegenüber dem Kandidaten massiv verbessert werden. Gleichzeitig werden intern die Durchlaufzeiten verkürzt sowie die Prozesskosten gesenkt. Die damit einhergehende Prozessstandardisierung ist eine recht junge Facette der Professionalisierung von HR-Abteilungen. Dieser medienbruchlose, IT-unterstützte Beschaffungsprozess bietet erhebliche Vorteile. Entsprechenden Erhebungen zur Folge reduziert sich die ‚time to hire' durchschnittlich von 92 auf 69 Tage, gleichzeitig sinken die Prozesskosten um bis zu 30 % [11].

Verfügt ein Unternehmen nicht über alle relevanten Fähigkeiten, um die Wertschöpfungstiefe zu 100 % abzudecken, dann ist das Outsourcing bestimmter Elemente keine Schwäche. Viele Dienstleister leben von dem erkennbaren Trend des Recruiting Process Outsourcing (RPO) bzw. von partiellen Ansätzen und sind zum Teil aufgrund einer hochgradigen Spezialisierung ausgesprochen leistungsfähig. Diskutiert man allerdings RPO-Überlegungen in deutschen Personalabteilungen, trifft man gerne auf ungeahnte Widerstände. Wie zu Kindergartenzeiten im Sandkasten werden die Förmchen verteidigt. Dabei muss man klar anerkennen, dass es hoch spezialisierte Dienstleister für einzelne Prozesselemente gibt, die die anstehenden Aufgaben besser bearbeiten. Neben dem Themenfeld der Personalvermittlung bietet das Feld des Recruiting-Outsourcing klare Vorzüge: Das Aufspüren geeigneter Kandidaten im Bewerberdickicht stellt viele Unternehmen vor ungeahnte Herausforderungen. Hier können externe Dienstleister nützliche Unterstützung bieten, ohne sämtliche Fähigkeiten im Unternehmen vorhalten zu müssen.

Fazit

Fassen wir die Anforderungen an den Recruiter der Zukunft zusammen:

- Ein guter Recruiter musste und muss weiterhin über exzellente kommunikative Fähigkeiten verfügen – sowohl mündlich als auch schriftlich und dies wiederum intern in Richtung Fachabteilungen als auch extern hin zum Kandidaten.
- Im Außenverhältnis ist der Recruiter der erste Kontakt eines Bewerbers zum Unternehmen (abgesehen von der Ausschreibung, der Anzeige oder dem Profil) und damit imagebildend.
- Der Recruiter muss über sehr ausgeprägte analytische Fähigkeiten in Bezug auf das Verstehen von Bewerberunterlagen und –biographien verfügen.
- „Sein" Unternehmen muss der Recruiter in der Tiefe verstanden haben, um einem externen Kandidaten das relevante Geschäftsmodell nachvollziehbar erklären zu können.
- Stark entwickelt und verändert hat sich in den letzten Jahren die Notwendigkeit, sämtliche Prozesse IT-unterstützt oder gar IT-basiert abzuwickeln. Die im Recruiting mittlerweile relevanten Themen reichen von Social Network über Internet-Stellenbörsen bis hin zu Bewerbermanagementsystemen.
- Mit zunehmender Tendenz zum Outsourcing bestimmter Prozesselemente muss der Recruiter der neuen Generation auch die Fähigkeit besitzen, leistungsfähige Dienstleister herauszufiltern und diese zielorientiert und effizient zu steuern.

Vor diesem Hintergrund ist es offensichtlich, dass all diese Eigenschaften kaum in nur einer Person vereint sein können. Vielmehr beginnt professionelles Recruiting heute in der Zusammenstellung eines Teams, welches die erfolgskritischen Elemente und Prozesse des Recruitings beherrscht. Die Spezialisierung ist ein erster wichtiger Schritt in Richtung zukunftsfähiger Personalarbeit.

13.3.2 Employer Branding oder Employer of Choice

Die effizienteste Form des Recruiting ist das Vermeiden von Vakanzen oder anders formuliert: Wachstum entsteht durch das Besetzen neu geschaffener Stellen und nicht durch das Ersetzen frei gewordener Positionen. Die Mitarbeiterbindung wird damit zu einer zentralen Größe. Für bereits rekrutierte Mitarbeiter auch zukünftig der Employer of Choice zu bleiben, ist eine echte Herausforderung.

Damit eng verzahnt ist das Thema Employer Branding, welches im Recruiting eine wichtige Rolle einnimmt. Beim Employer Branding geht es darum, das Unternehmen als erstklassigen Arbeitgeber für bestehende und potentielle Mitarbeiter darzustellen. Denn: Ein gutes Arbeitgeberimage ist das Aushängeschild für Bewerber, außerdem auch die Grundlage für eine positive Identifikation der vorhandenen Belegschaft.

Unternehmen sind in der Regel vornehmlich über Produktmarken bekannt. Durch Employer Branding wird versucht, analog eine Arbeitgebermarke aufzubauen, die das

Unternehmen als Arbeitgeber positiv darstellt und gute Kandidaten dazu bringen soll, sich auf offene Positionen zu bewerben. In Zeiten, in denen das Image eines Arbeitgebers öffentlich diskutiert und der Personalmanager in Vorstellungsgesprächen mit negativen Forenbeiträgen konfrontiert wird, nimmt die Außendarstellung bzw. -wahrnehmung eine immer wichtiger werdende Rolle ein.

Bereits im Jahre 2005 waren 83 % der befragten Unternehmen der Ansicht, dass die aktive Steuerung der eigenen Arbeitgebermarke im Recruiting an Bedeutung gewinnen wird [22]. Nach einer aktuellen Studie aus dem Jahr 2013 hat sich an dieser Grundeinschätzung nichts geändert. Umso mehr verwundert es, dass lediglich gut 17 % der Studienteilnehmer ein entsprechendes Konzept bereits umgesetzt haben und nur knapp 24 % aktuell an der Umsetzung des Employer Branding Konzeptes arbeiten [19]. Dabei ist ein Zusammenhang zwischen Umsetzung und Unternehmensgröße zu beobachten: Die Großen sind hier deutlich weiter, der Mittelstand hat Nachholbedarf.

Heutzutage wird das Employer Branding maßgeblich über das Internet bzw. die entsprechenden Foren beeinflusst und ‚gemacht'. Nach aktuellen Erkenntnissen nutzen über 12 % der Unternehmen Facebook. Knapp acht Prozent der befragten Unternehmen greifen auf XING zurück, während noch 4,6 % Twitter und 8 % YouTube nutzen [4]. Neben diesen sozialen Netzwerken haben sich aber auch spezialisierte Foren wie etwa Kununu etabliert, die Bewertungen von Unternehmen durch Angestellte, Auszubildende und externe Bewerber zulassen.

Für den zukünftigen Erfolg jedes Unternehmens kommt daher der Fähigkeit, Mitarbeiter anzusprechen, auszuwählen, zu gewinnen und an das Unternehmen binden zu können, eine entscheidende Bedeutung zu. Interessanterweise sind ‚sexy' Produkte nicht unbedingt ein Wettbewerbsvorteil, um sich im Kampf um Talente durchzusetzen. Das beweist der Aufsteiger der letzten Jahre, die Deutsche Bahn: Durch eine gezielte und strukturierte Kampagne konnte sich das Unternehmen von Rang 72 auf 29 verbessern („Beliebteste Arbeitgeber") [20].

Die richtige Positionierung auf Basis eines Werteversprechens ist eine wesentliche Voraussetzung für die Profilierung im Wettbewerb um die Kandidaten. Mehr und mehr Unternehmen erkennen die Bedeutung der Employer Brand als einen Bestandteil im Marketing Mix. Nach einer Studie der Hewitt Associates GmbH wird deutlich, dass

- jedes zweite befragte Unternehmen ein spezielles Employer Branding Budget bereithält,
- knapp 35 % der Unternehmen über eine klare und gut definierte Arbeitgebermarke verfügen,
- 30 % der befragten Unternehmen die eigene Employer Brand als eindeutig vom Wettbewerb differenziert sehen [29].

Es stellt sich folgende Frage: *Was macht einen guten Arbeitgeber aus?*

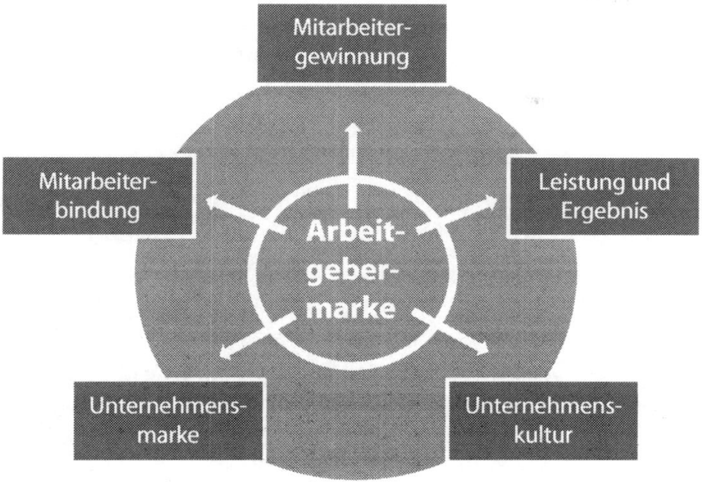

Abb. 1.1 Erfolgsfaktoren des Employer Branding

- Entscheidend ist erstens eine positive Differenzierung im Wettbewerbsumfeld. Es gilt auch hier, die eigenen Stärken sauber herauszuarbeiten anstatt fremde Stärken nachzuahmen. Nach einer Studie aus dem Jahre 2011 liegt ein Kernproblem darin, dass zwar beinahe 40 % der Unternehmen ihre Zielgruppe definieren können, aber nicht einmal ein Drittel der befragten Unternehmen die Erwartungen und Wünsche der potentiellen Bewerber kennt [18]. Dadurch gestalten sich Aufbau und Pflege eines Arbeitgeberimages naturgemäß schwierig.
- Zweitens gilt es zu berücksichtigen, dass ‚geliefert' werden muss. Unternehmen sollten keine Werte versprechen, die sie nicht halten können. Dies führt evtl. noch zum Erfolg im Recruiting, löst aber nach erfolgter Unterschrift oftmals die Kündigung innerhalb der Probezeit aus. Das interne Employer Branding zielt darauf ab, die gewonnenen Mitarbeiter langfristig zu binden bzw. Employer of Choice zu bleiben.
- Drittens darf nicht übersehen werden, dass die Beschäftigten, und dies gilt auch für ehemalige Mitarbeiter, die besten Botschafter für die Employer Brand des Unternehmens sind. Ihre Glaubwürdigkeit ist extrem hoch einzuschätzen. Dies macht den Mitarbeiter als Markenbotschafter unendlich wertvoll. Insofern gilt: authentisch bleiben und Versprechen einlösen. Schlechte Botschaften verbreiten sich bekanntlich um ein Vielfaches schneller als positive Nachrichten und ein negatives Image zu korrigieren ist wesentlich aufwendiger als ein positives auf- und auszubauen.

Zusammenfassend ist festzuhalten, dass ein wirkungsvolles Employer Branding ein zentraler Baustein im Recruiting darstellt (vgl. auch Abb. 1.1). Dabei ist das nach außen gerichtete Personalmarketing ebenso wichtig wie das interne Employer Branding im Sinne der langfristigen Mitarbeiterbindung. Eine klare Vision, „transportierbar" verpackt, stellt die kommunikative Basis dar. Dabei sind die Social-Media-Kanäle das zentrale Instrument.

Kein Medium ermöglicht den Kontakt zu potentiellen Bewerbern und internen Mitarbeitern über 24 h täglich an jedem Ort der Welt. Und gerade die jüngeren Fachkräfte können sich ein (Arbeits-)Leben ohne soziale Medien nicht mehr vorstellen.

Hier ist viel konzeptionelle Arbeit erforderlich. Ein systematisches Vorgehen zahlt sich bei dem Thema Employer Branding aus. In diesem Zusammenhang empfiehlt es sich, bereits am Nachwuchs anzusetzen und sich frühzeitig durch gezielte Maßnahmen und Aktivitäten in Schulen und Hochschulen als Employer of Choice zu positionieren. Wie in vielen anderen Unternehmensbereichen (so z. B. Qualität, Nachhaltigkeit, Sicherheit) existieren auch in diesem Feld mittlerweile diverse Gütesiegel, anhand derer die Qualität der Arbeit bzw. der Arbeitgeber beurteilt werden kann und die eine Priorisierung von Arbeitgebern durch mögliche Bewerber einfach macht. Laut TOP-Job (ein Qualitätssiegel für mittelständische Unternehmen, www.tob-job.de) unterscheiden sich die besten mittelständischen Arbeitgeber vom Durchschnitt vor allem in den Bereichen *Führung und Vision, Mitarbeiterentwicklung und Mitarbeiterperspektive* sowie *Familienorientierung und Demographie*. Die TOP-Unternehmen haben außerdem gegenüber den übrigen Unternehmen in Sachen *Ausprägungen von Vertrauenskultur*, *Mitarbeiterkommunikation* sowie *Vereinbarkeit von Familie und Beruf* die Nase vorn. Die Initiative *Great place to work* bewertet alljährlich Deutschlands beste Arbeitgeber anhand der Kriterien *Vertrauen, Glaubwürdigkeit, Respekt, Fairness* sowie *Stolz* und *Teamorientierung*.

Damit ist eine weitere (tendenziell neuere) Aufgabe für den HR-Manager definiert: sich dem Trend zu mehr Transparenz stellen, eine Employer Brand aufbauen, positiv über sich reden lassen – ein heute nicht mehr wegzudenkendes Ziel für jede professionell geführte Personalabteilung.

13.3.3 ‚Boomerang Hires': Man trifft sich häufig zweimal

Ein weiterer interessanter Trend der letzten Jahre ist die Nutzung von Netzwerken zur Mitarbeitergewinnung. Die Grundidee der Netzwerkmetapher liegt darin, über soziale Interaktionsstrukturen direkter und einfacher Kandidaten attrahieren und ansprechen zu können. Derartige Netzwerke können dabei gerne durch elektronische Plattformen unterstützt werden (z. B. LinkedIn), sind aber an erster Stelle Gruppen, deren Mitglieder schlichtweg eine gleiche oder sehr ähnliche Interessenlage auszeichnet.

Das bekannteste Netzwerk dieser Art ist das *Alumni-Netzwerk*, welches *die ehemaligen Mitarbeiter* eines Unternehmens umfasst. Die großen Managementberatungen waren bereits in den 80er Jahren bekannt dafür, das Alumni-Netz intensiv zu nutzen – seinerzeit allerdings mehr als Akquisitionsplattform für Großaufträge, wenn ehemalige Beraterkollegen in Linienfunktionen gewechselt sind und Budgetverantwortung übernommen haben. Die enge und zum Teil langjährige Verbindung schaffte Vertrauen und sorgte vielfach für volle Auftragsbücher. Manche behaupten, dass es Beratungsunternehmen gibt, die nie anders akquirieren mussten. Das zeigt, wie bedeutsam die intensive Pflege des Netzwerkes bzw. die Bindung ausgeschiedener Mitarbeiter sein kann.

Die Beziehungspflege zu Alumni ist zunehmend Teil des Talent Managements, bei dem ein Kandidatenpool aufgebaut wird, der dem Unternehmen helfen soll, näher an möglichen Kandidaten zu sein als der Wettbewerb. Mittlerweile etablieren sich in deutschen HR-Abteilungen so genannte Boomerang-Programme. Die erneute Einstellung von Mitarbeitern, die das Unternehmen verlassen haben – *Boomerang Hires* –, bietet die Möglichkeit, offene Stellen mit bekannten und bewährten Kandidaten zu besetzen. Diese Mitarbeiter haben häufig aus persönlichen (Familie etc.) oder beruflichen Gründen (Aufstieg etc.) das Unternehmen in Freundschaft verlassen und sind später ideale Kandidaten, die zum einen das Unternehmen im Detail kennen und zum anderen mittlerweile interessante Erfahrungen in einem oder gar mehreren Unternehmen haben sammeln können. Ein großer Mittelständler, der aufgrund seines Branchenumfeldes enorme Probleme hat, auftretende Vakanzen adäquat zu besetzen, schickt potentiellen Boomerangs alljährlich einen Gruß. Allerdings nicht zum Geburtstag, sondern zum Einstellungs- bzw. Starttag des ehemaligen Mitarbeiters, um an den Beginn einer sehr guten und konstruktiven Zusammenarbeit zu erinnern. Die Re-Hiring-Quote dieses Unternehmens liegt bei knapp 30 %, was deutlich über dem Durchschnitt liegt. Effizienter und effektiver kann Recruiting kaum gestaltet werden. Zu beachten ist: Ein echtes Alumni-Netzwerk muss systematisch und strukturiert gepflegt sein. Voraussetzung sind faire Austrittsverhandlungen und ehrliches Interesse an ehemaligen Mitarbeitern, beispielsweise durch regelmäßige Veranstaltungen und andere Bindungsmaßnahmen. Und nicht zuletzt gilt: Alleine auf das ‚old boys network' zu vertrauen, ist fahrlässig bis riskant.

Es empfiehlt sich, in den Talent Pools neben den ehemaligen Mitarbeitern auch *bislang nicht eingestellte und dennoch interessante Bewerber* zu sammeln, um bei einer auftretenden Vakanz zu einem späteren Zeitpunkt nochmals den ‚Filter' aufsetzen zu können. Dies setzt voraus, dass Bewerberdaten über den eigentlichen Rekrutierungsprozess hinaus gespeichert werden, was – insbesondere bei hohen Bewerberzahlen – die Inanspruchnahme von Bewerbermanagementsystemen nahe legt. Durch den Aufbau solcher Talent Pools werden Kandidaten, die zu einem bestimmten Zeitpunkt oder an einem bestimmten Ort nicht eingestellt werden konnten, erfasst, segmentiert, systematisch gepflegt und dadurch an das Unternehmen gebunden und zu einem späteren Zeitpunkt im Falle eines aufkommenden Bedarfs erneut angesprochen. Talent Pools und Bewerbermanagementsysteme sind in Verbindung mit dem Stichwort Candidate oder Talent Relationship Management mittlerweile State of the Art professionell geführter HR-Abteilungen. Nach der bereits zitierten Studie ‚Recruiting in Deutschland 2013' ist das Thema mittlerweile bei über 87 % der Unternehmen oben auf der Agenda [19].

Nicht zuletzt empfiehlt es sich, die Talent Datenbank auch um die *aktuellen Mitarbeiter* zu ergänzen. Die verfügbaren Mitarbeiter sind eine wichtige Zielgruppe für interne Ausschreibungen. Die innerbetriebliche Karriere wird als Recruitingkanal leider allzu oft unterschätzt: Der Arbeitnehmer geht davon aus, dass der externe Arbeitsmarkt die größeren Chancen für ihn bietet, sich persönlich und beruflich weiterzuentwickeln. Unternehmensseitig stößt man nicht selten auf fehlende innerbetriebliche Karriere- oder Entwicklungschancen, obwohl die ‚einheimische' Besetzung einer Position die deutlich günstigere und vor allem risikolosere Variante sein kann. Wird dieser mögliche Weg im Sinne des Personalmarketing intelligent genutzt, steigen damit gar die Mitarbeiterzufriedenheit und die Mitarbeiterbindung deutlich an. Denn: Es gibt bekanntlich (fast) nichts Demotivierenderes als perspektivenlose Jobs.

13.3.4 Mobile Recruiting: Das Tempo wird sich noch erhöhen

In einer Aussage sind sich die Experten einig: Die weit verbreitete Nutzung von Smartphone bzw. Tablet wird sich deutlich auf das Recruiting auswirken [4]. Menschen werden zunehmend mobil, so die Ergebnisse empirischer Studien [1, 2]:

- Per heute bewegen sich etwa 20 Mio. Deutsche via mobilem Gerät im Internet – Tendenz steigend.
- Mehr als 15 Mio. Menschen versenden oder lesen Emails.
- Über 7 Mio. Menschen haben bereits heute unterwegs ein Hotel gebucht.
- Für 15 % ersetzt das mobile Gerät das stationäre Endgerät.

Empirischen Untersuchungen zur Folge erwarten deutsche Unternehmen, dass sich Bewerber zukünftig über mobile Endgeräte bewerben werden und dass sich auch die mobile Ansprache potentieller Kandidaten weiter ausbreiten wird [4]. Erkennbar sind unter dem Stichwort Mobile Recruiting bereits erste, sicher noch zarte Versuche, Online-Stellenanzeigen oder Homepage-Stellenausschreibungen für Smartphones und Tablet-PCs lesbar (mobilfähig) zu machen. Ein Trend, der zum einen die Work-Life-Balance der HR-Manager massiv beeinflussen, zum anderen schlichtweg das Tempo im Recruiting auch weiterhin deutlich erhöhen wird.

Heutzutage wird beinahe jede verfügbare Minute dazu genutzt, um mittels eines schnellen Blickes die Emails zu checken oder sich anderweitig zu informieren. Auf diese Art und Weise verkürzen sich immer mehr potentielle Bewerber die Wartezeiten in der Supermarktschlange, die Standzeiten im Auto oder die Fahrtzeiten in öffentlichen Verkehrsmitteln. Das Smartphone oder Tablet mutiert zum ständigen Begleiter.

Kaum eine HR-Veranstaltung kommt heutzutage ohne das Thema Mobiles Recruiting aus. In Deutschland nutzen mittlerweile 40 % der User einen mobilen Internetzugang und jeder Dritte besitzt ein Smartphone [18]. Dennoch steht die Bewerbung per Smartphone eher auf der Agenda der Personalmanager, die Akzeptanz auf Bewerberseite ist noch wenig ausgeprägt [28]. Nach einer Online-Befragung des E-Recruiting-Spezialisten *Softgarden* bei 1200 Bewerbern [27] ist die Mehrheit nicht bereit, sich via Smartphone vorzustellen bzw. zu bewerben. Auf die Frage „Können Sie sich eine Bewerbung über Ihr Smartphone oder Tablet vorstellen?" antwortete lediglich ein Drittel mit „Ja", zwei Drittel hingegen lehnten die Bewerbung per Smartphone oder Tablet ab. Die Gründe sind nach Angaben der Befragten auf die Tatsache zurückzuführen, dass die Bewerbung kein Vorgang für unterwegs (18 %) und aufgrund kleiner Displays und Tastaturen nicht komfortabel sei

(20 %). Und genau hier liegt ein wichtiger Ansatzpunkt: Der Bewerber wünscht sich Stellenanzeigen, Karriereseiten und Bewerbungsformulare, die über mobile Endgeräte nutz- bzw. vor allem lesbar sind. Wird das Interesse eines möglichen Kandidaten durch eine gut und komfortabel lesbare Anzeige geweckt, wendet er sich der unternehmensspezifischen Karriereseite zu. Hier gilt es, die „mobile Sackgasse" zu vermeiden: Der Kandidat muss die Informationen mobil und einfach finden können, die er benötigt. Hieraus leiten sich drei Empfehlungen für die Unternehmenspraxis ab:

- Stellenanzeige so gestalten, dass sie mobilfähig ist
- Öffnung der eigenen Karriereseite bzw. des eigenen Stellenmarktes, um weiteren Informationsbedarf mobil decken zu können
- Möglichkeit bieten, sich mobil bewerben zu können

Der letztgenannte Punkt kann (noch) als ‚Kür' bezeichnet werden, wird aber in den nächsten Jahren ebenfalls an Bedeutung gewinnen. Per heute ist die mobil lesbare Anzeige sowie die Generierung relevanter Informationen um die Stellenausschreibung herum als ausreichend im Sinne ‚Pflicht' zu verstehen. Die so genannte mobile Fitness von Stellenanzeigen definiert sich dabei über Zugang, Navigation, Design, Inhalte, Informationen und Interaktivität [15].

Berücksichtigt man darüber hinaus, dass über zwei Drittel der Facebook-Zugriffe über mobile Endgeräte erfolgen, wird auch die Bedeutung der Verknüpfung von Social Media und mobilen Endgeräten für die Rekrutierung bzw. auch das Social Media Recruiting offensichtlich [26, 25]. LinkedIn verzeichnet knapp 38 % der Zugriffe über Smartphones und Tablets – Tendenz auch hier steigend.

Und um den letzten Zweiflern zu begegnen: Die technische Umsetzbarkeit einer mobilen Integration ist mittlerweile unproblematisch und auch funktionsfähige und leistungsstarke Bewerbermanagementsysteme sind im Markt verfügbar.

Zusammengefasst bedeutet dies: Wer seine Online-Präsenz und damit Karriereseite und Stellenmarkt nicht mobil zugänglich macht, verliert nicht nur massiv Frequenz, sondern vor allem auch potentielle Talente und Jobsuchende. Im Extremfall kommt das Unternehmen bei der Jobsuche überhaupt nicht mehr in Frage – ganz abgesehen vom Reputationsverlust aufgrund einer mangelhaft angepassten Karriereseite. Hier kommt man erneut zum Stichwort Employer Branding und es wird deutlich, dass sich kurz- bis mittelfristig auch der Mittelstand diesem Thema bzw. dieser Entwicklung nicht verschließen darf, um im Wettbewerb um qualifizierte Mitarbeiter an die Spitze der Bewegung zu kommen.

Selbst die als vermeintlich konservativ einzuschätzende Allianz-Gruppe nimmt diesen Trend bereits auf und hat das Allianz Mobile Recruiting-Konzept bereits umgesetzt [20]. Die Zahlen sind beachtlich: Bereits 1,5 Monate nach der Umsetzung Ende November 2013 zählt das System 16.000 eindeutige Besucher, 27.000 Pageviews und eine durchschnittliche Verweildauer von 2:50 min.

Exkurs: Ein Plädoyer für ein verkanntes Medium: Die Zeitung ist tot, es lebe die Printanzeige

Selbst nach intensiver Recherche wird deutlich, dass keine Statistik existiert, nach der die Bedeutung von Printanzeigen höher einzuschätzen ist als jene von Onlineanzeigen. Seit Jahren geht der Trend klar in Richtung online und diese Entwicklung ist nachvollziehbar. Nun liegt der Schluss nahe, auf Print gänzlich zu verzichten und das Medium langsam als überholt einzustufen. Weit gefehlt.

Je höher die mediale Wettbewerbsintensität ist, desto besser kann die klassische Printanzeige ihre Stärke ausspielen. Print funktioniert heute nicht trotz, sondern gerade weil online so stark in den Vordergrund gerückt ist. Allerdings hat sich die Funktion der Printanzeige stark gewandelt und in Kombination mit der Onlineanzeige nimmt sie eine besondere Rolle ein. Die Printanzeige spricht eine Zielgruppe an, die online schwer zu erreichen ist. Dazu gehören Facharbeiter mit eher geringer Qualifizierung ebenso wie hoch spezialisierte Berufsbilder mit Verantwortung wie Fachärzte oder Geschäftsführer. Während die einen stark auf regionale Blätter fokussiert sind, liest die letztgenannte Berufsgruppe gerne und viel die überregionalen Blätter. Und auch Arbeitnehmer, die nicht aktiv auf Jobsuche sind, sondern eher informativ in der Zeitung stöbern, können aktiviert werden.

Damit wird die Funktion der Printanzeige klar: nicht mehr informativ, sondern Aufmerksamkeit erregend und Neugierde weckend muss sie sein. Durchschnittlich betrachtet ein Leser eine Seite des Stellenmarktes einer Zeitung 1,3 s! Das bedeutet: 1,3 s Zeit, Interesse zu wecken. Auffallen um jeden Preis heißt die Devise im Print heutzutage, die Informationsaufgabe wird den Onlinemedien überlassen, eben gerne auf mobiler Basis. Die Chance besteht darin, den Betrachter durch Key Visuals und Bilder emotional in die Anzeige hineinzuziehen. Und in Kombination mit den bekannten medialen Instrumenten – Mobile Tagging bietet hier die Möglichkeit einer unmittelbaren crossmedialen Verknüpfung von Print und Mobile – kann im Recruiting durchaus ein Wettbewerbsvorteil und somit eine USP aufgebaut werden.

13.4 Zusammenfassung und Ausblick

Personaler haben die Komfortzone schon lange verlassen. Den HR-Managern wird heute und in Zukunft neben einer hohen fachlichen und sozialen Kompetenz Kreativität, Technikaffinität und Veränderungsfähigkeit abverlangt. In der Literatur wird neben Recruiting 3.0 bereits die 4.0- oder gar 5.0-Generation diskutiert [14].

Die veränderten Anforderungen betreffen die Großunternehmen genauso wie den Mittelstand. Sicherlich haben Großunternehmen in einigen Punkten Vorteile: höhere Budgets sind verfügbar und eine Spezialisierung im HR-Bereich oder die Bildung professioneller Recruiting Teams ist kraft Größe eher möglich. Demographie, Fachkräftemangel oder Wertewandel sind jedoch für alle erschwerende Faktoren bzw. Rahmenbedingungen, denen sich der aufgeschlossene HR-Manager stellen muss. Zweifelsohne ist hier die Politik gefordert. Aber auch die mittelständischen Unternehmen müssen sich ihrer Verantwortung stellen, die Handlungsmöglichkeiten dürften in den meisten Fällen noch nicht ausgeschöpft sein.

Konzentration und Spezialisierung innerhalb des HR-Bereiches sind unabhängig von der Unternehmensgröße umsetzbar. Mangelt es an Manpower, kann ein gezieltes Outsourcing mit einer internen Konzentrierung kombiniert werden. Geschwindigkeit und Umsetzungsfokus ist im Mittelstand möglicherweise sogar besser ausgeprägt. Die strukturelle Aufhängung der HR-Abteilung in der Form, dass der notwendige Durchgriff realisierbar wird, ist ein unternehmensgrößenunabhängiges Thema. Und auch Employer Branding ist nicht den Großunternehmen vorenthalten. Die Klaviatur zwischen Talent Pool, Bewerbermanagementsystemen, mobilen Trends und Onlineanzeigen kann der Mittelstand ebenso ‚bespielen' wie die größeren Unternehmen.

Literatur

1. Atenta socialwebstuff. (Hrsg.). (2013). Mobile Recruiting-Studie 2013. Hamburg 2013.
2. Atenta socialwebstuff. (Hrsg.). (2012). Studie „Mobile Recruiting 2012: Mobile Endgeräte und mobile Bewerberszenarien". Hamburg 2012.
3. Bundesministerium für Arbeit und Soziales. (Hrsg.). (2013). Studie „Arbeitsmarkt 2030". Berlin 2013.
4. Centre of Human Resources Information Systems (CHRIS) der Universitäten Bamberg und Frankfurt/Main in Kooperation mit Monster Worldwide Deutschland GmbH. (2013). Studie „Recruiting Trends im Mittelstand 2013", Repräsentative Befragung von 1000 mittelständischen Unternehmen in Deutschland. Bamberg 2013.
5. Deutsche Gesellschaft für Personalführung e. V. (DGFP). (2013). Megatrends und HR-Trends 2013, Praxispapier 3/2013, http://static.dgfp.de/assets/publikationen/2013/DGFP-Studie-Megatrends-und-HR-Trends2013.pdf. Zugegriffen: 4. Mai 2014.
6. Ernst & Young. (2013). Absolventenstudie 2012–2013, Ergebnisbericht. http://www.ey.com/Publication/vwLUAssets/EY-Absolventenbefragung_2013/$FILE/EY-Absolventenbefragung-2013-Studie.pdf. Zugegriffen: 12. Mai 2014.
7. Hartmann, R. (2013). Studie Prozesse im HR (unveröffentlicht). Hamburg 2013.
8. Hewitt Associates GmbH. (Hrsg.). (2010). Studie Arbeitgeber Attraktivität – Employer Branding und Talent Supply 2012. München 2010.
9. HRblue AG, & Königsteiner Agentur. (2012). Studie Arbeitgebermarkenbildung in kleinen und mittelständischen Unternehmen. München 2012.
10. InitiativeD21. (Hrsg.). (2013). Mobile Internetnutzung – Entwicklungsschub für die digitale Gesellschaft. Berlin 2013.
11. Institut der deutschen Wirtschaft. (2011). Fachkräftemangel kostet Milliarden. Köln 2011.
12. Jäger, W. (Hrsg.). (2013). Human resources im internet 2012, Frankfurt a. M.
13. Jeffery, M. (2011b). A vision for the future of recruitment: Recruitment 3.0. www.ere.net/2011/06/14/a-vision-for-the-future-of-recruitment-recruitment-3-0/. Zugegriffen: 10. Mai 2014.
14. Jeffery, M. (2011a). Recruitment 4.0: Crowdsourcing, Gamification, Recruitment as a Profit Center, ... and the Death of Recruitment Agencies. http://www.ere.net/2011/08/10/recruitment-4-0-crowdsourcing-gamification-recruitment-as-a-profit-center-and-the-death-of-recruitment-agencies/. Zugegriffen: 20. Mai 2014.
15. Jobware. (2012). Mobile-Recruiting-Studie 2012 – Mobile Stellenanzeigen und mobile Bewerbungsszenarien, unter Mitarbeit von W. Jäger und der Hochschule RheinMain, 2012.
16. ManpowerGroup. (2011). The Borderless Workforce 2011. www.manpower.com.au/documents/White-Papers/2011_The-Borderless-Workforce-2011_Research-Results.pdf. Zugegriffen: 12. Mai 2014.
17. ManpowerGroup. (2012). Studie „Talent Shortage Survey 2012". Eschborn 2012.
18. Nestlé. (2014). http://www.nestle.com/jobs/graduates-entry-level/europe-youth-employment-initiative. Zugegriffen: 8. Mai 2014.
19. OECD. (2013). Zuwanderung ausländischer Arbeitskräfte. Deutschland. Februar 2013.

20. Personalwirtschaft (Hrsg.). (2014). Recruiting Guide 2014. http://www.personalwirtschaft.de/media/Personalwirtschaft_neu_161209/N%C3%BCtzliches/Recruiting%20Guide/pw-0114-recruiting-guide-ges-2.pdf. Zugegriffen: 8. Mai 2014.
21. Prognos AG. (2011). Arbeitslandschaft 2030 – eine Studie der Prognos AG im Auftrag der vbw – Vereinigung der Bayerischen Wirtschaft e. V. München 2011.
22. Prognos AG. (2012). Studie Arbeitslandschaft 2035. Dezember 2012.
23. Robert Half. (2012). Arbeitsmarktstudie „Hiring Index". München 2012.
24. Robert Half. (2013). Studie „Workplace Survey". München 2013.
25. Strack, R., Caye, J.-M., von der Linden, C., Haen, P., & Abramo, F. (2013). Creating people advantage 2013: Lifting HR practices to the next level, Hrsg.: The Boston Consulting Group, European Association for People Management, München, October 2013.
26. Schulte, M., & Thorenz, L.-K. (2013). Enterprise Social Software in Deutschland 2013: Marktprognosen und Trends. Frankfurt a. M.
27. Softgarden. (2013). Online Recruiting Studie. http://www.softgarden.de/online-recruiting-studie/. Zugegriffen: 8. Mai 2014.
28. Stickling, E., & Lüerßen, H. (2013). Studie „Recruiting in Deutschland 2013 – Erfolgsfaktoren und Strategien für die Zukunft des Mittelstandes". Köln 2013.
29. Verein deutscher Ingenieure e. V. (2011). Positionspapier „Fachkräftemangel und Fachkräftesicherheit". Düsseldorf 2011.

Dr. Ralph Hartmann war nach dem Studium der Betriebswirtschaftslehre und der Promotion zum Dr. rer. oec. an der Philipps-Universität Marburg in unterschiedlichen leitenden und geschäftsführenden Funktionen tätig. Ralph Hartmann war geschäftsführender Partner der Droege & Comp. AG und als Managing Director bei ALIX Partners und der Kienbaum Management GmbH tätig. Daneben verantwortete er als CEO/Geschäftsführer „Sport" bei der Karstadt Warenhaus GmbH die konzernweiten Sportaktivitäten. Seit 2011 ist er geschäftsführender Gesellschafter der AUREA Nord GmbH, einem auf die Bereiche Personalvermittlung, Arbeitnehmerüberlassung und Interim Management spezialisierten Personaldienstleister. Ralph Hartmann ist daneben Mitglied des Aufsichtsrates der ConSource AG und unterhält diverse Beteiligungen an ‚personalnahen' Online-Plattformen.

Printed by Amazon Italia Logistica S.r.l.
Torrazza Piemonte (TO), Italy

51591587R00143